国防科技图书出版基金

# 陶瓷用高温活性钎焊材料及界面冶金

## High-temperature Brazing Filler Metals for Ceramic Joining and Interfacial Metallurgy

熊华平　陈波　著

国防工业出版社

·北京·

**图书在版编目(CIP)数据**

陶瓷用高温活性钎焊材料及界面冶金 / 熊华平,陈波著. —北京:国防工业出版社,2014.2
ISBN 978 - 7 - 118 - 09318 - 6

Ⅰ.①陶… Ⅱ.①熊…②陈… Ⅲ.①陶瓷 – 钎焊 – 研究 Ⅳ.①TG454

中国版本图书馆 CIP 数据核字(2014)第 030016 号

※

国防工业出版社出版发行
(北京市海淀区紫竹院南路23号 邮政编码100048)
北京嘉恒彩色印刷有限公司
新华书店经售
*
开本 710×1000 1/16 印张 17¾ 字数 358 千字
2014 年 2 月第 1 版第 1 次印刷 印数 1—2000 册 定价 88.00 元

**(本书如有印装错误,我社负责调换)**

国防书店:(010)88540777 发行邮购:(010)88540776
发行传真:(010)88540755 发行业务:(010)88540717

# 致 读 者

**本书由国防科技图书出版基金资助出版。**

国防科技图书出版工作是国防科技事业的一个重要方面。优秀的国防科技图书既是国防科技成果的一部分,又是国防科技水平的重要标志。为了促进国防科技和武器装备建设事业的发展,加强社会主义物质文明和精神文明建设,培养优秀科技人才,确保国防科技优秀图书的出版,原国防科工委于1988年初决定每年拨出专款,设立国防科技图书出版基金,成立评审委员会,扶持、审定出版国防科技优秀图书。

**国防科技图书出版基金资助的对象是:**

1. 在国防科学技术领域中,学术水平高,内容有创见,在学科上居领先地位的基础科学理论图书;在工程技术理论方面有突破的应用科学专著。

2. 学术思想新颖,内容具体、实用,对国防科技和武器装备发展具有较大推动作用的专著;密切结合国防现代化和武器装备现代化需要的高新技术内容的专著。

3. 有重要发展前景和有重大开拓使用价值,密切结合国防现代化和武器装备现代化需要的新工艺、新材料内容的专著。

4. 填补目前我国科技领域空白并具有军事应用前景的薄弱学科和边缘学科的科技图书。

国防科技图书出版基金评审委员会在总装备部的领导下开展工作,负责掌握出版基金的使用方向,评审受理的图书选题,决定资助的图书选题和资助金额,以及决定中断或取消资助等。经评审给予资助的图书,由总装备部国防工业出版社列选出版。

国防科技事业已经取得了举世瞩目的成就。国防科技图书承担着记载和弘扬这些成就,积累和传播科技知识的使命。在改革开放的新形势下,原国防科工委率先设立出版基金,扶持出版科技图书,这是一项具有深远意义的创举。此举势必促使国防科技图书的出版随着国防科技事业的发展更加兴旺。

设立出版基金是一件新生事物,是对出版工作的一项改革。因而,评审工作需要不断地摸索、认真地总结和及时地改进,这样,才能使有限的基金发挥出巨大的效能。评审工作更需要国防科技和武器装备建设战线广大科技工作者、专家、教授,以及社会各界朋友的热情支持。

让我们携起手来,为祖国昌盛、科技腾飞、出版繁荣而共同奋斗!

国防科技图书出版基金

评审委员会

V

# 前　言

陶瓷、陶瓷基复合材料由于具有一系列性能优点,作为高温结构材料具有很好的应用前景。但是由于制造形状复杂零件或者大尺寸零部件的需要,或者陶瓷材料与金属材料组成复合结构应用的需求,使得解决陶瓷/陶瓷、陶瓷/金属的连接成为将高温结构陶瓷推向应用必须解决的关键技术之一。

陶瓷属于难焊接材料,目前世界公认钎焊是最适合陶瓷与金属连接且容易实现的工艺方法。钎焊就是置于被焊材料之间的钎焊材料在加热连接过程中熔化,而被连接的母材不熔化,加热保温再冷却后形成冶金连接接头的方法。早期的具有工业规模的陶瓷与金属连接技术开端于 20 世纪 30 年代(德国),是在陶瓷表面金属化处理后进行间接钎焊,用于制造陶瓷电子管,后来又逐渐发展出直接钎焊的方法。

在陶瓷与陶瓷、陶瓷与金属的连接中,要解决的重要问题概括起来有三个:①需要通过连接材料(如钎料或扩散焊用中间层)与陶瓷之间发生适度的界面反应而形成牢固的冶金结合;②要尽可能缓解因陶瓷与被焊金属热物理性能不匹配而在陶瓷/金属接头产生的焊后残余热应力;③为充分发挥结构陶瓷的高温性能优势,应尽可能提高连接接头的耐热性。应该说,当前国内外研究已经解决了陶瓷基本的可焊性问题,而且,为了实现有效的连接,大多使用了 AgCu – Ti 活性钎料,但是其工作温度一般只有 400 ~ 500℃,这显然限制了陶瓷焊接接头的高温应用。为促进陶瓷与金属连接接头的实用化,以及为更好地发挥陶瓷材料的高温性能优势,必须解决陶瓷与金属接头的高温钎焊技术问题。因此,从 20 世纪 90 年代开始,高温钎焊材料的研究一直是国内外陶瓷钎焊领域的发展方向。陶瓷用高温钎料研制的难点在于,普通高温钎料对某些陶瓷如 $Si_3N_4$、AlN 等根本不润湿,而对于 SiC 陶瓷则在高温焊接过程中极易发生过度的化学反应,既极大地损伤被焊陶瓷基体,又极易在焊接界面引发开裂,而对于组分复杂的陶瓷基复合材料,其连接技术变得更加复杂。

作者从博士生阶段开始(1994 年),在导师周振丰教授和万传庚教授(吉林工业大学,已合并为"吉林大学")的指导下进入到陶瓷钎焊这个研究领域。在北京航空材料研究院,作者所在课题组最近十几年来持续地开展了陶瓷高温钎焊的基础研究,先后承担了国家自然科学基金项目《陶瓷用高温钎料的成分设计及 $Si_3N_4$/镍基高温合金的连接》(青年基金,项目编号:59905022,起止时间:2000.01—

2002.12），国家自然科学基金项目《高温新钎料与 $Si_3N_4$ 和 SiC 陶瓷的界面反应调控及连接机理》（面上基金，项目编号：50475160，起止时间：2005.01—2007.12），预研基金项目《结构陶瓷用新型高温钎料的成分设计及陶瓷与高温合金钎焊连接》（项目编号：9140A1805019HK5105，起止时间：2004.07—2006.06），航空基础科学基金重点项目《高温结构陶瓷与金属的高温活性钎焊连接基础研究》（项目编号：2008ZE21005，起止时间：2009.03—2011.02），北京航空材料研究院创新基金项目《SiC 陶瓷、C/C 及 $C_f$/SiC 复合材料高温钎焊机理及扩散焊新方法探索》（项目编号：KF53092317，起止时间：2009.11—2012.07），高超声速冲压发动机技术重点实验室开放基金项目《面向 C/SiC 复合材料主动冷却结构的焊接技术研究》（项目编号：2011GFSYS—KFKT-02，起止时间：2012.01—2012.12）；国家自然科学基金项目《陶瓷表层结构梯度化缓解 $SiO_{2f}$/$SiO_2$ 复合陶瓷/金属钎焊接头残余热应力的方法研究》（面上基金，项目编号：51275497，起止时间：2013.01—2016.12）。

我们系统研究了 CuNi-Ti、CoFeNi-Cr-Ti、Co-Ti、Co-Nb、Ni-Cr-Pd、Au-Ni-Cr、PdNi-Cr-V、PdCo-V、AuPdCoNi-V、CuAuPd-V、CuPd-V 等多个不同体系的高温合金钎料分别对陶瓷、陶瓷基复合材料的润湿性及界面反应机理，研究了陶瓷/陶瓷、陶瓷/金属连接工艺和连接机制，有些研究内容还与采用常规的 AgCu-Ti 钎料、Ti-Zr-Ni-Cu 钎料的连接结果进行了对比。此外，在陶瓷与金属的连接中，我们除了采取常规的中间缓释层方法以外，还积极探索了能有效缓解陶瓷/金属接头焊后残余热应力的新方法。

我们的研究结果中，有如下四个方面特别值得关注：①系统研究了 Cr、Ti、V 等元素对钎料在 $Si_3N_4$、SiC 陶瓷、C/C 复合材料、$C_f$/SiC 陶瓷复合材料上的润湿性和连接性能的影响，总结了连接行为的规律，而且对于不同组合的陶瓷/陶瓷、陶瓷/金属连接组合，积累了大量有用的接头性能数据；②通过调整 CoFeNi-Cr-Ti 钎料合金中 Ti 元素的活性从而控制钎料与 SiC 陶瓷之间的界面反应，可以形成以高温合金相为基体、有 TiC 陶瓷相弥散分布的陶瓷钎焊接头组织，TiC 陶瓷相可以对焊接接头起到高温强化作用；③V 元素在 Au 基、Cu 基钎料中表现出高的活性，可以实现对 $Si_3N_4$ 陶瓷的有效连接，并且钎料中加入合金元素 Pd 对于维持接头的高温性能有显著作用，新研制的这类钎料至少还适用于对 C/C 复合材料、AlN 陶瓷、$C_f$/SiC 陶瓷基复合材料等的连接，根据目前的接头性能看，钎焊的陶瓷/陶瓷连接接头的耐热温度比起传统的 AgCu-Ti 活性钎料应能提高大约 300℃；④$SiO_{2f}$/$SiO_2$ 复合陶瓷与普通金属的热膨胀系数相差十几倍甚至几十倍，它们之间的高温钎焊连接是十分困难的，作者所在课题组在国内率先提出了在被焊的复合陶瓷表层构造梯度过渡结构的新方法以缓解异种材料连接接头的残余热应力，实际效果明显。

通过系统性的研究，我们在陶瓷用高温钎料的成分设计，在新型高温钎料对陶瓷和陶瓷基复合材料的表面润湿性和界面反应机理，在陶瓷/陶瓷、陶瓷/金属连接工艺和连接界面的物理、化学、力学冶金控制方面取得了一系列创新性研究成果，初步形成了新型高温钎料对陶瓷焊接的新理论。英国和加拿大的焊接专家们在综述论文"Joining of engineering ceramics"(International Materials Reviews2009,54(5):p283-331)里以大段的篇幅高度评价了我们关于陶瓷连接研究的系列进展;我们近期发表于国际期刊的有关陶瓷用V活性高温钎料的研究亦获得评阅专家们的高度评价:"A very nice piece of work..."  "The authors developed an interesting new brazing filler metal. Results are encouraging"  "The paper is interesting and includes important results"……在陶瓷高温钎焊这个研究领域,我们还申报了多项专利技术,并开展了有针对性的应用研究,相关技术已经开始尝试应用。

本书系统总结了在上述领域的研究成果。熊华平独立完成了书稿第1章~第3章的内容;熊华平、陈波共同完成了第4章、第6章~第10章的内容;熊华平、叶雷、陈波合作完成了第5章的内容。我们希望该书的出版对国防科技领域耐高温结构的制造技术能起到一定的推动作用。

在书稿的文字修改和图片整理过程中,叶雷、吴雪莲和吴世彪付出了辛勤的劳动。特此致谢!

作者衷心感谢国家自然基金委、预研基金委、航空基金委、国防科技大学高超声速冲压发动机技术重点实验室、北京航空材料研究院科技发展部对我们研究工作的资助,衷心感谢各级项目评阅专家们对我们工作的支持!

感谢航空、航天相关设计研究所和工厂以及有关高校给予我们的合作与鼎力协助!

特别感谢我的导师周振丰教授和万传庚教授,感谢他们当初对我的精心指导与谆谆教诲,感谢他们把我引入到陶瓷焊接这个富有挑战性的研究领域,并培养了我严谨求实的学风和追求创新的科研习惯!

关于陶瓷钎焊的研究工作,得到中国航空研究院分党组书记、副院长李晓红研究员的一贯支持、关心和鼓励,在此致以诚挚的谢意!与此同时,衷心感谢北京航空材料研究院第二十三研究室张学军副主任的支持,衷心感谢作者课题组的同事们对本研究工作的热情协作,他们是:毛唯研究员、谢永慧博士、程耀永研究员、郭万林高工、赵海生硕士、袁鸿高工、潘晖高工、吴欣高工、马文利高工。还要感谢李能硕士、张寒硕士、董奇、姜维、陈云峰、李天文、淮军锋等的帮助。

感谢在2002年9月~2004年3月期间给予我热情支持与爱护的渡边龙三教授、川崎亮教授(日本东北大学),并感谢日本学术振兴会(JSPS)对我博士后工作的资助和支持!

北京航空航天大学庄鸿寿教授给予了作者研究工作的指点,并通读了全书的初稿、修改稿,提出了中肯的意见和建议,使作者受益匪浅并得以完善书稿。在此致以诚挚的谢意!

感谢在研究过程中给予我热情帮助和讨论的陈大明教授、李敬锋教授、孙大千教授、胡建东教授、沈平教授、逄淑杰教授、董伟博士、周洋博士、仝建峰博士、马青松博士、潘余博士。感谢阮中慈研究员对于出版此书的热情支持!

国防工业出版社胡翠敏编辑一直鼓励我完成这部著作,并提供了热心帮助,借此表达我的谢意。同时,衷心感谢国防工业出版社的厚爱与支持,衷心感谢国防科技图书出版基金的资助!

本人撰写此书的时间,也正处于孩子紧张的高考复习阶段,所以这里要特别感谢我的妻子黄朝晖博士对于本人撰写此书的高度理解和大力支持,她在承担自己繁重的科研工作之余,主动承担了家务;还要感谢她长期以来对本人所从事的陶瓷焊接这个研究方向的浓厚兴趣!

由于作者整理的毕竟是阶段性成果,有关陶瓷高温钎焊的新理论和技术体系仍处在发展完善的过程当中,而且成书仓促,书中的瑕疵在所难免,因此诚挚地希望得到读者的批评和指正。

熊华平

2013 年 11 月于北京海淀区环山村

# 目　录

# Contents

XIX

# 第1章 陶瓷、陶瓷基复合材料的连接技术概述及主要发展趋势

工程陶瓷是材料领域一个很重要的部分,包括 $Si_3N_4$ 陶瓷、AlN 陶瓷、$Al_2O_3$ 陶瓷、$ZrO_2$ 陶瓷、SiC 陶瓷和各种陶瓷基复合材料等,随着科学技术的发展,工程陶瓷材料在生产和科研领域扮演着越来越重要的作用。但是由于陶瓷材料具有加工性能差、延性和韧度低、耐热冲击能力弱以及难以制造尺寸大而形状复杂的零件等缺点,因而解决陶瓷/陶瓷、陶瓷/金属的连接问题是实现工程陶瓷材料应用的重要基础。

## 1.1 陶瓷的焊接方法概述

由于陶瓷的延性低、韧性差等缺点,故不能采用类似处理金属接头的方法去对其进行连接,而是通过化学反应实现连接,如超声波焊接法、电脉冲焊接法、阳极键合法、氧化物玻璃法、先驱体法和反应连接法、固态扩散焊和瞬态液相扩散焊方法、陶瓷表面金属化后间接钎焊方法、直接钎焊方法等[1]。

超声波焊接方法指的是应用频率为 15 ~ 20kHz,波长为 23 ~ 30μm 的超声波对被焊陶瓷进行 0.1 ~ 10s 的加热后实现其连接,其主要应用于实现较软的金属如 Al、Cu、Mg 薄片(一般 <2mm)与 $Al_2O_3$、$ZrO_2$、$Si_3N_4$ 之间的连接。电脉冲焊接方法可实现 SiC 陶瓷、压电陶瓷等与自身的可靠连接,具体是在被焊陶瓷接触处置入一层薄金属中间层,焊接时在两端加上高压,从而在小范围内产生极大的能量脉冲,使金属中间层熔化从而实现陶瓷的连接。阳极键合连接是实现硅/玻璃密封连接的一种重要方法,被焊材料将被加热至特定的温度并在两端加上一定的电压,从而使玻璃拥有大量的载流子而具有充分的导电性从而完成连接过程。

氧化物玻璃法是利用由两种或多种氧化物混合而成的焊料熔化形成的玻璃相陶瓷,渗透并浸润被焊陶瓷的表面从而完成对陶瓷的连接。先驱体法是以先驱体有机聚合物作为连接材料,其在一定温度下发生裂解转化为无定形陶瓷,得到组成和显微结构与被连接母材相近的连接层。其热物理性能与母材的相似,因而在本体连接时,其接头的热应力较小,连接件的耐高温性能好。而反应成形连接法是近期以 SiC 陶瓷反应成形原理为基础发展起来的连接方法,目前主要用于连接 SiC 陶瓷及纤维增强的陶瓷基复合材料。

陶瓷的扩散焊方法指的是将焊件紧密贴合,在一定的温度和压力下保持一段时间,使接触面之间的原子相互扩散形成连接的焊接方法。影响扩散焊的主要因素是温度、压力、扩散时间和表面粗糙度。为了提高陶瓷连接接头的耐热温度同时还能够在不太高的温度下实现连接,后续还发展了瞬态液相扩散焊的方法,在扩散连接的初期有液相生成,接头在后期发生等温凝固形成接头。

陶瓷表面金属化后间接钎焊的方法是指在陶瓷表面镀上一层金属薄膜,然后再添加钎焊材料对其进行钎焊连接的方法。这里的表面金属薄膜有利于钎焊材料熔化后对陶瓷的润湿和连接。这种方法当初是为了适应陶瓷电子管的制造要求而发明的,它克服了机械连接及粘接等方法连接强度低、真空密封性差的弱点,对各种氧化物陶瓷具有广泛的适应性。陶瓷表面金属化可以通过烧结金属粉末法[2]、物理气相沉积法(PVD)[3-5]、化学气相沉积法(CVD)[6]实现。根据烧结金属粉末的不同,又分难熔金属及非难熔金属两类。前者包括 Mo - Mn 法、Mo - Fe 法、W - Fe 法、纯 Mo 法、纯 W 法等多种,后者有烧结 Au、Ag、Pt、Pd、Cu 等方法。为了改善钎料在金属化层表面的润湿情况,并防止液态钎料对金属化层的浸蚀作用,一般在金属化以后还要镀 Ni。由此可见陶瓷表面金属化后间接钎焊的方法其工序是十分复杂的。

而直接钎焊方法则是采用含有某种活性元素且比母材熔点低的专用合金作为钎料,将焊件和钎焊材料加热到高于钎料熔点以上(但又要明显低于母材的熔化温度),利用液态钎料润湿母材、填充接头间隙并与母材相互扩散实现连接焊件的方法,俗称活性钎焊法;其中向钎焊材料加入的活性元素在钎焊加热过程中优先与陶瓷发生化学反应,从而生成界面反应层,起到钎焊材料与被焊陶瓷之间的连接过渡作用。活性钎焊法是继金属化法出现之后发展起来的,它不需要对结构陶瓷表面进行复杂的预先金属化工艺(增加成本并且可能使废品增多),对陶瓷的适应性广、连接强度高、成本适中,因此显示出更强的生命力。

## 1.2　陶瓷/陶瓷连接技术的主要研究进展

### 1.2.1　采用玻璃或陶瓷作为中间层的陶瓷连接

采用无机玻璃或陶瓷作为中间层连接陶瓷/陶瓷源于 20 世纪 80 年代,其优点在于在焊接时只需极小的外加压应力,熔化的中间层起到润湿并连接陶瓷的作用,可以取得明显的成效。Aravindan 等[7]采用微波连接法(频率为 2450Hz)并利用硅酸盐玻璃作为中间层实现了 $Al_2O_3 - 30ZrO_2$ 陶瓷的自身连接。Esposito 等[8]采用铝硅酸钙玻璃作为中间层在 1450 ~ 1500℃ 的条件下进行 Y - PSZE 陶瓷、$Al_2O_3$ 陶瓷自身的连接;玻璃相熔化、润湿并扩散至陶瓷基体中,焊接 Y - PSZE 陶瓷获得了 173MPa 的接头强度,焊接 $Al_2O_3$ 陶瓷获得了 150 ~ 190MPa 的强度。法国研究者在真空或中性气氛下成功钎焊了世界上最大的以 SiC 陶瓷为基的望远镜的赫歇尔反射镜面[9],并研发了一种在大气下使用硅酸钙玻璃作钎料对 SiC 进行钎焊修复的方法。结果表明,在(1400～1500)℃/3min 时 23CaO－15Al$_2$O$_3$－62SiO$_2$(质量分数/%)玻璃在 SiC 基板上的接触角接近 20°。室温下 SiC 钎焊接头的平均剪切强度为 42MPa。国内 L. S. Chang 等[10]在进行 Al$_2$O$_3$ 自身连接时采用低熔点(540℃)的 B$_2$O$_3$ 陶瓷作为中间层,当 B$_2$O$_3$ 熔化并扩散至 Al$_2$O$_3$ 中时与其进行了反应,生成了不同的 Al$_2$O$_3$－B$_2$O$_3$ 化合物,这里焊接时间长达 15h,接头强度为 50～70MPa。

在固体氧化物燃料电池(Solid Oxide Fuel Cell,SOFC)的密封连接中也经常采用玻璃或陶瓷作为中间层,常用的玻璃陶瓷中间层体系有 BaO－CaO－SiO$_2$ 复合中间层、BaO－MgO－SiO$_2$ 复合中间层、加入增强相(YSZ、纤维、Ag 等)的玻璃中间层,以及金属和陶瓷的混合中间层等[11],并且热膨胀系数(CTE)的良好匹配对于接头的强度和是否存在残余热应力有着很大的影响。随着 SOFC 的密封连接要求的提高,越来越趋向于填充复合中间层以提高接头的性能。

采用玻璃作为中间层在 Si$_3$N$_4$ 陶瓷自身的连接中取得了很好的效果,如 F. Zhou 等[12]利用钇铝硅酸盐(如 Yb,La 或 Ce 等)作为中间层在 1600℃ 的条件下对 Si$_3$N$_4$ 陶瓷自身进行焊接,获得接头的室温强度为 550MPa(相当于 Si$_3$N$_4$ 陶瓷的 80%);Gopal 等[13]利用 SiO$_2$＋Re$_2$O$_3$ 作为中间层对 Si$_3$N$_4$ 陶瓷自身进行了连接,在焊接过程中有一个类似于 Si$_3$N$_4$ 烧结的过程,生成了 Re$_2$Si$_2$O$_7$ 化合物,并在接头处形成一薄带组织,获得了 1013MPa 的室温强度,并且在 1000℃ 和 1200℃ 时强度分别为 666MPa 和 340MPa。

## 1.2.2　陶瓷/陶瓷的扩散焊连接研究

关于陶瓷/陶瓷的扩散焊,有学者[14]采用超塑性扩散连接方法在 1350～1450℃ 条件下进行 Y－PSZ 陶瓷自身连接,结果获得接头组织致密,并具有较高的塑性。J. D. Mun 等[15,16]进行 ZrO$_2$ 陶瓷自身连接研究时采用 Ni 作为中间层,在 1000～1200℃,外加应力为 10MPa 条件下进行焊接,获得了 135～150MPa 的接头强度;当采用另外一种金属 Cu 作为中间层并在 700～900℃ 进行焊接时获得了 180～240MPa 的接头强度,这与 Ni 和 Cu 金属本身的实际强度正好相反,作者认为这是由于 Ni 在进行焊接时形成的界面结合力弱于 Cu 造成的。与此同时,Esposito 等[17]在进行 Al$_2$O$_3$ 自身连接时分别使用 Cu、Ni 和 Fe 作为中间层,并施加 50MPa 的轴向外加应力,在 0.9 倍中间层熔点的温度下进行焊接,获得了 50～180MPa 的接头强度,其中 Ni 和 Cu 作为中间层所得的接头强度较高。J. F. Bartolome 等人[18]研究了莫来石和莫来石与钼的复合材料的扩散焊连接,具体是在 1650℃、10MPa 压力并在高真空条件下采用 Mo 作为中间层进行焊接,得到了 140MPa 的接头强度。实验还指出若能使 Mo 很好地浸入莫来石中则能够得到性能优异的接头。

类似的方法也应用于 $Si_3N_4$ 陶瓷或与 Sialon 陶瓷的连接中,并经常采用 Ni、Ti、不锈钢、Mo 作为中间层。当使用 Ni 作为中间层进行 $Si_3N_4$ 陶瓷自身扩散焊连接时,由于 Ni 的活性很强并且与陶瓷的热膨胀系数相差较大,所以不可避免地会发生一些强烈的界面反应并产生一定的残余热应力。A. Abed 等人[19]的研究表明采用不锈钢 316L($CET:16 \times 10^{-6} \sim 18 \times 10^{-6} ℃^{-1}$)作为中间层时会明显地缓解残余热应力,对不同厚度的中间层进行了 $Si_3N_4$ 陶瓷自身连接,结果表明当中间层厚度低于 1mm 时效果较好。据此,近期有学者[20]在 $Si_3N_4$ 陶瓷自身连接时采用 $50\mu m$ 厚的 AISI 304、316、321 等不同牌号的不锈钢作为中间层,获得了 $20 \sim 30MPa$ 的剪切强度。

在扩散焊基础上,还发展了局部瞬态液相扩散焊(Partial Transient Liquid - Phase(PTLP) Bonding)的技术,有时也称作扩散钎焊。这种技术通常采用多层中间层,其中内部的中间层往往熔点较高,在连接过程中外层的中间层因熔点低而首先熔化,或者它与内层的中间层之间发生反应生成液相,在后续的扩散焊保温或热处理过程中那种液相向陶瓷表面扩散、润湿、反应和连接,同时液相也向高熔点金属扩散进而发生等温凝固现象,不仅实现扩散焊接头成分的均匀化,而且形成耐高温的固相。这种方法的好处是较容易获得耐高温的接头,而连接需要的温度比起直接使用高熔点中间层扩散焊所需的扩散焊温度要低很多,并且一般不需加很大的压力。陶瓷瞬态液相扩散焊方法中较典型的多层中间层体系有用于 C/C 复合材料与 Nb 合金连接的 Ti/Cu 体系[21]、用于 $Al_2O_3$ 陶瓷和 304 不锈钢连接的 Cu/NiCr/Cu 体系[22]、用于 $Si_3N_4$ 陶瓷连接的 Au/NiCr/Au[23]、CuTi/Pd/CuTi[24]、Ti/Ni/Ti[25, 26]、Fe - Ni/Cu/Ni/Cu/Fe - Ni[27]体系等。

### 1.2.3　陶瓷、陶瓷基复合材料的钎焊研究

在陶瓷钎焊过程中,起初最常用的钎料是 Ag - 28Cu 共晶钎料,但是这种体系的钎料在陶瓷表面并不润湿,所以需要先对陶瓷的表面进行金属化处理,以促进对陶瓷的润湿和连接。前已述及,陶瓷表面金属化一般可采用烧结金属粉末法、物理气相沉积法、化学气相沉积法进行,近期也有学者采用液态浸渍的方法对陶瓷进行表面金属化,如 P. Wei 等[28]在等量的 NaCl 和 KCl 混合物中加入质量分数为 5% ～ 10% 的 $K_2TiF_6$,在 $700 \sim 1000℃$ 的条件下将 $Si_3N_4$ 陶瓷在其中浸渍 2h,然后采用 Ag - 28Cu 共晶钎料对其进行焊接,可以获得 200MPa 以上的接头强度。

为了实现对陶瓷的直接钎焊连接,国内外一般都在 Ag72Cu28 共晶成分的基础上加入 2% ～8% 的活性元素 Ti 构成 AgCu - Ti 钎料[29-31]。AgCu - Ti 钎料在陶瓷的连接中是应用极为广泛的一种钎焊材料,大多数情况下 Ti 在钎焊温度下向被焊的陶瓷表面偏聚并生成类似于 $Ti_xO$[32]、TiN[30]和 TiC[33]等化合物而促使界面的连接。应该说这种钎料适用于很多陶瓷的连接,因此在陶瓷钎焊领域得到广泛的研究和应用[6, 34, 35]。然而该钎料高温抗氧化能力差,相关资料[36-38]报道该钎料

在氧化环境下的使用温度一般限定在 400 ~ 500℃，因为陶瓷钎焊接头的强度在 400℃时比起室温时已有所下降，温度再升高接头强度下降得很快。因此，从 20 世纪 90 年代以来，高温钎料的研究开始成为陶瓷连接领域的一大热点。

有学者设计了 AuNiCrFeMo 合金[39]钎料用于陶瓷/金属的连接，但是被焊的陶瓷表面必须预先镀上一层钛膜。H. Okamura 等[36]使用 41Ni – 34Cr – 25Pd 钎料对 Sialon 陶瓷自身连接进行钎焊，所得接头弯曲强度从室温至 700℃可以一直稳定在 300 ~ 350MPa，但是这种钎料对 Sialon 陶瓷的润湿与连接依赖于焊前在 Sialon 陶瓷表面喷上一层均匀的碳膜。A. M. Hadian 等[40]在采用 Ni – Cr – Si 系合金（Cr 为活性元素）对 $Si_3N_4$ 陶瓷进行自身连接实验，但是得到的室温弯曲强度很低，仅为 118MPa。

还有关于 PdCuTi 钎料对 $Al_2O_3$ 的润湿性及界面冶金行为的报道[32]，指出 Ti 的加入使界面发生了一个双重变化：液态侧富氧、钛吸附层的生成及随后在固态侧氧化钛的生成，只有当界面生成一氧化钛，才能保证较好的润湿性并形成较强的结合力。当 Ti 含量从 0 增加到 25%（摩尔分数），润湿角约从 125°降到 13°。M. Aulasto 等[41]在进行 $Si_3N_4$ 陶瓷自身连接时，使用 CuTi/Pd/CuTi 的复合中间层，采用瞬态液相法在 1223K/10 min + 1273K/40min 条件下获得接头的室温强度为 157MPa，在 873K 下可以保持室温强度的 66%，但是温度再高则会造成接头性能急剧下降，而且强度测试样品全部是在陶瓷与中间层的连接界面处断裂，分析认为这是由于 Pd 与 Ti 反应而致使 Ti 的活性降低，从而在界面处生成的反应层较薄造成的。

有学者设计 Cu – Ti 合金[42]、Cu – Si – Al – Ti 合金[43]用来钎焊 $Si_3N_4$/陶瓷或 SiC 陶瓷，其中 Cu – Ti 钎料获得 $Si_3N_4$/$Si_3N_4$ 接头在室温下的最大剪切强度为 313.8MPa（Cu66 – Ti34 合金），钎焊温度明显提高但钎料熔点较低，钎焊接头的高温性能仍然不足。虽然还有学者使用 NiCrSi – Ti[44] 和 Co – Ti[45] 体系合金作为钎料连接 $Si_3N_4$ 陶瓷，但获得的接头性能还是不理想，这是因为 Ti 与 Ni、Co 之间的反应强烈会生成稳定的化合物从而大幅度降低 Ti 的活性，因此直接使用 Ni(Co) – Ti 系合金作为中间层进行 $Si_3N_4$ 陶瓷连接其效果不佳。

自 20 世纪 90 年代末期起，人们开始研制以 V 为活性元素的金基钎料[46-48]，比如 Au – 36.6Ni – 4.7V – 1Mo 钎料，获得的 $Si_3N_4$/$Si_3N_4$ 接头其室温四点弯曲强度高达 393MPa，但其高温性能仍不理想，700℃时的强度值已经不足室温的 40%。Sun 等设计了 Au78.67 – Ni15.62 – Pd3.92 – V1.79（质量分数/%）钎料，在 1150℃/60 min 的条件下完成了 $Si_3N_4$ 陶瓷的自身连接[48]，发现焊后接头在靠近 $Si_3N_4$ 陶瓷表面的界面上生成了 1 ~ 2μm 厚的 VN 反应层，而在接头中央生成了两种固溶体 Au[Ni, Pd] 和 Ni[Si, V]（见图 1 – 1），接头室温三点弯曲强度为 264.4MPa，并且在 800℃条件下还可以保持 214.2MPa 的高强度，但是测试温度上升至 900℃时其强度急剧降低至 13MPa。

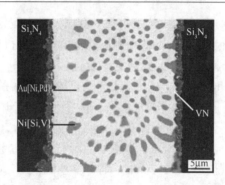

图 1 - 1　采用 Au – Ni – Pd – V 钎料钎焊 Si₃N₄ 陶瓷接头微观组织形貌[48]

在 SiC 陶瓷的连接中,国内外较多地采用了 Ag – Cu 基和 Cu 基钎料等。另外,日本学者[49]研究了 Ni – 50Ti 钎料,对应的 SiC/SiC 陶瓷钎焊接头在室温、300℃和700℃剪切强度分别为158MPa、316MPa 和260MPa,可见接头高温强度虽得到一定程度的改善,但室温强度偏低,而且其高温性能尚待进一步提高。

在研制 SiC 连接用的高温新钎料时,应该高度关注钎料与 SiC 之间的界面反应并予以控制,因为常规的高温钎料中常含有元素 Ni、Co、Fe,它们都会与 SiC 直接发生十分强烈的化学反应,在紧靠 SiC 的界面上形成由硅化物层以及溶有碳的硅化物层交替变化的带状反应层结构,过于强烈的界面反应不仅会极大地损伤 SiC 基材,而且获得的接头强度也很低[50]。根据最新报道,H. P. Martin 等[51]研究使用 Ta – Ni 合金作为钎料进行 Al₂O₃ 陶瓷、SiC 陶瓷的连接,即利用 Ta40Ni60 + 10% TiH₂ 混合中间层对 Al₂O₃ 陶瓷在1410 ~ 1600℃条件下进行焊接,获得了50 ~ 70MPa 的四点弯曲强度。分析表明 Ni – Ta – Ti 相的分布对其接头性能起着至关重要的作用;同时还采用 Ta40Ni60 钎料在1400 ~ 1700℃条件下对 SiC 陶瓷进行连接,获得了超过150 ~ 210MPa 的接头四点弯曲强度。

对于 C/C 复合材料高温钎料的研究,主要是采用 Si、Al、Mg₂Si 粉末、玻璃等作为中间填料进行钎焊[52, 53]。更早期的研究有:20 世纪60 年代英国[54]采用 MoSi₂ 作为中间层实现了 C/C 连接,且经热循环试验后接头稳定;美国[55]使用 35Au – 35Ni – 30Mo/60Au – 10Ni – 30Ta 等高温钎料实现了石墨/Mo 的连接,经测试表面接头渗漏试验效果良好;同时美国[56]还研究了使用 48Ni – 48Zr – 4Be/49Ti – 49Cu – 2Be 高温钎料连接石墨/石墨,连接时钎料与石墨直接润湿良好。尽管针对 C/C 复合材料高温钎料的相关研究报道仍然很少,但相信早期的关于石墨材料的高温钎料的研究结果可以为 C/C 复合材料高温新钎料的研制提供实验基础和设计依据。

关于碳纤维增强碳化硅陶瓷基复合材料(C_f/SiC),它与通常的陶瓷材料不同,不但气孔率高(体积分数约10% ~ 16%),且它由碳(C)纤维与 SiC 陶瓷两种材料组成,钎焊接头界面变为陶瓷/钎料、纤维/钎料甚至纤维/基体(包括金属与陶瓷)

的结合,因此就钎焊工艺而言,钎料对 $C_f/SiC$ 的润湿行为和连接机理将变得更加复杂。国际上目前针对 $C_f/SiC$ 复合材料使用的钎料主要是以 Cu – Ti 或者AgCu – Ti 为主[57-59],G. B. Lin 等[60,61]后来研究使用了碳纤维增强的 AgCu – Ti 钎料,或者 CuTi + 石墨的混合粉末钎料,但这些钎料的高温性能仍然是个问题。通过 Ni 基钎料向 $C_f/SiC$ 复合材料中的渗入可以实现连接,但接头的最高三点弯曲强度仅为 58MPa[62]。研究 $C_f/SiC$ 用的专用高温钎料的难度很大。近几年来国内这方面的研究已经起步[62,63],但总体报道还很少。考虑到 $C_f/SiC$ 陶瓷基复合材料良好的应用前景,国内应尽快深入开展其高温钎料的研究工作[58]。

## 1.3　陶瓷、陶瓷基复合材料与金属的连接技术进展

在工程应用中,有很多场合需要考虑对不同材料性能的组合,因此往往使用陶瓷与金属连接在一起的结构。对陶瓷/金属连接工艺的研究与应用可谓历史悠久,而且随着工业技术的发展,陶瓷与金属的连接技术又面临新的需求,也得到更多的研究与发展。

### 1.3.1　陶瓷与金属的连接简史

广义上讲,陶瓷/金属连接工艺的最早起源可以追溯到 15 世纪中叶我国明代的景泰蓝的制作,陶瓷/金属连接技术的近代起源是 1821 年 Davy 将 Pt 与软玻璃的封接实验,1879 年 Edison 把这一技术用于电灯制造这一重要发明中,但是,具有工业规模的、牢固的真空密封陶瓷/金属连接新技术则开端于 20 世纪 30 年代。1935 年到 1939 年德国西门子公司的 Wattery 和德律风根公司的 Pulfrich 分别独立地发明了在陶瓷表面喷涂一层高熔点金属(Fe、Cr、Ni、W、Mo 等混合物),金属化处理后,进行间接钎焊,以制造陶瓷电子管[2],这项技术 1940 年获得专利,史称德律风根法。1950 年美国 H. J. Nolte 和 R. F. Spurk 用 Mo(80%) – Mn(20%)法对氧化铝陶瓷和镁橄榄石实现了表面金属化,后来由 20 世纪 50 年代和 60 年代 Cole 等、Folyd 和 Denton 等多人对这一工艺进行了一系列改进。随着活性金属法和 Mo – Mn 金属化工艺的相继出现,陶瓷/金属连接技术进入了全面大发展的时期。1969 年美国 W. M. Philips 提出生瓷板高温烧结金属化工艺,使陶瓷的烧结和金属化在同一工序中完成[2]。伴随着连接工艺的发展和成熟,连接材料和连接机理的研究也在逐渐深入,并反过来促进了连接工艺的不断改进。

另外,1947 年美国 R. J. Bondly[64]首次提出使用 $TiH_2$ 的活性金属法,即在镁橄榄石瓷上涂以 $TiH_2$ 粉,加上 Ag 或 Ag – Cu 焊料,于真空中或极干燥的 $H_2$ 中加热至 900~1000℃,直接实现与金属的连接。$TiH_2$ 活性金属法经过 1954 年美国 H. Bender 等提出用 Ti 芯、Ag – Cu 丝(BT – Ti)做焊料对锆石瓷做润湿试验,进一步发展成为 Ag – Cu – Ti 法,并确定了最佳配方[2]。由于其在多种陶瓷表面

均能很好润湿和粘附,又有良好的加工性,故在陶瓷/金属的直接钎焊中被广泛使用。

### 1.3.2　陶瓷、陶瓷基复合材料与金属连接技术的发展要点

在陶瓷与金属的连接中,要解决的重要问题概括起来有三个:①需要通过连接材料(如钎料或扩散焊用中间层)与陶瓷之间发生适度的界面反应而形成牢固的冶金结合;②要尽可能缓解因陶瓷与被焊金属热物理性能不匹配而在陶瓷/金属接头产生的焊后残余热应力;③为充分发挥结构陶瓷的高温性能优势,应尽可能提高连接接头的耐热性。在陶瓷与金属连接领域,几乎所有研究都是围绕着这三个问题来展开的。

在陶瓷与金属的连接中,AgCu – Ti 钎料以及 Cu – Ti 钎料的应用极为广泛[65 – 68]。并且,要保证形成牢固的冶金接头,不仅要研究钎料与陶瓷之间的界面反应,而且还要研究陶瓷与金属连接用的中间过渡层与钎料之间的界面冶金行为,如 W. P. Weng 等 [69] 采用 AgCu – Ti(Ti 含量2% ~ 8% )钎料钎焊了 $Al_2O_3$ 陶瓷与 Ni 基高温合金(Inconel 600)和 Co 基高温合金 UMCo – 50,当 Ti 含量为8% 时接头强度达到43 ~ 54MPa,进一步通过加入 Kovar 合金作为中间层改善界面的冶金行为,接头连接强度分别提高至240MPa 和226MPa。

陶瓷与金属在真空或氩气保护条件下的钎焊连接研究是最多的,但是为适应固态氧化物燃料电池(SOFC)的连接技术需求,近年来还开展了大气活性钎焊工艺研究,比如德国 A. Pönicke[70] 使用 Ag – CuO 体系钎料,研究了 CuO 含量对钎料在大气环境中1000℃高温下在 YSZ 陶瓷和 Fe – Cr 基合金表面润湿性的影响,以及对陶瓷/金属连接界面的长时间稳定性的影响。大气活性钎焊工艺也是一个很有应用前景的研究方向。

截止到目前,大量有关陶瓷/金属连接的研究集中在陶瓷与钢,或者陶瓷与纯金属,或者陶瓷与钛合金上[71 – 75]。应该说,经过几十年的研究发展,制备在400℃以下工作的陶瓷/金属连接件的工艺已经比较成熟,但制备高温条件下使用的陶瓷/金属连接件[76 – 81]的方法仍处于研究阶段,而研究的重点就在于新型高温钎焊材料、缓解陶瓷/金属接头残余应力的方法,以及耐高温的连接工艺。

近年来,国内外学者还陆续开展了新型的陶瓷基复合材料与金属连接技术的研究。我们应该注意到,碳纤维增强碳化硅陶瓷基复合材料($C_f$/SiC)是一种近期发展起来的新型耐高温结构材料[82],而钛合金又是航空、航天领域材料的重要组成部分,常常需要将其与 $C_f$/SiC 复合材料进行连接。J. H. Xiong 等[83] 采用 Ag – Cu – Ti 活性钎料在900℃,5min 的条件下真空钎焊 $C_f$/SiC 与钛合金,得到室温和500℃接头剪切强度分别为102MPa 和52MPa,分析接头组织表明在钛合金附近形成 $Ti_3Cu_4$/TiCu/$Ti_2$Cu + Ti 反应层。为了缓解陶瓷连接接头热应力以及提高接头的高温性能,他们还在 Ag – Cu – Ti 活性钎料中分别加入 TiC、SiC、碳纤维和金属

W 颗粒,复合钎焊 $C_f$/SiC 复合材料与钛合金[84],接头强度分别达到 156MPa、134MPa、84MPa、168MPa,比不加增强相时的效果要好。

除钛合金外,国内外很多学者开展了 $C_f$/SiC 复合材料与 Nb 合金[85]、镍基高温合金[86]等钎焊研究并陆续取得一些探索研究结果,但是仍然期待更实质性的进展。随着纤维增强 SiC 陶瓷基复合材料应用范围的不断扩大,开发新型高强度、耐高温的连接方法将是未来高温陶瓷基复合材料连接技术的发展方向。

### 1.3.3　陶瓷/金属接头缓解应力方法研究进展

由于陶瓷与金属的热物理性能不匹配,使得陶瓷/金属连接接头在焊后往往产生巨大的残余热应力[87,88],且随着被连接的陶瓷与金属之间热膨胀系数差($\Delta\alpha$)越大,接头中的残余热应力越大,致使接头的强度越低;或者是随着被连接金属的热膨胀系数($\alpha$)与其弹性模量($E$)乘积($\alpha \cdot E$)增大,接头强度下降,而且有很多学者利用数值模拟的方法对该残余热应力进行了具体的计算[89,90]。缓解陶瓷/金属接头残余热应力的方法大体上可归纳为以下几种:

#### 1.3.3.1　接头梯度粉末方法

接头梯度粉末连接方法适用于热膨胀系数相差较大的陶瓷与金属之间的连接,其中最成功的例子就是有学者[6]将 12 种成分不断变化的 W 和 $Al_2O_3$ 的混合粉末烧结实现了热交换器圆柱体 $Al_2O_3$/W 的连接。具体过程如下:将 12 种混合粉末逐层铺填到模具中,产生 12 种成分由 95% W – 5% $Al_2O_3$ 到 100% $Al_2O_3$ 的梯度粉末叠层(见图 1 – 2),之后该叠层置于被焊母材之间,形成成分连续变化的梯度材料结构以使热膨胀系数逐渐变化。

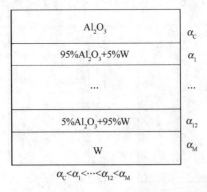

图 1 – 2　$Al_2O_3$/W 梯度粉末连接技术示意图[6]

但这种方法对于热膨胀系数差过大的陶瓷/金属组合接头,需要的层数多,工艺将相当复杂;且对于很多被焊陶瓷/金属的组合,可能由于彼此相容性的原因,根本不适合中间若干个混合粉末过渡层的烧结。

## 1.3.3.2　界面自蔓延高温合成反应梯度过渡层方法

自蔓延高温合成(Self – propagating High – temperature Synthesis,SHS)是在被连接的陶瓷和金属之间平铺多层成分比例不同的混合粉末,通过化学反应形成一侧为陶瓷,另一侧为金属,而中间的化学组成和力学性能呈梯度变化的梯度过渡层以缓解残余热应力的方法。

北京航空航天大学的李树杰[91]等人采用SHS技术,利用功能梯度材料作为填充材料和钨作为中间层连接碳化硅陶瓷和镍基高温合金,对不同厚度的钨中间层所得接头进行疲劳断裂实验,结果如表1－1所列。基于表中可以看出,钨中间层的存在虽然不能完全消除,但是可以显著降低残余热应力。

表1－1　自蔓延高温合成钎焊试样力学实验结果[91]

| 试样编号 | 钨板厚度 $L/mm$ | 断裂载荷 $F/N$ | 相对焊接强度 $R/\%$ | 断裂位置 |
|---|---|---|---|---|
| 1 | 0 | 911 | 48 | |
| 2 | 0.6 | 1068 | 56 | 焊缝附近 SiC 基体 |
| 3 | 1.0 | 1147 | 60 | |

南昌航空工业学院的孙德超等人[92]在研究陶瓷/金属连接时采用了SHS技术,在接头中平铺多层Ti、Ni、C含量不同的混合粉末,发生混合粉末的热化学反应,由电子探针对过渡层进行面扫描(见图1－3),结果表明形成了一侧为TiC、另一侧为Ni,且性能呈梯度变化的过渡层。图1－4为合金GH4169填加过渡层试样在850℃时界面的热应变分布情况,由图可见,当试样温度升至850℃时,其间的应变量逐渐过渡,可见梯度材料中间层达到了缓解接头残余热应力的作用。

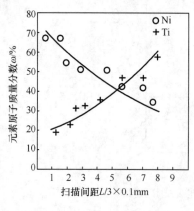

图1－3　过渡层成分分布[92]

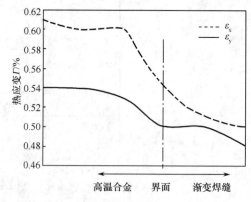

图1－4　界面处850℃的热应变分布[92]

界面自蔓延高温合成反应梯度过渡层方法仅限于那些能够发生 SHS 反应的粉末体系,因此能够适用的陶瓷/金属组合是非常有限的。

### 1.3.3.3　复合钎料方法

复合钎料方法[93]指的是在常规钎料中加入一定体积比的各种形态的陶瓷颗粒[94-98]、碳纤维[99]等,从而形成复合钎料,钎焊过程中钎料熔化,而作为增强相的颗粒不熔化,从而形成的钎焊接头是一种金属基复合材料,它相对于常规的金属合金钎料具有较低的热膨胀系数,能有效地降低陶瓷/金属接头的残余应力。

国外 C. T. Ho 等研究了复合钎料,不仅能提高陶瓷焊接接头强度,而且还改善了接头的耐热疲劳能力[100, 101]。国内哈尔滨工业大学的杨建国等[95]研究了向 Ag – Cu – Ti 活性钎料中加入 $Al_2O_3$ 陶瓷颗粒的复合钎料,提高了 $Al_2O_3$ 陶瓷钎焊接头的强度,并进行了数值模拟分析[102]。图 1 – 5 为陶瓷接头有限元模型的 $x – y$ 平面的示图,而图 1 – 6 表明了陶瓷接头的剪切应力与陶瓷颗粒体积分数的关系,由图可以看出陶瓷颗粒的加入对陶瓷钎焊接头的应力起到了缓解作用,且在一定的范围内剪切强度随着体积的增加而增加。同时,哈尔滨工业大学方洪渊等[103]在进行 PTC 陶瓷材料与铝钎焊时,以 Sn – Zn – Cd – Ag,Zn – Al,Zn – Al – Ag,Sn – Zn – Ag – Al 等复合钎料配合相应的钎剂,实现了 PTC 陶瓷元件与铝散热片的可靠连接。

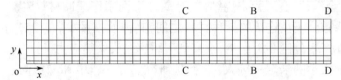

图 1 – 5　陶瓷接头有限元模型的 $x – y$ 平面的示意图[102]

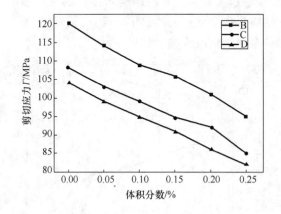

图 1 – 6　陶瓷接头的剪切应力与陶瓷颗粒体积分数的关系[102]

北京科技大学的薛行雁等人[104]在进行真空钎焊 $C_f/SiC$ 复合材料与 Ti 合金连接研究时使用了 AgCuTi + SiC 的复合钎料,指出在 900℃/30min 下接头的各连接层均匀致密,结合良好;在 900℃/5min,SiC 的体积分数为 25% 时接头剪切强度最高,达到 134MPa。北京有色金属研究总院陆艳杰等[105]使用以 Ag - Cu - Ti 活性钎料为基的复合钎料对 C/SiC 复合陶瓷与 Nb 合金进行了真空钎焊,结果表明 TiC 的质量分数以 2.5% ~3.0% 为宜,且在钎料中引入 Mo 颗粒后有效缓解了残余应力。此外,北京航空航天大学等单位也都开展了复合钎料改善 SiC 陶瓷(或陶瓷基复合材料)接头[106, 107]、陶瓷与金属[108]接头强度的研究,取得了实际效果。

### 1.3.4.4 夹具限制被焊金属热膨胀方法

有专利[109]说明在连接均为圆柱体形状的陶瓷与金属时,使用圆环状陶瓷材质夹具设置在被焊陶瓷的外周,以限制金属的热膨胀。该专利认为当选取同质陶瓷材料作夹具时,被焊金属与被焊陶瓷的热膨胀量相同,可以降低残余热应力。这种办法的可靠性一直缺乏实验数据支持,而且它对连接件形状有特殊要求,又涉及陶瓷质夹具的制造,难以获得较多的应用。

### 1.3.4.5 多孔材料、金属纤维网缓冲材料方法

该方法指的是在进行陶瓷/金属钎焊时,使用金属粉末和纤维烧结的多孔材料[110]或软性金属片、金属粉末烧结体、金属纤维网用作缓冲材料[111, 112]。缓冲材料的热膨胀系数介于被连接的异种材料之间,其弹性模量小、塑性较好,以及对界面残余应力能产生分割相消作用,这有利于缓解接头中热应力。

西安交通大学的朱定一等人[112]首次研究了在 $Al_2O_3$/Nb 钎焊接头中加入一层用高熔点的 Mo 丝交叉编织制成的丝网,其中 Mo 丝直径为 0.12mm,网孔平均面积为 $0.64mm^2$,继而通过实验分析丝网结构对接头的焊后强度及热震后剩余强度的影响。从接头热震后剩余强度曲线(图 1 -7)可以看出,加入金属网后的钎焊接头强度和热震后剩余强度均有大幅度提升。

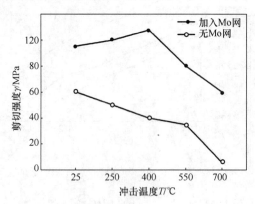

图 1 -7　金属 Mo 网对 $Al_2O_3$/Ni - Ti/Nb 钎焊组件热震抗力的影响[112]

目前关于多孔材料、金属纤维网缓冲材料方法的研究还不是很成熟,而且缓冲材料本身的制作存在着一些问题,其效果还有待更多的实验去验证。

### 1.3.4.6　软性、硬性缓冲层方法

Y. Zhou 等[113]选择不同的中间层研究 $Si_3N_4$/钢的钎焊,得出使用复合材料 Cu – W 和 Cu – Kovar 作为中间层时产生的热应力是最低的。此外,A. P. Xian 等人[114]使用 Ag 基活性钎料并使用不同的中间缓冲层进行了 Sialon 陶瓷/40Cr 钢钎焊研究,结果指出厚度为 0.1 mm 的 Ni 合金和 Kovar 合金作为中间层的接头粘结强度为 177MPa,厚度为 0.08mm 的 Cu 和 Ta 作为中间层的接头粘结强度分别为 315MPa 和 305MPa。

实际上,正是因为单层缓冲层往往不能获得理想的接头强度,所以提出了双层、多层缓冲层[115]的设计准则。如在上述 A. P. Xian 的研究[114]中,在 1153K/5min 的工艺条件下,使用 Cu/Nb 合金的复合中间缓冲层可以得到最高的接头强度;北京航空航天大学的冀小强等[116]用 Zr/Nb 复合中间层连接 SiC 陶瓷与 Ni 基高温合金 GH128,并确定其最佳工艺为 1070℃/11.5MPa/20min,接头最高抗弯强度达到了 SiC 母材的 52% 。利用缓冲层来提高接头强度、缓解残余应力的方法在陶瓷/金属的应用十分广泛,有不少学者对其进行了深入的研究[117, 118]。

### 1.3.4.7　陶瓷表层加工形成梯度结构的方法

I. Südmeyer 等人[119]报道了关于陶瓷表面激光打孔法进行陶瓷/金属连接的研究结果。但是通过对陶瓷表层的激光打孔方法来缓解陶瓷/金属接头残余热应力的技术还不够成熟,有待进一步的研究。

论文[120]和专利[121]在研究 C/C、C/SiC 复合材料与耐热合金(如铌合金 Nb – 10Hf – 1Ti)钎焊连接时,在 C/C 或 C/SiC 复合材料待连接的表面加工出矩形波(矩形高 1.2mm,宽 0.28mm,槽距 1.4mm)、三角形波(等腰三角形底边 0.36mm,高 1.1mm,槽距 1.2mm)或正弦波等结构(正弦波周期 1.3mm,深 1.5mm,中心距 1.3mm),以 Pt 或 Ti 为中间层,在 900 ~ 960℃下进行加热连接,所得接头的剪切强度由原有技术的 25 ~ 30MPa 提高到了 30 ~ 50MPa。

为了更好地缓解残余应力,Y. X. Shen 等人[122]在进行 C/C 复合材料/Ni 基高温合金钎焊时,采用了复合缓解应力方法,具体是利用激光在待焊的 C/C 基复合材料表面加工出若干深度为 300 ~ 1000μm 的锯齿状沟槽,并使用适量 $TiH_2$ 粉末填满这些沟槽,同时使用热膨胀系数介于被焊的 C/C 复合材料($0 ~ 2.2 \times 10^{-6}$ $K^{-1}$)和 Ni 基高温合金($12.5 \times 10^{-6} ~ 16.3 \times 10^{-6} K^{-1}$)之间的 $Al_2O_3$ 陶瓷材料($7.0 \times 10^{-6} ~ 11.4 \times 10^{-6} K^{-1}$)作为中间过渡层,Ag – 28Cu 共晶合金金属薄片作为活性钎料在 910℃/10min 条件下进行钎焊(见图 1 – 8,被焊件尺寸均为 6.4mm ×

$6.2mm \times 25mm$，$Al_2O_3$ 陶瓷尺寸为 $6.6mm \times 6.4mm \times 2mm$），获得了 73MPa 的接头强度。

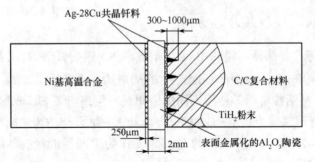

图 1-8 C/C 复合材料/Ni 基高温合金钎焊示意图[122]

以上归纳和简述了国内外研究的 7 种缓解陶瓷/金属连接接头残余热应力的方法，并对其原理进行了分析和探讨。大部分方法，不管是在被焊的陶瓷表层，或者在连接界面，都力图直接使用或者通过烧结、反应、熔渗等方法构造出热膨胀系数介于被焊的陶瓷与被焊的金属之间的复合界面层，所以能不同程度地缓解接头的残余热应力，从而提高了陶瓷/金属连接接头强度，这些进展是可喜的。但是，要想获得理想的缓解陶瓷/金属连接接头残余热应力的效果，发展多种方法相结合的复合缓解应力方法将是今后重要的研究方向[123]。解决陶瓷/金属连接中缓解残余热应力这一关键技术问题，无疑有利于推动陶瓷、陶瓷基复合材料的广泛应用。

## 1.4 陶瓷、陶瓷基复合材料高温钎焊技术的意义与主要发展趋势

陶瓷连接技术在各个行业的应用十分广泛，比如在电子行业中经常将具有良好绝缘性的 $Al_2O_3$ 陶瓷元件与具有良好导电性和导热性的金属 Cu 进行连接使用，并且常常使用直接敷铜技术（Direct Copper Bonding，DCB）对其进行连接[124]。

固体氧化物燃料电池（SOFC）属于第三代燃料电池，是一种在中高温下直接将储存在燃料和氧化剂中的化学能高效转化成电能的全固态化学发电装置，往往需要在 $700 \sim 900℃$ 条件下进行工作[125]。一般采用钎焊的方法来完成 SOFC 中 $ZrO_2$ 陶瓷与活性金属的连接，如 M. C. Tucker 等[126]成功地采用 $Al_2TiO_5$ 作为填充金属解决了 $ZrO_2$ 陶瓷与铜的 CTE 不匹配问题。

在核工业中，涉及到碳纤维增强 SiC 与碳纤维增强碳基复合材料（CFCS）的连接。其中，对于 CFCS 与铜合金的连接，P. Appendino 等[127]进行试验，先将 CFCS 进行表面金属化，而后使用 70Ti-15Cu-15Ni 合金作为中间层将其与铜合金进行连接并取得了较好的结果。此外，核工业中还要求实现不锈钢、钛等金属与 BeO

陶瓷、$Al_2O_3$ 陶瓷的连接,这些连接中一般均用 $70.5Ag - 26.5Cu - 3Ti$ 作为钎料,并在真空状态下进行连接。

$Si_3N_4$ 陶瓷、$Al_2O_3$ 陶瓷、PSZ 陶瓷、$SiO_{2f}/SiO_2$ 复合陶瓷、C/C 复合材料、$C_f/SiC$ 复合材料与金属的连接接头在航空、航天方面都有着极好的应用前景[128-132]。比如,在与高超声速飞行器的舵/翼高温结构使用以陶瓷($SiO_2/SiC$)+复合材料(C/C、$C_f/SiC$)+金属(Ni 基高温合金)的多层结构,机翼前缘使用 C/C、$C_f/SiC$ 材料进行热防护是未来高超声速飞行器高温热防护结构材料的发展趋势。据了解,针对大于 $Ma8$ 飞行和长期工作的应用需求,美法共同发起一项为期 4 年的研究计划,设计了带有冷却结构的 $C_f/SiC$ 复合材料夹层结构,分为 3 层,面向高温气流的最内层为 $C_f/SiC$ 复合材料,中间层为镍合金冷却管,最外层也为 $C_f/SiC$ 复合材料,这种连接结构的缩比件通过了模拟超燃冲压发动机燃烧室工作环境的考核。此外,世界上很多国家已经将 $C_f/SiC$ 复合材料运用于新一代高性能发动机上,如法国 SEP[133] 研制的 C/C,$C_f/SiC$ 和 $SiC_f/SiC$ 复合材料在 5N,25N,200N,6000N 等多种推力室上进行了成功的点火试验,并在小型卫星和航天飞行器上得到应用,逐渐取代 Nb,Mo,Hf 等高温合金。为满足高性能、轻质化的设计要求,国内液体火箭发动机已开始利用 $C_f/SiC$ 陶瓷基复合材料制造喷管的应用研究[134]。其他还常应用于光学系统、空间技术、燃烧炉、燃烧器、交通工具(刹车片,阀)、能源技术(热交换)等领域。

关于陶瓷、陶瓷基复合材料的连接技术,应该说经过几十年的研究,国内外已基本解决了它们的可焊性问题,但同时应该注意到,当前研究获得的陶瓷连接接头的强度及耐热温度跟实用要求相比仍有很大距离。在陶瓷的钎焊研究领域,Ag-Cu-Ti、Cu-Ti 活性钎料仍然是主流焊料体系,虽然某些钎焊接头强度较高,但接头的高温性能明显不足,势必会制约陶瓷高温性能与陶瓷基复合材料超高温性能的发挥。因此耐高温、甚至超高温钎焊料或中间层的研究仍然是航空、航天领域将陶瓷、陶瓷基复合材料推向高温环境应用需要开展的热点研究方向。另外,解决纤维增强陶瓷基复合材料自身及其与异种材料组合的耐热结构的钎焊扩散焊技术,以及这些连接结构的功能考核试验研究,都应该是今后本领域的研究重点[135]。

深入开展耐高温的陶瓷复合材料焊接技术的研究,努力获得综合性能与母材匹配的焊接接头,或者满足设计使用要求,对于促进其在航空、航天以及其他相关领域的工程应用具有重要的意义。

## 参 考 文 献

[1] Fernie J A, Drew R A L, Knowles K M. Joining of engineering ceramics. International Materials Reviews. 2009, 54(5): 283-331.

[2] 刘联宝,杨钰平,柯春和,等. 陶瓷-金属封接技术指南. 北京:国防工业出版社,1990.

[3] Reed L, Mcrae R C. Evaporated metallizing on ceramics. Amer. Ceram. Soc. Bull., 1965, 44(1): 12-15.

[4] Swiss S,Adams C M. The promotion of wetting and brazing. Welding Journal, 1967, 46(2): 49 – 52.

[5] 庄丽君. 陶瓷与金属的热喷涂接合. 北京:清华大学机械学院,1989.

[6] Schwartz M M. Ceramic Joining. ASM International, Materials Park, Ohio, 1990.

[7] Aravindan S,Krishnamurthy R. Joining of ceramic composites by microwave heating. Mater. Lett. 1998, 38: 245 – 249.

[8] Esposito L,Bellosi A. Joining of ceramic oxides by liquid wetting and capillarity. Scr. Mater. , 2001, 45: 759 – 766.

[9] Mailliart O,Chaumat V,Hodaj F. Wetting and joining of silicon carbide with a molten glass in air// Proc. of 9th Int. Brazing & Soldering Conference. Aachen, Germany, June 15 – 17, 2010, DVS – Berichte, v. 263: 76 – 80.

[10] Chang L S,Huang C F. Transient liquid phase bonding of alumina to alumina via boron oxide interlayer. Ceram. Int. , 2004, 30: 2121 – 2127.

[11] Gross-barsnick S M,Greven B C,Batfalsky P, et al. Recent results in SOFC glass-ceramic sealant technology development//Brazing Lectures and Posters of the 10$^{th}$ International Conference. High Temperature Brazing and Diffusion Bonding, LOT 2013 June: 50 – 53.

[12] Zhou F. Joining of silicon nitride ceramic composites with $Y_2O_3 – Al_2O_3 – SiO_2$ mixtures. J. Mater. Process. Technol. , 2002,127: 293 – 297.

[13] Gopal M,Sixta M,Jonghe L D. Seamless joining of silicon nitride ceramics. J. Am. Ceram. Soc. , 2001, 84: 708 – 712.

[14] Domi'Nguez-Rodri'Gueza, Guiberteay F,Jinmenez-Mekendol M. Heterogenous junction of yttria partially stabilized zirconia by superplastic flow. J. Mater. Res. , 1998, 13(6): 1631 – 1636.

[15] Mun J D,Sutton A P,Detby B. Grain growth and texture changes in a Ni foil during diffusion bonding to $ZrO_2$. Philos. Mag A. , 1997, 76A: 289 – 305.

[16] Mun J D, Derby B,Sutton A P. Texture change in Ni and Cu foils on diffusion bonding to zirconia. Scr. Mater. , 1997, 36: 1 – 6.

[17] Esposito L,Bellosi A,Guicciardi S, et al. Solid state bonding of $Al_2O_3$ with Cu, Ni and Fe: characteristics and properties. J. Mater. Sci. , 1998, 33: 1827 – 1836.

[18] Bartolome J F,Diaz M, Moya J S, E Saiz,et al. Mullite/Mo interfaces formed by intrusion bonding. J. Eur. Ceram. Soc. , 2004, 24: 785 – 790.

[19] Abed A,Hussain P B,Jalham I S,et al. Joining of sialon ceramics by a stainless steel interlayer. J. Eur. Ceram. Soc. , 2001, 21: 2803 – 2809.

[20] Polanco R, Pablos A D,Miranzo P. Metal-ceramic interfaces: joining silicon nitride-stainless steel. Appl. Surf. Sci. , 2004, 238: 506 – 512.

[21] Li J L,Xiong J T,Zhang F S. Transient liquid-phase diffusion bonding of two-dimensional carbon-carbon composites to niobium alloy. Materials Science and Engineering,2008, A, 483 – 484: 698 – 700.

[22] Zhang J X,Chandel R S,Seow H P. Effects of chromium on the interface and bond strength of metal-ceramic joints. Mater. Chem. Phys. , 2002, 75: 256 – 259.

[23] Ceccone G, Nicholas M G,Peteves S D,et al. An evaluation of the partial transient liquid phase bonding of $Si_3N_4$ using Au coated Ni-22Cr foils. Acta Mater. , 1996, 44: 657 – 667.

[24] Paulasto M,Ceccone G,Peteves S D. Joining of silicon nitride via a transient liquid. Scripta Mater, 1997, 36

16

(10)：1167 – 1173.

[25] Wu A P,Zou G S,Ren J L,et al. Heat-resistant joints of $Si_3N_4$ ceramics with intermetallic formed in situ. J. Mater. Sci. , 2001,36：2673 – 2678.

[26] Chen Z,Cao M S,Zhao Q Z,et al. Interfacial microstructure and strength of partial transient liquid phase bonding of silicon nitride with Ti/Ni multi-interlayer. Mater. Sci. Eng. 2004A, 380：394 – 401.

[27] Fang F,Zheng C,Lou H Q,Sui R Z. Bonding of silicon nitride ceramics using Fe-Ni/ Cu/Ni/ Cu/Fe-Ni interlayers. Materials Letters, 2001,47：178 – 181.

[28] Wei P,Li J,Chen J. Titanium metallization of $Si_3N_4$ ceramics by molten salt reaction：coating microstructure and brazing property. Thin Solid Films, 2002, 422：126 – 129.

[29] Hsu S C,Dunn E M,K Ostereicher,et al. An investigation of interfacial microstructure and bonding in brazed silicon nitride-silicon nitride and silicon nitride-Ni-Cr-Fe alloy 600 joint. Ceram. Eng. Sci. Proc. , 1989, 10：1667 – 1684.

[30] Xian A P,Si Z Y. Joining of $Si_3N_4$ using $Ag_{57}Cu_{38}Ti_5$ brazing filler metal. Journal of Materials Science, 1990, 25：4483 – 4487.

[31] Peteves S D,Nicholas M G. Evaluatuion of brazed silicon nitride joints：microstructure and mechanical properties. J. Am. Ceram. Soc. , 1996. 79(6)：1553 – 1562.

[32] 万传庚,Kritsalis P,Eustathopulos N. 高温钎料 PdCuTi 在氧化铝陶瓷上的润湿性及界面反应. 焊接学报, 1994,15(4)：209 – 213.

[33] Boadi J K,Yano T,Iseki T. Brazing of pressureless-sintered SiC using Ag – Cu – Ti alloy. Journal of Materials Science, 1987, 22：2431 – 2434.

[34] Martinelli A E,Hadian A M,Drew R A L. Joining non-oxide ceramics to metals. Journal of the Canadian Ceramic Society, 1997,66(4)：276 – 283.

[35] Weng W P,Wu H W,Chai Y H,Chuang T H. Journal of Advanced Materials 1997；January：35 – 40.

[36] Okamura H. Brazing Ceramics and Metals. Welding International, 1993, 7(3)：236.

[37] Kapoor R R,Eagar T W. Oxidation behavior of Silver-and Copper-based brazing filler metals for silicon nitride/ metal Joints. J. Am. Ceram. Soc. , 1989, 72(3)：448 – 454.

[38] Peteves S D,Ceccone G,Paulasto M, et al. Joining silicon nitride to itself and to metals. JOM, 1996, 48(1)：48 – 52.

[39] Kang S,Kim H J. Design of high-temperature brazing alloys for ceramic-metal joints, Welding Journal. 1995, 74(9)：289 – 295.

[40] Hadian A M,Drew R. Strength and microstructure of silicon nitride ceramics brazed with nickel-based chromium-silicon alloys. Am. Ceram. Soc. 1996, 79(3)：659 – 65.

[41] Aulasto M,Ceccone G,Peteves S D. Joining of silicon nitride via a transient liquid Scripta Mater, Scripta Mater 1997, 10：1167 – 1173.

[42] Naka M,Tanaka T,Okamoto I. Joining of silicon nitride using amorphous Cu – Ti filler metal. Transactions of JWRI,1987(1)：83 – 87.

[43] 吕宏,康志君,张小勇,等. CuSiAlTi 钎料对 SiC 陶瓷的润湿性. 稀有金属材料与工程,2005, 34(7)：1106 – 1108.

[44] Chen J H,Wang G Z. Segregation of chromium at the interface between Ni – Cr – Si – Ti brazing filler metal and $Si_3N_4$ ceramics. J Mater. Sci. Letter, 1993, 12(1)：87 – 90.

[45] Reichel U,Warlimont H Z. Rapidly solidified CoTi alloys as brazing foils for high-temperature joining of silicon nitride ceramic Metallkd 1999, 90(9): 699 –704.

[46] Loehman R E. Recent progress in ceramic joining. Key Engineering Materials, 1999, 161 –163: 657 –662.

[47] Paulasto M,Ceccone G,Peteves S D,et al. Brazing of $Si_3N_4$ with Au – Ni – V – Mo filler alloy. Ceramic Transactions, 1997, 77: 91 –98.

[48] Sun Y,Zhang J,Geng Y P,et al. Microstructure and mechanical properties of an $Si_3N_4/Si_3N_4$ joint brazed with Au – Ni – Pd – V filler alloy. Scripta Materialia, 2011(64), 414 –417.

[49] Naka M,Taniguchi H,Okamoto I. Heat-resistant brazing of ceramics (report Ⅰ). Transactions of JWRI, 1990, 19(1): 25 –29.

[50] Mcdermid J R,Pugh M D,Drew R A L. The interaction of reaction-bonded silicon carbide and Inconel 600 with a nickel-based brazing alloy. Metallurgical Transactions A, 1989, 20A(9): 1803 –1810.

[51] Martin H P,Triebret A,Matthey B. Ta – Ni – braze for high temperature stable ceramic-ceramic junctions// Brazing Lectures and Posters of the 10th International Conference, High Temperature Brazing and Diffusion Bonding, LOT 2013 June: 54 –58.

[52] Kappalov B K,Veis M M,Kadun Y I,et al. Brazing C/C composite materials with metal-containing brazing alloys. Welding International, 1992, 6(9): 562 –566.

[53] 熊华平,毛唯,陈波,等. 陶瓷及陶瓷基复合材料高温钎料的研究现状与进展. 焊接, 2008(11): 19 –24.

[54] Fox C W,Slaughter G M. Brazing of ceramics. Welding Journal, 1964, 43(7): 591 –595.

[55] Ando Y,Tobita S,Fujimuta T. Development of bonding methods for graphite materials. Japanese Atomic Energy Research Institute, 1964, 10: 1071.

[56] Donnelly R G,Gilliland R G,Fox C W, et al. The development of alloys and techniques for brazing graphite. Paper presented at Fourth National SAMPE Symposium (Hollywood), 1962, 9: 13 –15,.

[57] Xiong J,Li J,Zhang F,et al. Joining of 3D C/SiC composites to niobium alloy. Scripta Materialia, 2006, 55: 151 –154.

[58] 陈波,熊华平,程耀永,等. 采用 Ag – Cu – Ti 钎料钎焊 $C_f$/SiC 接头的组织和强度. 材料工程, 2010, 329: 27 –31.

[59] Jimenez C,Mergia K,Moutis N V,et al. T Speliotis and S Messoloras, Joining of $C_f$/SiC ceramics to nimonic alloys. J. Mater. Eng. Performance, 2012, 21: 683 –689.

[60] Lin G B,Huang J H,Zhang H. Joints of carbon fiber-reinforced SiC composites to Ti-alloy brazed by Ag – Cu – Ti short carbon fibers. J. Mater. Process Technol. 2007, 189:256 –261.

[61] Ban Y H,Huang J H,Zhang H,et al. Microstructure of reactive composite brazing joints of $C_f$/SiC composite to Ti – 6Al – 4V alloy with Cu – Ti – C filler materials. Rare Met. Mater. Eng. 2009, 38: 713 –716.

[62] Tong Q,Cheng L. Liquid infiltration joining of 2D C/SiC composite. Science and Engineering of Composite Materials,2006, 13: 31 –36.

[63] Xiong H P,Chen B, W Mao. Joining of $C_f$/SiC composite with Pd – Co – V brazing filler. Welding in the World, 2012, 56(1 –2): 76 –80.

[64] Bondley R J. Metal-Ceramic Brazed Seals. Electronics, 1947(7): 97.

[65] Suganuma K,Okamoto T,Koizumi M,et al. Joining of silicon nitride to silicon nitride and to Invar alloy using an aluminium interlayer. Journal of Materials Science, 1987, 22: 1359 –1364.

[66] 翟阳,任家烈,庄丽君,等. 用非晶态作中间层扩散连接 $Si_3N_4$ 与40Cr 钢的研究. 金属学报,1995, 31(9): B423 - B428.

[67] Lee H K, Lee J Y. A study of the wetting, microstructure and bond strength in brazing SiC by Cu - X (X = Ti, V, Nb, Cr) alloys. J. Mater. Sci. 1996, 31: 4133 - 4140.

[68] Palit D, Meier A M. Reaction kinetics and mechanical properties in the reactive brazing of copper to aluminium nitride. J. Mater. Sci. , 2006, 41(21), 7197 - 7209.

[69] Weng W P, Wu H W, Chai Y H, et al. Interfacial characteristics for active brazing of alumina to superalloys. Institute of Materials Science and Engineering. 1997,28(2),35 - 40.

[70] Pönicke A, Schilm J, Kusnezoff M, A Michaelis. Reactive air brazing as joining technology for SOFC//Proc. of 9th Int. Brazing & Soldering Conference, Aachen, Germany, 2010, June 15 - 17, DVS - Berichte, v. 263: 70 - 75.

[71] Peteves S D, Nicholas M G. Evaluation of brazed silicon nitride joints: Microstructure and mechanical properties. J. Am. Ceram. Soc. , 79(6): 1553 - 62.

[72] Torvund T, Grong Q, Akselsen O M, et al. Brazing of $ZrO_2$ toughened $Al_2O_3$ to stainless steel. Materials Science and Technology, 1997,13: 156 - 162.

[73] Kim J H, Yoo Y C. Microstructure and bond strength of Ni - Cr steel/$Si_3N_4$ joint brazed with Ag - Cu - Zr alloy. Materials Science and Technology, 1998, 14: 352 - 356.

[74] 赵文庆,吴爱萍,邹贵生,等. 高纯氧化铝与金属钛的钎焊. 焊接学报,2006, 27(5): 85 - 88.

[75] Kang S, Dunn E M, Selverian J H, et al. Issues in ceramic-to-metal joining: an investigation of brazing a silicon nitride-based ceramic to a low-expansion suoeralloy. Ceramic Bulletin, 1989, 68(9):1608 - 1617.

[76] Mcdermid J R, Pugh M D, Drew R A L. The interaction of reaction-bonded silicon carbide and Inconel 600 with a nickel-based brazing alloy. Metallurgical Transactions A, 20A, 1989: 1803 - 1810.

[77] Lee W C. Joint strength and interfacial microstructure in silicon nitride/nickel-based Inconel 718 alloy bonding. Journal of Materials Science, 1997, 32: 221 - 228.

[78] 段辉平,李树杰,刘登科,等. SiC 陶瓷与 GH128 镍基高温合金反应连接研究. 航空学报,2000,21(9): 72 - 75.

[79] Cannon R M, Korn D, lssner G, et al. Fracture properties of interfacially doped Nb - $Al_2O_3$ bicrystals: II, relation of interfacial bonding, chemistry and local plasticity. Acta Mater, 2002, 50(15), 3903 - 3925.

[80] 杨敏,邹增大,刘秀忠,等. $Si_3N_4$ 陶瓷/Inconel600 合金液相诱导扩散连接接头的强度与断裂行为. 焊接学报,24(4),2003:36 - 42.

[81] 吕宏,康志君,楚建新,等. 铜基钎料钎焊 SiC/Nb 的接头组织及强度. 焊接学报,2005,26(1): 29 - 31.

[82] Ishikawa T, Kajii S, Matsanaga K, et al. A tough thermally conductive silicon carbide composite with high strength up to 1600℃ in air. Science,1998, 282:1295 - 1297.

[83] Xiong J H, Huang J H, Hua Z, et,al. Brazing of carbon fiber reinforced SiC composite and TC4 using Ag - Cu - Ti active brazing alloy. Material Science and Engineering A, 2010, 527(4 - 5): 1096 - 1101.

[84] 熊进辉,黄继华,薛行雁. $C_f$/SiC 复合材料与 Ti 合金的 Ag - Cu - Ti - W 复合钎焊. 航空材料学报. 2009,29(6): 48 - 52.

[85] 梁赤勇,堵永国,张为军,等. $C_f$/SiC 复合材料与 Nb 合金的连接. 宇航材料工艺,2009, 39(3): 45 - 48.

[86] 张勇. $C_f$/SiC 陶瓷基复合材料与高温合金的高温钎焊研究. 北京:钢铁研究总院,2006.

[87] Alvin L. Thermal residual stress in ceramic-to-metal brazed joints. Journal of American Ceramic Soc. , 1991,

74(9): 2141 - 2147.

[88] 山田俊宏, 河野显成. 热应力的缓和. 日本金属学会会报, 1986, 25(5): 424 - 428.

[89] 程大勇, 陆善平, 郭义. 陶瓷/金属钎焊接头内残余应力计算. 材料研究学报, 2000, 14(增刊).

[90] 雷永平, 韩丰娟, 夏志东, 等. 陶瓷 - 金属钎焊接头残余应力的数值分析. 焊接学报, 2003, 24(5): 33 - 36.

[91] Li S J, Zhou Y, Duan H P. Joining of SiC ceramic to Ni-based superalloy with functionally gradient material fillers and a tungsten intermediate layer. Journal of Materials Science, 2003, 38(19): 4065 - 4070.

[92] 孙德超, 柯黎明, 邢丽, 等. 陶瓷与金属梯度过渡层的自蔓延高温合成. 焊接学报, 2000, 21(3): 44 - 46.

[93] Chasteen J W, Metzger G E. Brazing of hastelloy with wide clearance butt joints. Welding Journal, 1979(4): 111 - 117.

[94] Hanso W B. Joining of ceramics using a ceramic-modified braze alloy. Materials Technology, 1999, 14(2): 53 - 56.

[95] 杨建国, 方洪渊, 万鑫. Ag - Cu - Ti 活性钎料加入 $Al_2O_3$ 陶瓷颗粒对 $Al_2O_3$ 陶瓷钎焊接头性能的影响. 材料科学与工艺, 2001, 9(s1): 676 - 678.

[96] Yang J, Wu A P, Zou G S. Solid-liquid state bonding of $Si_3N_4$ ceramics with ceramic-modified brazing alloy. Tsinghua Science and Technology, 2004, 9(5): 601 - 606.

[97] 林国标, 黄继华, 张建纲. SiC 陶瓷与 Ti 合金的(Ag - Cu - Ti) - W 复合钎焊接头组织结构研究. 材料工程, 2005, (10):17 - 22.

[98] Blugan G, Kuebler J, Bissig V, et al. Brazing of silicon nitride ceramic composite to steel using SiC-particle-reinforced active brazing alloy. Ceramics International, 2007, 33: 1033 - 1039.

[99] Zhang M G, Chung D D L. Improving the strength of brazed joints to alumina by adding carbon fibers. Journal of materials science, 1997, 32(20): 5321 - 5333.

[100] Ho C T, Chung D D L. Carbon fiber reinforced tin-lead alloy as a low thermal expansion solder perform. J. Mater. Res., 1990, 5(6): 1266 - 1270.

[101] Andrew C. Dissimilar materials joined by brazing. Welding Journal, 1999, (12): 49 - 50.

[102] 李雅范, 杨建国, 姬书得, 等. 复合钎料钎焊 $Al_2O_3$ 接头剪切应力场的数值模拟. 焊接学报, 2011, 32(8): 109 - 112.

[103] 方洪渊, 王洪彦, 范富华, 等. PTC 陶瓷材料与铝钎焊技术的研究. 焊接, 1995, (9): 4 - 7.

[104] 薛行雁, 熊进辉, 黄继华, 等. $C_f$/SiC 与 Ti 合金 Ag - Cu - Ti - SiC 复合钎焊. 材料科学与工艺, 2009, 17(sup. 1): 78 - 82.

[105] 陆艳杰, 张小勇, 楚建新, 等. C/SiC 复合陶瓷与铌合金的活性钎焊. 稀有金属, 2008, 32(5): 636 - 640.

[106] Xiong J, Huang J, Wang Z, et al. Joining of $C_f$/SiC composite to Ti alloy using composite filler materials. Materials Science and Technology, 2009, 25(8): 1046 - 1050.

[107] Li S J, Mao Y W, He Y H. Joining of SiC ceramic by high temperature brazing using Ni - Cr - SiC powders as filler. Key Engineering Materials, 2007, 336 - 338: 2394 - 2397.

[108] 吴昌忠, 陈静, 陈怀宁, 等. 钎料对金属/陶瓷钎焊接头残余应力的影响. 机械工程材料, 2005, 29(9): 18 - 20.

[109] 可见明. 金属. セラミックスヒツ接合法. (12)公开特许公报(A), 1990 - 51478:449 - 452.

[110] Lin G B, Huang J H, Zhang H. Joints of carbon fiber-reinforced SiC composites and Ti-alloy brazed by Ag - Cu - Ti short carbon fibers. Journal of Materials Processing Technology, 2007, 189: 256 -261.

[111] 名山理介, 丰田真彦. 异种材料のろう付方法. (12)公开特许公报(A), 1988 -174797, p579 -581.

[112] 朱定一, 金志浩, 王永兰, 等. 中间层 Mo 网对 $Al_2O_3$/Nb 钎焊接头热震抗力的影响. 复合材料学报, 1999, 16(2): 100 -104.

[113] Zhou Y, Bao F H, Ren J L, et al. Interlayer selection and thermal stresses in brazed $Si_3N_4$/steel joints. Materials Science and Technology, 1991, 7: 863 -868.

[114] Xian A P, Si Z Y. Interlayer design for joining pressureless sintered sialon ceramic and 40Cr steel brazing with $Ag_{57}Cu_{38}Ti_5$ filler metal. Journal of Materials Science, 1992, 27: 1560 -1566.

[115] 张勇, 何志勇, 冯涤. 金属与陶瓷连接用中间层材料. 钢铁研究学报, 2007, 19(2): 1 -4.

[116] 冀小强, 李树杰, 马天宇. 用 Zr/Nb 复合中间层连接 SiC 陶瓷与镍基高温合金. 硅酸盐学报, 2002, 30(3): 305 -310.

[117] Wan C G, Xiong H P, Zhou Z F. Joining of $Si_3N_4$/1. 25Cr - 0. 5Mo steel using rapidly solidifying CuNiTiB foils as brazing filler metals. Welding Journal, 1997, 76 (12): 522 -525.

[118] 杨敏, 邹增大, 曲士尧, 等. Nb、Cu 金属层厚度对 $Si_3N_4$/Nb/Cu/Ni/Inconel 600 接头组织和性能的影响. 焊接学报, 2005, 26(7): 54 -58.

[119] I Südmeyer, Hettesheimer T, Rohde M. On the shear strength of laser brazed SiC - steel joints: Effects of braze metal fillers and surface patterning. Ceramics International, 2010, 36: 1083 -1090.

[120] Xiong J T, Li J L, Zhang F S, et al. Direct joining of 2D carbon/carbon composites to Ti - 6Al - 4V alloy with a rectangular wave interface. Materials Science and Engineering A, 2008, 488: 205 -213.

[121] 熊江涛, 李京龙, 张赋升, 等. 碳/碳、碳/碳化硅复合材料与耐热合金的连接方法: 中国专利, CN 1850731A, 2008 -01 -16.

[122] Shen Y X, Li Z L, Hao C Y, et al. A novel approach to brazing C/C composite to Ni-based superalloy using alumina interlayer. Journal of the European Ceramic Society, 2012, 32: 1769 -1774.

[123] 熊华平, 吴世彪, 陈波, 等. 缓解陶瓷/金属连接接头残余热应力的方法研究进展. 焊接学报, 34(9), 2013: 107 -112.

[124] Fernie J A, Hanson W B. Feasibility trials on heat sink attachment for new electronic ceramic substrates. Processing and Fabrication of Advanced Materials V, 1996, 743 -754.

[125] 熊华平, 李红, 毛唯, 等. 国际钎焊技术最新进展. 焊接学报, 2011, 32(5): 108 -112.

[126] Tucker M C, Jacobson C P, Jonghe L C. A braze system for sealing metal-supported solid oxide fuel cells. J. Power Sources, 2006, 160(2), 1049 -1057.

[127] Appendino P, Casalegno V, Ferraris M, et al. Joining of C/C composites to copper. Fusion Eng. Des. , 2003, 66 -68: 225 -229.

[128] Korn D, Elssner G, Cannon R M, Rühle M. Fracture properties of interfacially doped Nb - $Al_2O_3$ bicrystals: I, fracture characteristics. Acta Mater. , 2002, 50(15): 3881 -3901.

[129] 陈波, 熊华平, 毛唯, 等. $SiO_{2f}$/$SiO_2$ 复合材料与铜、不锈钢的钎焊. 航空材料学报, 2012, 32(1): 35 -39.

[130] Jones R H, Giancarli L, Hasegawa A, et al. Promise and challenges of $SiC_f$/SiC composites for fusion energy applications. Journal of Nuclear Materials, 2002: 307 -311, 1057 -1072.

[131] Appendino P, Ferraris M, Casalegno V, et al. Direct joining of CFC to copper. 2004, 329 -333: 1563 -1566.

[132] 毛样武,李树杰,韩文波. 采用 Ni – 51Cr 焊料高温钎焊 SiC 陶瓷. 稀有金属材料与工程,35(2),2006:312 –315.

[133] 闫连生,王涛,皴武,等. 国外复合材料推力室技术研究进展. 固体火箭技术,2003,26(1):64 – 66.

[134] 王平,张权明,李良. $C_f/SiC$ 陶瓷基复合材料车削加工工艺研究.火箭推进,2011,37(2):67 –70.

[135] 熊华平,毛建英,陈冰清,等. 航空航天轻质高温结构材料的焊接技术研究进展. 材料工程,2013,10:1 –12.

# 第2章 Cu – Ni – Ti 系钎料对 $Si_3N_4$ 陶瓷的润湿性、陶瓷自身及其与 1.25Cr – 0.5Mo 钢的连接

氮化硅($Si_3N_4$)陶瓷是一种综合性能较好的高温结构陶瓷材料,它具有高温强度高、热稳定性好、耐磨、耐腐蚀、热膨胀系数小等优点,被认为是一种很有发展前途的工程结构材料,已被应用在机械、冶金、航空航天、电子等行业。由于陶瓷的加工性能比较差,为满足工程应用领域的结构需要,陶瓷/陶瓷、陶瓷与金属的连接显得尤为重要,而钎焊是比较常用的连接方法。由于陶瓷与金属在物理、化学性质上有很大差异,普通钎料在陶瓷表面既不润湿也不粘附,给连接带来很大困难。因此,必须在钎料中添加活性元素,通过活性钎料与陶瓷的界面反应来改善钎料的润湿行为。化学元素周期表中第 V 族副族元素钛(Ti)、锆(Zr)、铪(Hf)等金属属于过渡元素。过渡元素的特点在于它们的原子内部电子壳层未填满,因此这种金属具有很强的化学活泼性,其中尤以 Ti、Zr 最为明显。虽然活性金属法出现初期曾以 Zr 作为活性金属使用过,但经过多年实践证明,Ti 在室温下是比较稳定的,生成合金的强度高。Ti 的活性较大,与陶瓷连接牢固,所以人们多以 Ti 作为活性金属来使用而很少用 Zr。

日本学者 M. Naka 等[1]用开发的 Cu – Ti 合金钎料进行了 $Si_3N_4/Si_3N_4$ 的连接,接头室温强度较高,但高温性能不理想。本章中,作者在 Cu – Ti 合金基础上加入适量 Ni,以研发 Cu – Ni – Ti 合金系新钎料,期待能提高 $Si_3N_4/Si_3N_4$ 及 $Si_3N_4/$ 金属连接接头的高温性能。本章研究了钎料中 Ti 含量对钎料润湿性、接头组织及性能的影响;不同钎料形态(片状、膏状、急冷态箔带)对接头组织及性能的影响;在连接 $Si_3N_4/$ 金属时,两母材中间添加不同形式的缓释层对接头组织及性能的影响;并探索了在陶瓷表面激光打孔以缓解陶瓷与金属连接接头焊后残余热应力的方法。

## 2.1 Cu – Ni – Ti 系钎料对 $Si_3N_4$ 陶瓷的润湿性及界面反应

M. Naka 等[2]对 Cu – Ti 合金在 $Si_3N_4$ 陶瓷上的润湿性做了系统的研究。Ni 的加入,使形成的 Cu – Ni – Ti 合金与原 Cu – Ti 合金相比,熔点和润湿性都产生一些

变化。因此,首先系统研究了 Cu – Ni – Ti 合金对 Si$_3$N$_4$ 陶瓷的润湿性,为合理选择钎料合金成分提供理论依据。过高含量的 Ti 使合金对陶瓷的粘附能力变得极差[3],故选择的 Cu – Ni – Ti 合金 Ti 元素含量的研究范围是 0 ~ 56%(质量分数),研究中使 Cu 与 Ni 的比例保持为 55/45 不变(Ni 所占比例如果再大将会使合金熔点过高)。

图 2 – 1 示出 Cu – Ni – Ti 合金在 Si$_3$N$_4$ 陶瓷上典型的熔化和润湿过程[4]。润湿试样形式为将 Ti 置于 Cu – Ni 合金上方,再将 Cu – Ni 合金放在 Si$_3$N$_4$ 陶瓷表面,图 2 – 1(a)表示 Ti、Cu – Ni 及 Si$_3$N$_4$ 陶瓷置于真空室后的初始状态。当温度达到 1196 K 时,Ti 与 Cu – Ni 紧密接触(图 2 – 1(b)),界面有液相出现,认为此时发生了共晶反应。由 Cu – Ti 二元合金相图可知[5],Cu – Ti 共晶反应温度为 1154K。而实验观察到的共晶反应温度比 1154K 高,认为是 Ni 元素的加入带来的影响。

温度进一步升高,液相逐渐增多,合金熔滴上表面逐渐呈圆球面(图 2 – 1(c)),之后润湿角发生急剧变化,但合金液体本身的流动速度较慢,故以典型的

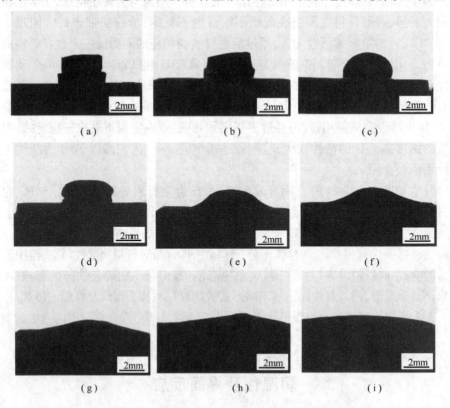

图 2 – 1  Cu34 – Ni27 – Ti39 合金在 Si$_3$N$_4$ 陶瓷上的熔化和润湿过程

(a) 293K;(b) 1196K;(c) 1287K;(d) 1303K;(e) 1327K;(f) 1340K;(g) 1343K;(h) 1355K;(i) 1363K。

"沿帽状"进行铺展[6]（图 2 - 1(d) ~ (g)）。当合金液滴进入平稳的流动阶段时，液滴稳定地向前铺展，润湿角缓慢降低，这个阶段是以近似的"球冠状"为特征进行铺展（图 2 - 1(h)），直到达到对应的平衡润湿角（图 2 - 1(i)）。

图 2 - 2 给出了五种 Cu - Ni - Ti 钎料在 Si₃N₄ 陶瓷上的润湿角与温度之间的关系，钎料的液相线温度在表 2 - 1 中给出。对于含 Ti 量最低的钎料而言，温度对润湿角的影响不如其他几种钎料的明显。当钎料中 Ti 含量足够高时，熔化的钎料合金迅速向 Si₃N₄ 表面铺展，并且界面反应会在一个窄的温度范围内充分进行，液相和固相之间的张力减小，最终使得钎料润湿角降低。

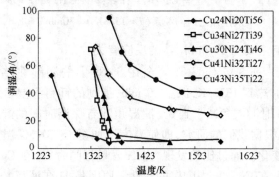

图 2 - 2  Cu - Ni - Ti 钎料在 Si₃N₄ 陶瓷上的润湿角与
温度之间的关系（升温速率:8K/min）

表 2 - 1  Cu - Ni - Ti 钎料的液相线温度 $T_L$

| No. | 化学成分/%（质量分数） | | | $T_L$/K |
| --- | --- | --- | --- | --- |
| | Cu | Ni | Ti | |
| 1 | 55 | 45 | 0 | 1563 |
| 2 | 47 | 37 | 16 | 1491 |
| 3 | 43 | 35 | 22 | 1455 |
| 4 | 41 | 32 | 27 | 1449 |
| 5 | 38 | 30 | 32 | 1429 |
| 6 | 34 | 27 | 39 | 1357 |
| 7 | 30 | 24 | 46 | 1425 |
| 8 | 24 | 20 | 56 | 1383 |

图 2 - 3 给出了 1573K 规范下 Cu - Ni - Ti 钎料中 Ti 含量与润湿角之间的关系，结果表明，Cu55 - Ni45 钎料不润湿 Si₃N₄（$\theta = 137°$），对应含 Ti 量为 16% 的 Cu - Ni - Ti 润湿 Si₃N₄（$\theta < 90°$）。随着 Ti 含量的升高，钎料的润湿性进一步改善，当 Ti 含量达到或超过 32% 时润湿角为 5° 左右，并且趋于平衡。温度和 Ti 含量对

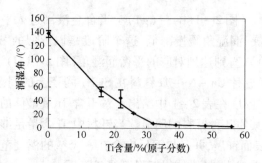

图 2-3　Ti 含量与 Cu-Ni-Ti 钎料在 $Si_3N_4$ 陶瓷上的

润湿角之间的关系($T = 1573K, t = 30min$)

钎料润湿角的影响主要与 Ti 和 $Si_3N_4$ 的反应有关。

M. Naka 等人[2]研究了 Cu-Ti 合金在 $Si_3N_4$ 上的润湿性,结果表明将 Cu-20Ti(原子分数)加热到 1373 K,保温 30 min,得到的钎料润湿角为 24°,当保温时间延长至 120 min 时润湿角减少到 8°,润湿角随着保温时间的继续延长而趋于稳定。相比较而言,根据我们的研究,即使温度增加至 1573K,保温一段时间后钎料润湿角也未发生变化。通过比较发现,当 Ti 含量相同时,Ti 在 Cu-Ni-Ti 中对陶瓷的活性要低于其在 Cu-Ti 中陶瓷的活性。原因是 Ti 在液相 Cu 和液相 Ni 中溶解焓分别为 -78kJ 和 -170kJ[7],即 Ti 与 Ni 的结合能要大大高于 Ti 与 Cu 的结合能,所以相同 Ti 含量的 Cu-Ni-Ti 和 Cu-Ti 钎料的活性呈现差别[8]。

图 2-4 给出了 Cu34-Ni27-Ti39 钎料-$Si_3N_4$ 界面微观组织以及元素 Si、Ti、Ni 和 Cu 的面分布,和 Cu、Ni 相比,Ti 主要参与界面反应,向 $Si_3N_4$ 母材扩散更明显。

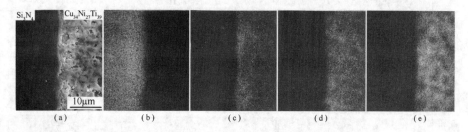

图 2-4　Cu34-Ni27-Ti39 钎料-$Si_3N_4$ 界面微观组织(a)

以及元素 Si(b)、Ti(c)、Ni(d)和 Cu(e)的面分布

采用化学成分类似于 Cu34-Ni27-Ti39 的合金作为钎料,获得了一系列具有较高三点弯曲强度水平的 $Si_3N_4$-$Si_3N_4$ 接头($T = 1323K, t = 10min$)。经弯曲强度试验后的试样的断面采用逐层剥离的方法进行 XRD 分析,结果表明,靠近界面处存在 TiN、TiSi、$Ti_5Si_3$ 和 NiTiSi 相(见图 2-5)。相同的反应产物在 Cu34-Ni27-Ti39 钎料-$Si_3N_4$ 界面同样存在。

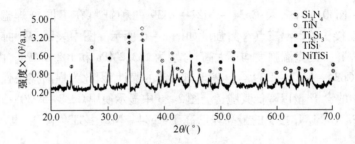

图 2 – 5　Cu57Ni12Ti31 钎料 – Si₃N₄ 界面的 X 射线衍射图谱($T$ = 1323K, $t$ = 10min)

## 2.2　Cu – Ni – Ti 系钎料对 Si₃N₄ 陶瓷自身的连接

### 2.2.1　三种 Cu – Ni – Ti 片状钎料对 Si₃N₄ 陶瓷的连接

在 Si₃N₄ 陶瓷的连接研究中,以 Ag – Cu – Ti 活性钎料的应用较多[9, 10],但其含 Ag 量高达 57%(原子分数),价格昂贵。有必要研发不含贵重金属而且具有较好的高温性能的钎料。

M. Naka 等人应用非晶态的 Cu – Ti 合金钎料进行了 Si₃N₄/Si₃N₄ 的连接,获得的接头在室温下有较好的强度(剪切强度达 313.8MPa)[1],但其高温性能并不理想。Al – 4Cu 以及 Al – 10Si 合金钎料也曾经用于 Si₃N₄/Si₃N₄ 的连接,但接头的强度值在室温及较高温度下均处于较低水平(室温下接头剪切强度为 180MPa 左右,温度升高至 600 ~ 773K 接头强度值均低于 100MPa)[11, 12]。M. Naka 等人还使用 Ni – Ti 合金钎料对 SiC 陶瓷进行了连接研究,虽然获得接头的室温剪切强度不是很高(约 155MPa),却具有较好的高温强度(600 ~ 773 K,达 300MPa 左右)[13],而使用 Ni – Ti 合金对 Si₃N₄/Si₃N₄ 的连接研究尚未见报道。

经分析认为,在 Cu – Ti 合金中加入元素 Ni 可提高 Si₃N₄/Si₃N₄ 接头的高温性能。设计 Cu – Ni – Ti 钎料中 Cu、Ni、Ti 各元素的配比时考虑到 Cu – Ni、Cu – Ti、Ni – Ti 二元合金的液相温度,从而可大致判断设计的 Cu – Ni – Ti 合金的熔点不至于过高。设计的三种合金钎料成分分别为 Cu57 – Ni12 – Ti31、Cu38 – Ni30 – Ti32 及 Cu34Ni27Ti39(%(质量分数))。为了使成分均匀,合金反复熔炼两次。熔炼过程中真空度保持在(4.0 ~ 6.0)×10⁻³Pa。采用电火花线切割方法切出 0.8mm 厚的钎料薄片,用砂纸从正、反两面打磨使最终厚度为 0.15mm。使用的 Si₃N₄ 尺寸为 3mm×4mm×20mm,Si₃N₄ 的连接面机械抛光后使用,钎焊前钎料和 Si₃N₄ 在丙酮内经超声波清洗并吹干。被连接的两块 Si₃N₄ 陶瓷水平放入一特制的不锈钢夹具中。本章中的剪切性能接头则采用搭接形式,搭接面积为 5mm×4mm,剪切试验中夹头移动速度为 0.05mm/min。对于三点弯曲性能接头则采用对接形式,支座跨距为 30mm,在试样负荷点上,以 0.5mm/min 的位移速度加载。

Cu38 - Ni30 - Ti32 及 Cu34 - Ni27 - Ti39 两种钎料在不同钎焊温度下连接 $Si_3N_4/Si_3N_4$ 接头的室温三点弯曲强度如图 2 - 6 所示。图中表明,两种钎料获得的 $Si_3N_4/Si_3N_4$ 接头的室温强度均不太高,分别为 133.2MPa 和 102.6MPa。由于含有较多量的 Ti,Cu34 - Ni27 - Ti39 合金表现出一定的脆性,因此为提高接头强度,有必要减少钎料中的含 Ti 量以降低其脆性。图 2 - 6 中显示使用 Cu38 - Ni30 - Ti32 合金钎料获得的 $Si_3N_4/Si_3N_4$ 接头的最高强度高于 Cu34 - Ni27 - Ti39 合金,也初步证实了这一点[14]。

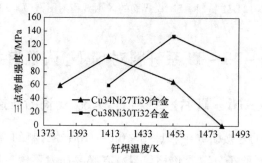

图 2 - 6　两种 Cu - Ni - Ti 合金钎料在不同钎焊温度下
钎焊 $Si_3N_4/Si_3N_4$ 接头的室温三点弯曲强度

Cu57 - Ni12 - Ti31 钎料能很好地润湿 $Si_3N_4$ 陶瓷,故能填满被焊的 $Si_3N_4$ 之间的间隙。图 2 - 7 表示使用该钎料保持钎焊时间不变时钎焊温度对 $Si_3N_4/Si_3N_4$ 接头室温剪切强度的影响。在较低的钎焊温度 1263K 时,由于陶瓷与钎料之间界面反应不充分,接头强度值较低,仅为 74.2MPa。提高钎焊温度至 1293K,接头剪切强度达到最大值 157.2MPa。继续提高钎焊温度,接头强度逐渐下降,到 1413K 时强度值为 24.0MPa。

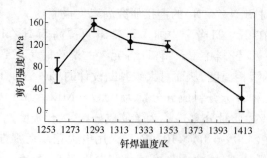

图 2 - 7　钎焊温度对 $Si_3N_4/Si_3N_4$ 接头室温剪切强度的影响
(钎料:Cu57 - Ni12 - Ti31;钎焊时间:10min)

图 2 - 8 表示当钎焊温度 1293K 不变时钎焊时间对接头强度的影响。可以确定,10min 是本实验条件下的最佳钎焊时间。此外,钎焊时间延长或缩短(见图 2 - 8),或者钎焊温度过高或过低(见图 2 - 7),接头强度值越分散。

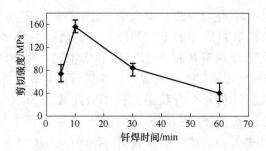

图 2 – 8　钎焊时间对 Si₃N₄/Si₃N₄ 接头室温剪切强度的影响

（钎料：Cu57Ni12Ti31；钎焊温度：1293K）

根据文献 [15] 及 Ellingham 图，对于每摩尔 N₂，Si₃N₄ 和 TiN 的生成自由能可分别表示为

$$\Delta G_f^0(Si_3N_4) = -396.48 + 0.207T \ (kJ/mol) \qquad (2-1)$$

$$\Delta G_f^0(TiN) = -679.14 + 0.1927T \ (kJ/mol) \qquad (2-2)$$

由此可知，Si₃N₄ 不如 TiN 稳定。在高温下与 Si₃N₄ 接触时，Ti 与从 Si₃N₄ 中分解出的 Si 和 N 发生反应并生成 TiN 和 Ti – Si 化合物。图 2 – 9 显示使用 Cu57 – Ni12 – Ti31 钎料在 1293K 钎焊 10min 时接头的组织形貌与元素面分布。从图 2 – 9 (a) 可清楚看到介于钎料和陶瓷之间界面处存在两个反应层（组织形貌和中心钎料完全不同），接头中央 Cu 富集（见图 2 – 9(c)），而 Ti 作为活性元素明显地向 Si₃N₄ 方向扩散（见图 2 – 9(d)），从 Si₃N₄ 中分解出来的 Si 则相反地向钎料合金扩散，从而发生了界面反应（界面反应层厚度约为 13μm）。值得注意的是 Ni 元素分布与 Ti 基本一致。

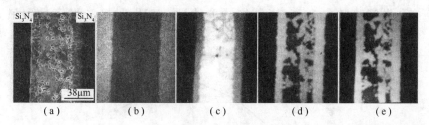

（a）　　　　　　（b）　　　　　　（c）　　　　　　（d）　　　　　　（e）

图 2 – 9　Si₃N₄/Si₃N₄ 接头的组织（a）和元素 Si（b）、Cu（c）、Ti（d）、Ni（e）的面分布

（钎料：Cu57Ni12Ti31；钎焊温度：1293 K，钎焊时间：10min，

接头先由 HF + HNO₃ 水溶液腐蚀，后由 5% FeCl₃ 水溶液腐蚀）

## 2.2.2　四种膏状钎料对 Si₃N₄ 陶瓷的连接及界面反应[16-18]

2.2.1 节所述的片状 Cu57Ni12Ti31 钎料对 Si₃N₄ 的润湿性能良好，而且能实现 Si₃N₄/Si₃N₄ 的连接，但接头强度不太高。检测该熔炼合金钎料的化学成分，发

现熔炼合金成分不均匀,化学分析结果表明,不同区域含 Ti 量与平均成分相差达 ±3.8%(原子分数),钎料成分的不均匀性必然会给接头强度带来不利的影响。因此为提高接头强度,改善钎料成分的均匀性非常必要。作者曾做过试验,用 Cu、Ni、Ti 粉末按 Cu57 – Ni12 – Ti31 钎料成分比例进行混合并搅拌使之均匀,用这种混合粉末代替原来的钎料片以膏状形式抹于被连接的 $Si_3N_4$ 之间进行钎焊,在 1293K/10min 的钎焊条件下,对应的接头剪切强度达到 195.6MPa,比原来的 157.2MPa 有了显著的提高。这一结果表明,膏状钎料相对于熔炼合金钎料而言,成分均匀性得到改善,有利于接头强度的提高。

适当地控制界面反应程度,对于改善接头性能也是必要的。钎料中的活性元素 Ti 作为界面反应中的主要角色,其含量多少直接决定界面反应程度。M. Naka[19] 曾报道,使用 Cu – Ti 合金作为钎料,含 Ti 量在 34% ~57%(原子分数)的范围内,减小钎料中的含 Ti 量有利于 $Si_3N_4/Si_3N_4$ 接头强度的提高,这一规律极可能也适用于 Cu – Ni – Ti 钎料。为此,本节将在含 Ti 量为 16.4% ~32.4%(质量分数)的范围内,摸索含 Ti 量与接头强度的变化规律,试图找到最佳含 Ti 量,还将通过对接头的组织观察、元素分析和界面反应产物分析,对这种活性钎料界面反应的动力学问题进行探讨。

共设计四种成分膏状钎料:HTB1:Cu – Ni10 – Ti16.4、HTB2:Cu – Ni10 – Ti21.2、HTB3:Cu – Ni10 – Ti25.8 和 HTB4:Cu – Ni10 – Ti32.4(%(质量分数)),必要时钎料中加入少量的 B 以降低熔点。

已有研究结果表明,采用 Cu – Ni – Ti 系钎料钎焊 $Si_3N_4$ 时保温 10min 已经足够[20]。图 2 – 10 给出了不同钎焊温度相同保温时间(10min)的条件下采用 HTB3 钎料获得的 $Si_3N_4/Si_3N_4$ 接头室温三点弯曲强度,数据结果表明,随着钎焊温度的提高接头强度也随之提高,当钎焊温度达到 1353K 时接头强度达到最大值 244.8MPa,之后再随着钎焊温度提高接头强度反而降低。

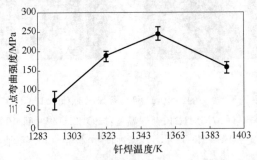

图 2 – 10　钎焊温度对 $Si_3N_4/Si_3N_4$ 接头室温三点
弯曲强度的影响(对应钎料为 HTB3)

表 2 – 2 给出了不同成分钎料对应的接头强度,可见采用 HTB2 钎料获得的接头强度值最大。

表 2 – 2　钎料成分对接头室温三点弯曲强度的影响($T = 1353\text{K}$, $t = 10\text{min}$)

| 四种膏状钎料编号 | 接头强度 $\sigma_b$/MPa | | |
| --- | --- | --- | --- |
| | $\sigma_{max}$ | $\sigma_{average}$ | $\sigma_{min}$ |
| HTB1 | 112.0 | 82.4 | 60.2 |
| HTB2 | 364.4 | 338.8 | 308.0 |
| HTB3 | 272.0 | 244.8 | 215.0 |
| HTB4 | 200.0 | 177.2 | 151.0 |

图 2 – 11 给出了 HTB1、HTB2、HTB3 和 HTB4 这 4 种钎料对应 Si₃N₄/Si₃N₄ 接头的微观组织,钎料层的厚度为 48 ~ 58μm(见图 2 – 11),这确保了接头强度具有可比性。图 2 – 12 给出了 HTB2 对应接头的微观组织及相应的元素面分布情况,可以看出,Si 从 Si₃N₄ 母材扩散入钎缝中,Ni 和 Ti 从钎料向 Si₃N₄ 区域扩散,并且聚集在界面处。Cu 作为钎料主元素,主要富集在接头中心区。Si 和 Ti 的扩散距离相当,均为 9 μm,说明钎焊过程中活性元素 Ti 双向扩散至陶瓷母材界面处使得 Si₃N₄ 分解出 Si 和 N。

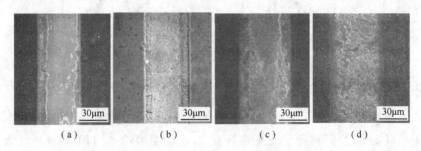

(a)　　　　　　(b)　　　　　　(c)　　　　　　(d)

图 2 – 11　1353K/10min 规范下 HTB1(a)、HTB2(b)、HTB3(c) 和 HTB4(d) 钎料对应的接头显微组织(接头先用 HF + HNO₃ 溶液腐蚀,再经 5% 的 FeCl₃ 溶液腐蚀)

Ni 的分布与 Ti 类似,但富 Ti 带较富 Ni 带更宽而且更接近 Si₃N₄ 母材(见图 2 – 12(c) 和(d)),即紧邻 Si₃N₄ 的窄反应带“a”中不含有 Ni(见图 2 – 12(a))。起初只有活性元素 Ti 在钎料中参与界面反应,之后 Ni 在“e”区中参与界面反应(见图 2 – 12(a)),接头成分分析结果进一步证实了各元素的分布情况(见图 2 – 13,图中横坐标“与 Si₃N₄ 的距离”以图 2 – 12 中接头左侧的 Si₃N₄ 母材与接头界面作为原点)。4 种钎料对应的接头中均出现了窄反应带,但是厚度不同,采用 HTB4 接头的窄带厚度为 4 ~ 6μm,其他 3 种接头的窄带厚度约为 2μm(见图 2 – 11)。

图 2 – 14 给出了三点弯曲试样断面的 X 射线衍射图谱,从图中可见,四种接头中均存在 TiN 相,而 Ti – Si 相各不相同。随着钎料成分的变化,Ti – Si 相从 TiSi₂(见图 2 – 14(a))变为 TiSi(见图 2 – 14(c)),最后变成 Ti₅Si₃(见图 2 – 14(d))。另外,对于 HTB2 和 HTB3 两种钎料,接头界面中还存在 NiTiSi 三元化合物相。

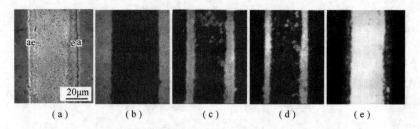

|（a）|（b）|（c）|（d）|（e）|

图 2-12　1353K/10min 规范下 HTB2 钎料对应接头的显微组织（a）及
元素 Si（b）、Ti（c）、Ni（d）和 Cu（e）的面分布

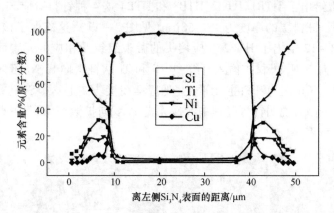

图 2-13　1353K/10min 规范下 HTB2 钎料对应 $Si_3N_4/Si_3N_4$ 接头横断面的成分分布

当液态钎料 Cu-Ni-Ti-B 与 $Si_3N_4$ 反应时，Ti 作为活性元素会直接参与界面反应。事实上，当钎料处于液态时 Ti 在 Ni 中的溶解焓（-170kJ/mol）远低于在 Cu 中的溶解焓（-78kJ/mol），因此 Ni-Ti 的结合能要大于 Cu-Ti 的结合能[4,7]，这使得一部分 Ti 在参与界面反应前就与 Ni 相互作用形成 Ni-Ti 原子团，这些原子团的活性要低于 Ti 的活性。基于以上分析，可以建立关于四种接头的界面反应模型，通过模型可以将反应分为四步，见图 2-15（a）~（d）。钎焊过程中，当钎料熔化时自由态的 Ti 原子更容易向 $Si_3N_4$ 表面进行扩散，并且聚集于此（第一步，见图 2-15（a））。

由上节论述可知，在高温条件下，$Si_3N_4$ 没有 TiN 稳定，因此在 $Si_3N_4$ 表面可发生如下反应：

$$4Ti_{(l)} + Si_3N_{4(s)} = 4TiN_{(s)} + 3Si_{(l)} \tag{2-3}$$

上述反应可释放出 Si 原子（第二步，见图 2-14（b））。之后，Ti 与 Si 反应生成 Ti-Si 相（第三步，见图 2-15（c）），反应式[21] 如下：

$$5/3Ti_{(l)} + Si_{(s)} = 1/3Ti_5Si_{3(s)} \tag{2-4}$$

$$\Delta G^0 = -220.4 + 0.0265T \tag{2-5}$$

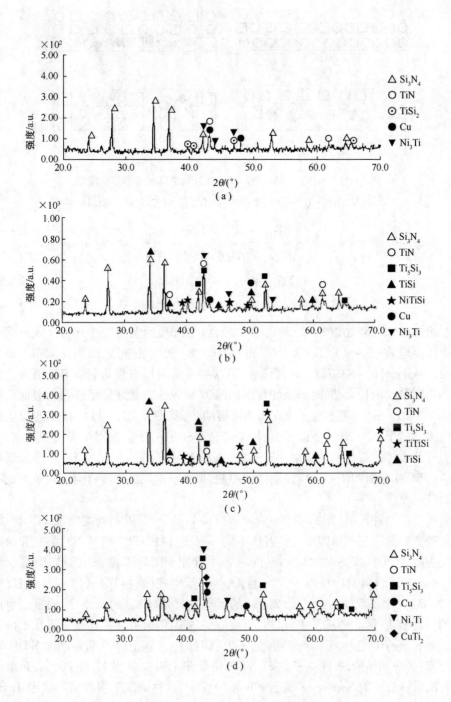

图 2 – 14   HTB1(a)、HTB2(b)、HTB3(c) 和 HTB4(d)

四种钎料对应接头断面的 XRD 图谱

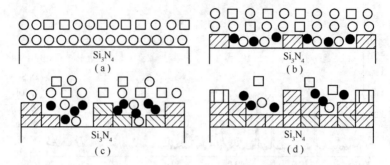

图 2 – 15　$Si_3N_4$ 与 Cu – Ni – Ti – B 钎料之间的界面反应模型

（○：Ti 原子；□：Ni – Ti 原子团；●：Si 原子；▨：TiN；◨：Ti – Si；▥：NiTiSi）

$$Ti_{(l)} + Si_{(s)} = TiSi_{(s)} \tag{2-6}$$

$$\Delta G^0 = -163.6 + 0.0270T \tag{2-7}$$

$$1/2Ti_{(l)} + Si_{(s)} = 1/2TiSi_{2(s)} \tag{2-8}$$

$$\Delta G^0 = -91.1 + 0.0055T \tag{2-9}$$

根据式（2 – 5）、式（2 – 7）和式（2 – 9），将 1353K 的温度条件分别代入公式中可得出反应式（2 – 4）、式（2 – 6）和式（2 – 8）的自由能分别为 – 184kJ/mol、– 127.7kJ/mol 和 – 83.7kJ/mol，负值说明这些反应可以自发进行。TiN 相通过这一步得到继续的长大，同时剩余的自由态的 Ti 和 Ni – Ti 原子团继续参与界面反应生成 TiN、Ti – Si 相，甚至生成 NiTiSi 相（第四步，见图 2 – 15(d)），相应的反应式可以描述如下：Ti + Ni→(Ni – Ti)；(Ni – Ti) + Si→NiTiSi。根据反应模型可知，上述提到的窄扩散带在前三步中就已形成（见图 2 – 15(a) ~ (c)），第四步是最后的反应过程，如果第四步的反应没能得到控制，那么反应层的厚度将会远大于其他三步对应的厚度。

关于这四种钎料，钎焊过程中前两步反应均发生，即界面处均生成 TiN 相，但是每种钎料的第三和第四步反应有所不同。对于钎料 HTB2 和 HTB3，第三和第四步反应明显，形成 $Ti_5Si_3$ 和 TiSi 相，同时 Ni – Ti 原子团与 Si 原子相互作用生成 NiTiSi 相。对于钎料 HTB1，由于含 Ti 量低，按照反应式（2 – 4）~ 式（2 – 9），当反应式（2 – 3）发生完后仅发生了式（2 – 8）的反应，因为式（2 – 8）需要 Ti 的量最少但 Si 的消耗最快，因此形成了 $TiSi_2$ 相，当反应到达第四步时 Ni – Ti 原子团几乎没有机会与 Si 原子结合生成 NiTiSi 相（见图 2 – 14(a)）。对于含 Ti 量最高的 HTB4 钎料而言，钎焊初始阶段 Ti 原子在 $Si_3N_4$ 单位面积上聚集量很多，导致生成大量的 TiN，同时释放出的 Si 原子与邻近的 Ti 发生反应，这种情况下很容易生成像 $Ti_5Si_3$ 相这种具有更高比率的 $X_{Ti}/X_{Si}$（X 代表原子数）。充足的含 Ti 量也缩短了 Ti 原子向 $Si_3N_4$ 表面扩散和反应的时间，结果经过前三步反应后在 $Si_3N_4$ 界面处（见图 2 – 15(d)）生成了厚厚的反应带（由 TiN 和 $Ti_5Si_3$ 组成），这条厚反应带会阻止

Ti 向 $Si_3N_4$ 进一步扩散[22]，因此 $Si_3N_4$ 很难继续分解，从而限制了第四步反应（见图 2－14(d)和图 2－15(d)）。

由于四种钎料成分不同，导致界面反应类型出现差别，同时界面反应产物和各钎料对应的 $Si_3N_4/Si_3N_4$ 接头也不相同。根据 ASTM 卡片，$Si_3N_4$、$Ti_5Si_3$、$TiSi$ 和 $TiSi_2$ 的晶体类型和晶格常数分别为：$Si_3N_4$：六方晶体，$a_0 = 7.604$，$c_0 = 2.908$；$Ti_5Si_3$：六方晶体，$a_0 = 7.444$，$c_0 = 5.143$；$TiSi$：斜方晶体，$a_0 = 6.544$，$b_0 = 3.638$，$c_0 = 4.997$；$TiSi_2$：斜方晶体，$a_0 = 3.62$，$b_0 = 13.76$，$c_0 = 3.605$。可以看出，只有 $Ti_5Si_3$ 和 $Si_3N_4$ 属于同类型晶体，二者更容易匹配，因此接头中形成 $Ti_5Si_3$ 相更有利于提高接头强度。

当采用 HTB2 和 HTB3 钎料连接 $Si_3N_4/Si_3N_4$ 时，界面反应产物为 $Ti_5Si_3$ 和 $TiSi$。其中采用 HTB2 钎料时获得了最大的接头强度 338.8MPa，反应层厚度约为 9μm。而采用 HTB3 钎料时，由于该钎料中 Ti 含量较高，界面反应过量，导致反应层厚度增为 15μm。总之，前面描述的界面反应层均为脆性层，这增加了出现微观缺陷的可能性；另外，较厚的反应层会导致接头中存在更大的残余应力[23]，这对接头性能不利。根据断裂面物相的分析结果（见图 2－14(c)），不存在 Cu 和 $Ni_3Ti$ 等相（主要分布在残余钎料区），这说明断裂正是发生在界面反应层中。

对于 HTB1 钎料，反应层中形成了 $TiSi_2$ 相（见图 2－14(a)），这对接头强度不利；另外，该钎料中活性元素 Ti 的含量最低，导致润湿性变差；钎焊过后，HTB1 钎料并未很好填充接头间隙。基于以上原因，导致了 HTB1 钎料的接头强度很低。

在 HTB4 钎料对应接头的扩散反应层中形成了 $Ti_5Si_3$ 相，尽管该相可以和 $Si_3N_4$ 形成良好的晶格匹配，但是接头中存在大量的 Cu－Ti、Ni－Ti 等脆性相（见图 2－11(d)和 2－14(d)），钎料本身强度降低，导致接头强度值很低。

## 2.2.3 Cu－Ni－Ti 急冷态钎料对 $Si_3N_4$ 陶瓷的连接

由 2.2.2 节研究可知，四种膏状 Cu－Ni－Ti－B 钎料中 HTB2 钎焊 $Si_3N_4$ 陶瓷接头强度最高[16]。作者制备了急冷态箔带形式的 HTB2 钎料进行进一步研究。制备出的急冷态箔带钎料厚度在 20μm 左右。钎焊时将钎料箔片叠加以保证接头不同间隙的要求。

分别采用厚度为 20μm、40μm、80μm 和 120μm 的急冷态箔带钎料钎焊 $Si_3N_4/Si_3N_4$，钎焊规范为 1353K/10min，图 2－16(a)、(b)、(c)给出了对应的接头形貌。图 2－17 给出了 40μm 厚的钎料（接头的实际厚度约为 36μm）对应的接头显微组织和元素面分布，从图中可以看出，Cu 在接头中心富集，Ni 和 Ti 向 $Si_3N_4$ 母材处偏聚，根据图 2－17(c)、(d)，活性元素 Ti 的聚集区域较 Ni 的宽且更加贴近 $Si_3N_4$ 母材，这表明在靠近 $Si_3N_4$ 的"a"界面处只有 Ti 参与了最初的界面反应（见图 2－17(a)），之后在稍微远离 $Si_3N_4$ 的界面"e"中（见图 2－17(a)），Ni 和 Ti 均参与了反应。采用急冷态钎料对应接头的 Cu、Ni 和 Ti 元素面分布与采用膏

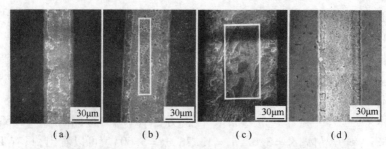

图 2 - 16　厚度分别为(a) 40μm、(b) 80μm、(c) 120μm 的 CuNiTiB 急冷态
钎料箔带和膏状 CuNiTiB 钎料获得的 $Si_3N_4/Si_3N_4$ 接头微观组织
（首先采用 HF + $HNO_3$ 腐蚀，再经 5% 的 $FeCl_3$ 溶液腐蚀）

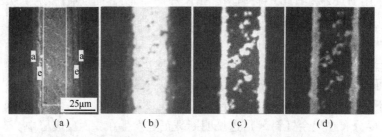

图 2 - 17　厚度为 40μm 的 Cu - Ni - Ti - B 急冷态箔带钎料钎焊 $Si_3N_4/Si_3N_4$ 接头
微观组织(a)及元素 Cu(b)、Ni(c)和 Ti(d)面分布

状钎料的类似，说明两种形态钎料界面反应类型相似，且界面反应产物也类似（见图 2 - 14(b)）。

　　测试了不同厚度急冷态箔带钎料钎焊 $Si_3N_4/Si_3N_4$ 接头性能，结果表明 40μm 厚度钎料对应的接头室温三点弯曲强度为 376 ~ 430MPa，80μm 厚度钎料对应的接头室温三点弯曲强度为 366 ~ 404MPa，两种接头的强度平均值分别为 402MPa 和 380MPa，均高于相同成分相同钎焊规范下膏状钎料获得的接头平均强度 338.8MPa。

　　图 2 - 18 给出了 CuNiTiB 钎料快速凝固处理前后的微观组织，可以看出后者组织较前者更为均匀，组织更为致密（见图 2 - 16(a),(b)和(d)），因此急冷态钎料对提高接头强度更为有利[24, 25]。此外，强度试样接头的断裂形式随着接头强度的增加而改变，图 2 - 19(a)和(b)分别给出了采用膏状钎料和厚度为 40μm 的急冷态钎料的接头照片(上)和试样断裂后的照片(下)，对于强度低的接头而言断裂发生在接头界面处，并且断口处粘附有少量陶瓷或小块金属。对于高强度的接头，断裂发生时裂纹从连接界面处形成并向 $Si_3N_4$ 陶瓷内部扩展（见图 2 - 20）。

　　研究发现，如果钎料过薄（如 20μm），对应的接头性能很低（140MPa），主要原因是因为太薄的钎料不能够填满接头的间隙，这将导致不但连接面积下降，而且在未填充饱满的钎料边缘出现缺口效应，从而影响 $Si_3N_4/Si_3N_4$ 接头强度。随着钎料箔厚度（注为 $\delta_0$）的增加，接头中心区（即钎料区）的厚度（注为 $\delta_2$）和整个接头（注

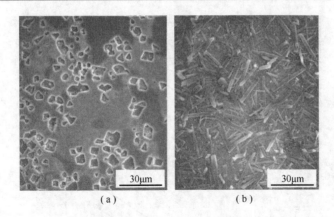

图 2 - 18　急冷处理前(a)、后(b)的 Cu - Ni - Ti - B 钎料微观组织
（采用 HF + HNO₃ 溶液腐蚀）

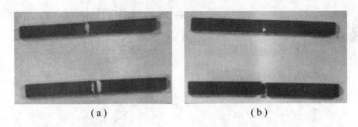

图 2 - 19　Si₃N₄/Si₃N₄ 接头(上)和相应接头断裂后(下)的照片

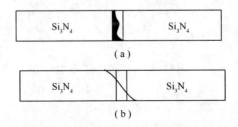

图 2 - 20　低强度(a)和高强度(b) Si₃N₄/Si₃N₄ 接头的断裂形貌图

为 $\delta_3$ )均增加。界面反应层的厚度(注为 $\delta_1$ )首先增加( 6 ~ 10 μm),之后厚度稳定。此外,接头强度( $\sigma_b$ )首先增加至最大值 402MPa,然后下降(见图 2 - 21)。当钎料厚度从 80 μm 增加到 120 μm 时,尽管界面反应层的厚度只是略微增加(从 10 μm 增加到 11 μm),但接头强度快速下降。为了分析上述变化的原因,检测了不同厚度接头钎料区的成分(通过 EDS 方法)以及相应的显微硬度(见图 2 - 21)。

　　结果表明,随着钎料厚度的增加,接头钎料区的 Ti 含量也随之增加,并且相应的显微硬度也增加,因此接头中心区富 Cu 层的塑性下降。You Chul Kim 等人采用 Cu - X 二元合金( Cu - 5% ( 质量分数)Cr, Cu - 1% ( 质量分数)Nb, Cu - 3% ( 质量分数)V, Cu - 5% ( 质量分数)Ti 和 Cu - 1% ( 质量分数)Zr)作为钎料钎焊 Si₃N₄/

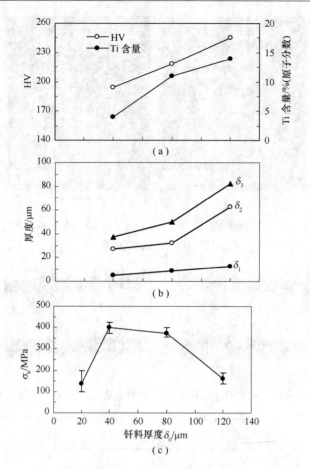

图 2 - 21　Cu - Ni - Ti - B 箔带钎料厚度（$\delta_0$）分别对接头 6 个参量的影响

(a)接头中心区 Ti 含量、接头显微硬度（HV）；

(b)接头界面反应层厚度（$\delta_1$）、中心区厚度（$\delta_2$）、整个接头厚度（$\delta_3$）；

(c)接头室温三点弯曲强度（$\sigma_b$）。

不锈钢,结果表明 Cu - 5% Cr（质量分数）钎料硬度最低,对缓解接头热应力最有效[26]。在钎焊陶瓷接头过程中,钎料与被焊陶瓷之间的热膨胀系数不匹配情况依然存在。所谓的 $Si_3N_4$/$Si_3N_4$ 接头实际上由 $Si_3N_4$/界面反应层/钎料基体区/界面反应层/$Si_3N_4$ 组成,其中界面反应层扮演着从 $Si_3N_4$ 陶瓷到钎料基体区的过渡层的角色。然而,由于这种过渡层由脆性化合物相组成,不能有效缓解接头中的热应力,只有软性钎料区能够确保应力释放,这与陶瓷/金属接头之间填加缓释层原理相类似。当钎料厚度为 40μm 时,界面反应层厚度（$\delta_1$）为 6μm,钎料基体区的含 Ti 量只有 4.4%（质量分数）,相应的显微硬度值也很低（HV196,见图 2 - 21）,这种软性的钎料层对缓解接头应力十分有效。当 $\delta_0$ 从 80μm 增加到 120μm 时,$\delta_1$ 从 32μm 增加到 64μm（见图 2 - 21）,这将会增加界面应力。另一方面,接头钎料基体区的 Ti 含量从 10.0% (质量分数) 增加到 13.8% (质量分数),这增加了钎料基体区的脆性。基于上述两种因素,接头强度快速下降。

图 2 – 22 为厚度为 $40\mu m$ 的急冷态箔带钎料对应的 $Si_3N_4/Si_3N_4$ 接头在空气加热条件下的不同测试温度时的三点弯曲强度,406MPa 的强度水平可以维持到 723K,当测试温度提高到 773K 时接头强度值略微下降至 372MPa。

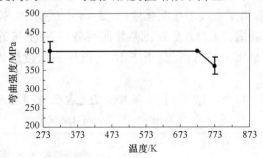

图 2 – 22　测试温度对 $Si_3N_4/Si_3N_4$ 接头三点弯曲强度的影响

(急冷态箔带 Cu – Ni – Ti – B 钎料)

实际上,研究 Cu – Ni – Ti 系高温钎料的另一意义可以预见,该体系钎料的熔化温度明显高于 AgCu – Ti 钎料,因此在一些真空、高温 (比如 773 ~ 973K) 工作环境下它将具有明显优于 AgCu – Ti 钎料的接头性能。

## 2.3　Cu – Ni – Ti 系钎料对 Si₃N₄ 陶瓷与 1.25Cr – 0.5Mo 钢的连接

由于一些工程应用场合需要陶瓷与金属的连接结构,因此陶瓷/金属的连接研究十分必要。本节采用钎焊 $Si_3N_4/Si_3N_4$ 陶瓷接头强度较高的 HTB2 急冷态箔带钎料对 $Si_3N_4$ 陶瓷与 1.25Cr – 0.5Mo 钢进行钎焊研究。表 2 – 3 为采用 HTB2 钎料获得的 $Si_3N_4$ – $Si_3N_4$、钢 – 钢的接头强度结果。可以看出,$Si_3N_4/Si_3N_4$、钢/钢接头强度均超过了 400MPa,但使用该钎料直接钎焊 $Si_3N_4$/钢获得的接头的强度仅为 8MPa (见表 2 – 4)。当 $Si_3N_4$ 与 1.25Cr – 0.5Mo 钢直接钎焊时,由于两者热膨胀系数差别很大 ($\Delta\alpha = 10.2 \times 10^{-6} K^{-1}$),导致接头中存在很大的残余热应力,使得接头强度严重下降。

表 2 – 3　采用 HTB2 钎料获得的 $Si_3N_4/Si_3N_4$、钢/钢接头平均三点弯曲强度

| 接头强度/MPa | | | |
|---|---|---|---|
| $Si_3N_4/Si_3N_4$ | | 1.25Cr – 0.5Mo 钢/1.25Cr – 0.5Mo 钢 | |
| 402 | 408[①] | 430 | 490[②] |
| ① 该试样三点弯曲试验温度 723K,其余试样为 293K;②该试样钎焊规范为 1413K/10min,其余试样为 1353K/10min | | | |

采用在 $Si_3N_4$ 与 1.25Cr – 0.5Mo 钢之间添加缓释层的方式可以缓解两个母材的物理性能不匹配而造成接头形成残余热应力。表 2 – 4 测试了多种中间层对接头室温三点弯曲强度的影响,中间层的填加方式如下:$Si_3N_4$/钎料/中间层/钎料/1.25Cr – 0.5Mo 钢。表 2 – 4 中试验 2 ~ 4 给出了以单层 Ta、Mo 或 W 作为中间层的接头强度,结果表明这三种接头强度均低于未加缓释层的接头。然而,当以单层 Ni 作为缓释层时,获得了较高的接头强度(表 2 – 4 中试验 5 ~ 8)。从表 2 – 5 给出的热膨胀系数可以看出,Ta、Mo 或 W 的热膨胀系数较 Ni 更接近于 $Si_3N_4$,但 Ni 的屈服强度在这几种金属中最低,正是由于 Ni 的低屈服强度缓解了接头中的残余应力。

表 2 – 4  $Si_3N_4$/中间层/钢接头的室温三点弯曲强度
（接头结构形式:陶瓷/$I_1I_2I_3$/钢）

| No. | 中间层($I_i$)和中间层厚度/mm | | | | | | 接头强度/MPa | 断裂位置 |
|---|---|---|---|---|---|---|---|---|
| | $I_1$ | | $I_2$ | | $I_3$ | | | |
| 1 | | | | | | | 8.0 | $Si_3N_4$ – 钢 |
| 2 | Ta | 0.08 | | | | | ~0 | $Si_3N_4$ – Ta |
| 3 | Mo | 0.2 | | | | | ~0 | $Si_3N_4$ – Mo |
| 4 | W | 0.2 | | | | | ~0 | $Si_3N_4$ – W |
| 5 | Ni | 0.2 | | | | | 84.0 | $Si_3N_4$ – Ni |
| 6 | Ni | 0.5 | | | | | 104.0 | $Si_3N_4$ |
| 7 | Ni | 1.0 | | | | | 125.0 | $Si_3N_4$ |
| 8 | Ni | 1.5 | | | | | 20.0 | $Si_3N_4$ |
| 9 | Ni | 0.2 | Ta | 0.08 | | | 12.0 | $Si_3N_4$ |
| 10 | Ni | 0.2 | Mo | 0.2 | | | 27.0 | $Si_3N_4$ |
| 11 | Ni | 0.2 | W | 0.5 | | | 6.0 | W – 钢 |
| 12 | W | 0.5 | Ni | 0.5 | | | 24.0 | $Si_3N_4$ – W |
| 13 | Ni | 0.2 | W | 0.5 | Ni | 0.2 | 152.2 | $Si_3N_4$ – Ni |
| 14 | Ni | 0.5 | W | 0.5 | Ni | 0.5 | 46.0 | Ni – 钢 |
| 15 | Ni | 0.5 | W | 0.5 | Ni | 0.2 | 62.0 | Ni – W |

软质缓释层 Ni 能够较好缓解接头残余应力,但是能力非常有限。W 等硬缓释层不能有效缓解残余应力,但是其热膨胀系数接近于 $Si_3N_4$ 陶瓷,因此它能够减小接头中残余应力梯度,使得 W 和 $Si_3N_4$ 之间、W 和钢之间的局部应力会下降。如果采用复合中间层发挥出两种类型缓释层的优点,那么接头强度将会进一步提升。其中软层 Ni 置于 W 两侧,可通过弹性、塑性、蠕变变形来释放界面应力。表 2 – 4 中

表 2 – 5　$Si_3N_4$ 陶瓷与一些金属的物理、机械性能

| 材料 | 熔点/K | 热膨胀系数 $\alpha$ /( $\times 10^{-6}K^{-1}$) | 弹性模量 $E$/GPa | 屈服强度 $\sigma_{0.2}$/MPa |
|---|---|---|---|---|
| Ni | 1726 | 13.3 | 225 | 120 |
| Ta | 3269 | 6.5 | 190 | 344 |
| Mo | 2883 | 5.1 | 294 | 500 ~ 610 |
| W | 3653 | 4.6 | 380 | 720 ~ 830 |
| $Si_3N_4$ | 2193[①] | 3.5 | 284 | — |
| 1.25Cr – 0.5Mo | — | 13.4 | 212 | 460 |
| ① 没有熔化,但已升华、分解或蒸发 | | | | |

试验 11 和 12 的结果表明,W – Ni 或 Ni – W 并未起到作用,而只有采用 Ni/W/Ni 作为缓释层的接头强度才得以改善,并且为了最大限度减少与软层相关的界面残余应力趋势,Ni 层厚度应较薄,合适的厚度为 0.2mm(表 2 – 4 中的试验 13 ~ 15)。

基于上述试验结果,研究了 W 中间层厚度对接头强度的影响(见图 2 – 23),可以看出,当 W 厚度为 1mm 时对应接头强度最高,达到 188MPa,所有接头断裂位置均发生在 $Si_3N_4$/Ni 界面(见图 2 – 24)。表 2 – 6 为采用不同形式的中间层连接 $Si_3N_4$/1.25Cr – 0.5Mo 钢接头的室温三点弯曲强度。复合中间层中 Ni 层的厚度选择了较薄的 0.2mm。

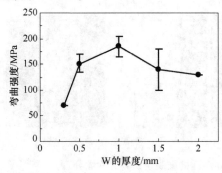

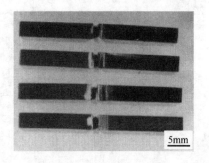

图 2 – 23　采用 Ni – W – Ni 叠层结构作
中间层,W 层厚度对接头性能的影响
(Ni 层厚度 0.2mm,$T$ = 1353K,$t$ = 10min)

图 2 – 24　断裂发生在
$Si_3N_4$ – Ni 界面的试样照片

根据表 2 – 6 的结果,以 Ni/W/Ni 作为中间层的接头强度要高于单纯以 Ni 作为中间层的接头强度,这说明过渡层 W 对缓解接头应力是有帮助的,但是,接头强度仍低于 $Si_3N_4$/$Si_3N_4$ 的接头。此外,所有断裂均发生在 $Si_3N_4$/Ni 的界面,表明该接头中该区域性能薄弱,为了分析薄弱的原因,研究了界面处 $Si_3N_4$ 与中间层 Ni 的冶金反应机理。

表 2 - 6　$Si_3N_4$／中间层／1.25Cr - 0.5Mo 钢接头

（接头结构形式：陶瓷／$I_1I_2I_3$／钢）的室温三点弯曲强度[27]

| 中间层 厚度/mm | | | 接头强度/MPa | 断裂位置 |
|---|---|---|---|---|
| $I_1$ | $I_2$ | $I_3$ | | |
| Ni0.2 | | | 84 | $Si_3N_4$／Ni |
| Ni0.4 | | | 94 | $Si_3N_4$／Ni |
| Ni0.2 | W1.5 | Ni0.2 | 140 | $Si_3N_4$／Ni |
| Ni0.2 | W2.0 | Ni0.2 | 135 | $Si_3N_4$／Ni |
| 钢 0.2 | W1.5 | Ni0.2 | 192 | $Si_3N_4$／钢 |
| 钢 0.2 | W2.0 | Ni0.2 | 261 | 钢／W |

图 2 - 25 给出了 $Si_3N_4$／钎料／Ni(0.2mm)界面的微观组织和元素面分布。可以看出，Ni 层和钎料之间的界面粗糙，说明一部分 Ni 与钎料发生反应并向钎料中扩散，与 Ti 发生强烈的相互作用并形成固溶区"m"和化合物"e"，这两种相中均富集 Ni 和 Ti。根据 XRWDS 分析结果（表 2 - 7），化合物"e"应为 $CuNi_8Ti_3$。对于 Ti 元素，一部分 Ti 向 $Si_3N_4$ 方向扩散，而大部分 Ti 会残留在钎料基体中，与 Ni 反应在钎料层中形成了富集 Ti 的固溶区"m"和大块化合物相"e"，说明了界面处 Ti 的活性特征极大地受到了限制。此外，一部分 Ti 强烈向 Ni 中扩散，扩散深度达到几微米。这些复杂的反应，尤其是 Ti 与 Ni 之间的反应消耗了钎料中大量的 Ti，因此实际参与界面反应的 Ti 的量减少，导致了界面反应的不充分。因此，$Si_3N_4$ 与钎料界面的强度下降明显。

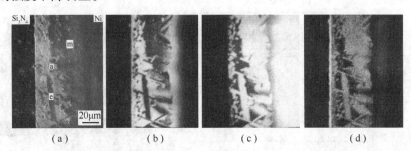

图 2 - 25　$Si_3N_4$／钎料／Ni 界面的微观组织与元素面分布
(a) 微观组织；(b) Cu；(c) Ni；(d) Ti。

表 2 - 7　图 2 - 25(a)中相"e"的 XRWDS 分析结果

| | Si | Ti | Ni | Cu |
|---|---|---|---|---|
| %（质量分数） | 1.56 | 20.39 | 68.02 | 10.03 |
| %（原子分数） | 3.10 | 23.68 | 64.44 | 8.78 |

为了提高接头强度，靠近 $Si_3N_4$ 的软中间层 Ni 应该由其他金属替代，替代金属应该具备如下特性：稳定的高温强度、尽可能低的屈服强度、与钎料中 Ti 的反应

要弱于 Ni 与 Ti 之间的反应。考虑到上述所有的因素认为,被焊的钢是一种较好的备选材料。从表 2 – 8 可知,液态 Fe 在液态金属溶液中的溶解焓较 Ni 的高,尤其在 Ti 溶液中表现明显。Fe 在液态 Ti 中的溶解焓( – 70kJ/mol)要远高于 Ni 在液态 Ti 中的溶解焓( – 140kJ/mol)[7],因此可以推测 Fe 与 Ti 之间的反应要弱于 Ni 与 Ti 之间的反应[28, 29]。图 2 – 26 给出了 Si₃N₄/钎料/钢(0.2mm)中间层的微观组织(a)及相应元素 Ti 的面分布(b),可见,钎料层中没有富 Ti 的大块化合物相存在,并且 Ti 向钢中扩散的量要少于前述中 Ti 向 Ni 中扩散的量,Fe 与 Ti 的反应正如预期中一样得到了弱化。

表 2 – 8　液态 Fe 和 Ni 在液态金属中的溶解焓[7]

| 元　素 | 溶解焓/(kJ/mol) | |
| --- | --- | --- |
| | $\Delta H_{Ni}$ | $\Delta H_{Fe}$ |
| Cu | 20 | 60 |
| Ni | 0 | – 6 |
| Ti | – 140 | – 70 |

　　基于上述分析结果,采用钢(0.2mm)/W(0.5 ~ 2.0mm)/Ni(0.2mm)叠层中间层来连接 Si₃N₄ – 钢接头。如图 2 – 26 所示,接头强度随着 W 层厚度增加至 2mm 而增加到 261MPa,断裂发生在 W 和钢的界面。比较图 2 – 26 和图 2 – 23 可以发现,当 W 层厚度较小时(小于 1.3mm),Ni – W – Ni 叠层中间层对接头的强化作用要优于钢/W/Ni 中间层的作用,这是因为 Ni 的低屈服强度起到了重要的作用。当 W 层厚度大于 1.3mm 时,钢/W/Ni 叠层中间层对接头的强化作用反过来超过 Ni/W/Ni 中间层的作用,原因是合适的界面冶金反应起到了更为重要的效果。图 2 – 27 给出了接头强度随温度变化的曲线,可以看出,接头强度可以维持到 723K(268MPa)。随着测试温度的增加,接头强度仍能保持较高水平,如 773 K 的 240MPa、873 K 的 130MPa,断裂发生在 Ni 中间层附近,如 W – Ni 或 Ni – 钢的界面上[27]。

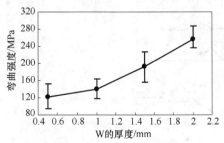 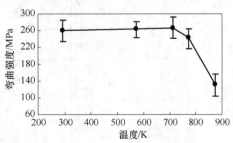

图 2 – 26　W 层厚度对 Si₃N₄/中间层/钢接头　　　图 2 – 27　Si₃N₄/中间层/钢接头强度
强度的作用,用钢/W/Ni 为叠层中间层　　　　　随温度的变化情况(以钢(0.2mm)/
（钢和 Ni 中间层的厚度均为 0.2mm）　　　　　W(2.0mm)/Ni(0.2mm)作为叠层中间层)

图 2-28 给出了强度为 261MPa 接头的界面微观组织和元素面分布,可以看出,Fe 的分布与 Ni 和 Ti 的类似,尤其类似于 Ni 的分布。这种元素分布情况说明界面反应时一部分 Fe 替代了 Ni,而且上文中提到,Fe 与 Ti 的反应要弱于 Ni 与 Ti 的反应,最终钎缝基体中没有大块的 Ti 化合物相生成,这对接头强度有利。

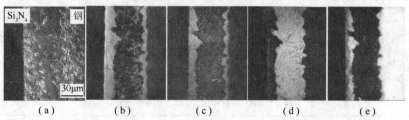

图 2-28　采用钢(0.2mm)/W(2.0mm)/Ni(0.2mm)作为叠层中间层的

$Si_3N_4$/钎料/钢中间层的界面微观组织及元素面分布

(接头采用 5% $FeCl_3$ 进行腐蚀,再经过($HF + NHO_3$)腐蚀)

(a)微观组织；(b)Ti；(c)Ni；(d)Cu；(e)-Fe。

图 2-29 为图 2-28 中接头的相分析结果。可以看出,在钎料层 I 中未生成与 Fe 相关的物相,但在靠近 $Si_3N_4$ 的界面反应层 II 中 Fe 参与了界面反应并生成了 $Fe_5Si_3$ 相。文献[30, 31]指出,Fe 与 $Si_3N_4$ 发生反应可形成 $Fe_5Si_3$ 相,反应式如下:

$$5Fe + Si_3N_4 \rightarrow Fe_5Si_3 + 2N_2 \qquad (2-10)$$

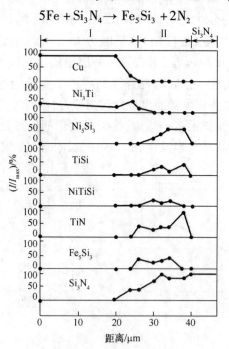

图 2-29　$Si_3N_4$/1.25Cr-0.5Mo 钢中间层(0.2mm)

接头中从钎料到 $Si_3N_4$ 各种相分布情况

此外,1353K 下该反应的 $\Delta G^0$ 值为 72J/mol,正的 $\Delta G^0$ 值说明该反应不能自发发生。使得该反应发生的难点在于 $Si_3N_4$ 的分解,但是 $Fe_5Si_3$ 相可以通过下列反应生成:

$$4Ti + Si_3N_4 \rightarrow 4TiN + 3Si \qquad (2-11)$$

$$5Fe + 3Si \rightarrow Fe_5Si_3 \qquad (2-12)$$

这与 Ti 与 $Si_3N_4$ 在高温下反应生成 Ti – Si 相类似(见 1.2.1 节中 $Si_3N_4$ 与 Cu – Ni – Ti – B 钎料之间的界面反应机理分析)。除了 $Fe_5Si_3$ 外,最初在 $Si_3N_4$/ $Si_3N_4$ 接头界面中产生的 TiN、$Ti_5Si_3$、TiSi 和 NiTiSi 相(见图 2 – 14(b))同样存在于 $Si_3N_4$/钢中间层(0.2mm)界面中(见图 2 – 30)。尽管形成了 $Fe_5Si_3$ 相,$Si_3N_4$/钢接头中 $Si_3N_4$ 与钎料之间的正常界面反应基本上得到了保证。此外,根据 ASTM 卡片,$Fe_5Si_3$ 相和 $Ti_5Si_3$ 相同属六方晶格系,因此二者可以较好匹配,分析认为 $Fe_5Si_3$ 相的形成对接头强度无不利影响[28]。

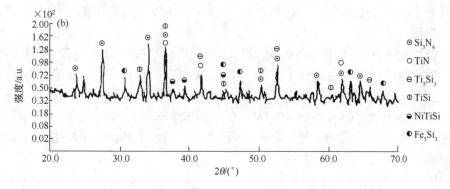

图 2 – 30　$Si_3N_4$/钎料/钢中间层(0.2mm)接头中
靠近 $Si_3N_4$ 母材 8μm 处界面剥离区的衍射图谱

和 Ni/W/Ni 作为中间层的 $Si_3N_4$/钢接头相比,采用钢/W/Ni 中间层的接头强度明显提高。在采用钢(0.2mm)/W(2.0mm)/Ni(0.2mm)作为中间层的情况下,接头强度达到 261MPa,相应的断裂发生在钢/W 的界面,而未发生在 $Si_3N_4$/钢的界面(见表 2 – 6),这表明 $Si_3N_4$/钢(0.2mm)界面强度要高于 261MPa。一般认为 $Si_3N_4$/金属接头的强度与 $\Delta\alpha$[32, 33] 和 $\sigma_{0.2}$[34] 密切相关($\Delta\alpha$ 和 $\sigma_{0.2}$ 分别代表两种材料之间的热膨胀系数差和金属的屈服强度),$\Delta\alpha$ 和 $\sigma_{0.2}$ 值越高,对应的接头强度就越低。中间层 1.25Cr – 0.5Mo 钢和 $Si_3N_4$ 之间的 $\Delta\alpha$ 值与中间层 Ni 与 $Si_3N_4$ 之间的 $\Delta\alpha$ 值相等,而 1.25Cr – 0.5Mo 钢的 $\sigma_{0.2}$ 值要远高于 Ni,如果单纯考虑中间层的物理特性,$Si_3N_4$/钢(0.2mm)界面强度应低于 $Si_3N_4$/Ni(0.2mm)的界面。但是,事实正好相反,因此接头强度的提高应主要归功于上述界面冶金行为的改善。

## 2.4　陶瓷表面激光打孔法缓解陶瓷与金属连接接头焊后残余热应力的研究

近来,关于采用不同形式的中间层来缓解接头应力的研究报道很多,如采用复合材料中间层[35],软金属中间层[30, 36, 37],叠层中间层[27, 30, 38]以及微裂中间层[39]等。对于 $Si_3N_4$ 与金属混合物的复合材料中间层而言,解决中间层自身的强度和可靠性仍是一个难题[31]。以 Al、Cu 和 Ni 作为软金属中间层时可通过弹性、塑性、蠕变变形缓解接头热应力,但是仅仅一层很难有效去除残余应力。采用合适结构、合适厚度的叠层中间层(包括多元中间层)能够有效地缓解接头残余应力,但是叠层中间层不但制备工序复杂,而且由于钎焊面积增大,在整个接头体系中易出现连接缺陷,所以其应用也有局限性。此外,关于不采用中间层降低陶瓷金属接头的残余应力的报道还很少。本节中,作者提出陶瓷表面激光打孔强化方法来缓解接头中残余热应力并提高接头强度,探索该方法的实际效果及讨论陶瓷/金属接头强度改善机理。

钎料选择表 2-1 中的第 6 号钎料:Cu34-Ni27-Ti39,钎料状态为钎料熔锭切片磨薄使用。加工后的钎料厚度为 0.12mm 和 0.26mm 两种,前者用来钎焊 $Si_3N_4$ 自身,后者用来钎焊 $Si_3N_4/1.25Cr-0.5Mo$ 钢接头。焊前 $Si_3N_4$ 表面需进行抛光处理,对于 $Si_3N_4/1.25Cr-0.5Mo$ 接头所用的 $Si_3N_4$ 在被焊表面进行 $CO_2$ 脉冲激光打孔,孔尺寸及分布见图 2-31。图 2-32 给出了 $Si_3N_4/Si_3N_4$ 接头不同钎焊温度下室温三点弯曲强度。

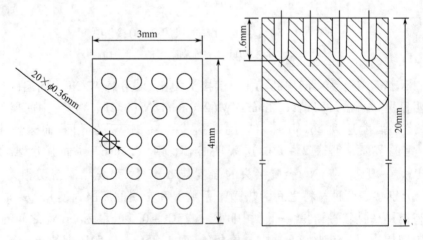

图 2-31　$Si_3N_4$ 陶瓷表面激光盲孔的尺寸与分布

1413K/10min 规范下的 $Si_3N_4/Si_3N_4$ 接头强度值最高达到 102.6MPa。提高钎焊温度将导致陶瓷与钎料间产生过度的界面反应[20],这将会降低接头强度。如果

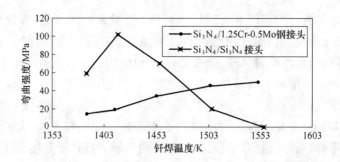

图 2 – 32　Si₃N₄/Si₃N₄ 接头 Si₃N₄/1. 25Cr – 0. 5Mo 钢接头的室温
三点弯曲强度与钎焊温度之间的关系

Si₃N₄ 表面不经过激光打孔,在 1383 ~ 1503K 规范下形成的 Si₃N₄/1. 25Cr – 0. 5Mo 钢接头焊后直接开裂。当采用激光打孔的 Si₃N₄ 时,对应的 Si₃N₄/钢接头强度明显提高。在 1383 ~ 1553K 的钎焊温度下(见图 2 – 32),接头强度有升高趋势,其中 1503K/75min 规范下的接头强度值最高(见图 2 – 33)。在这种情况下,通过毛细作用钎料润湿 Si₃N₄ 表面的盲孔,并且钎料与盲孔内表面形成了良好的结合。提高 Si₃N₄/钢接头强度原因可以归结为以下三个方面:①Si₃N₄ 表面形成了陶瓷与金属组成的复合材料结构,与单纯的 Si₃N₄ 相比,该复合材料平均热膨胀系数提高,这样,在垂直于 Si₃N₄ 被焊表面方向形成热膨胀系数梯度,能有效减小界面的热应力。②钎料流入陶瓷盲孔与陶瓷之间形成机械互锁作用会提高界面强度。③钎料通过激光孔流入 Si₃N₄ 表层并形成良好的结合,这会韧化易发生断裂的陶瓷表面基体区[40]。

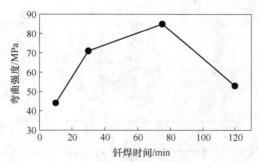

图 2 – 33　Si₃N₄/1. 25Cr – 0. 5Mo 钢接头的室温三点弯曲
强度与钎焊时间之间的关系(钎焊温度为 1503K)

很明显,Si₃N₄/钢和 Si₃N₄/Si₃N₄ 接头最高性能对应的钎焊规范是不同的,相比后者而言,前者需增加钎焊温度,延长保温时间才能获得更大接头强度。这是因为盲孔内表面远离钎料,并且孔内壁粗糙,因此需要提高钎焊温度、延长保温时间以保证钎料流入盲孔并润湿孔内壁,只有钎料填满盲孔并且发生合适的界面反应时才能获得高强度的接头。

在相对较低的钎焊温度下(1383～1453K)钎料未填充盲孔,导致界面应力未有效缓解,因此接头界面脆弱,断裂基本发生在 $Si_3N_4$ 与钢的界面上。随着钎焊温度的提升,钎料流动性改善,钎料能够流入盲孔中,但是由于钎焊时间短的原因,钎料未与盲孔内表面形成冶金结合,这从断裂试样表面的一些盲孔中拔出的柱状钎料形态可以证实这一点。

在1503K温度下延长保温时间有利于流入盲孔内的钎料与 $Si_3N_4$ 发生反应,在这种情况下,接头强度提升明显,这有效证明了激光打孔提升接头强度的三方面原理。另外,当直接连接 $Si_3N_4$ 与钢时,在矩形试样的棱角处会产生较大的应力集中[31]。可以认为采用这种新方法可以均匀缓解整个界面的应力,然而最大应力仍会出现在接头区的棱角处(当然这种最大应力一定程度上得到缓解),因此当 $Si_3N_4$/钢接头加载过程中裂纹源在棱角处形成,并向 $Si_3N_4$ 母材扩展。

由于连接界面原始应力较低,并且钎料流入盲孔中具有韧性效果,导致从试样断面可以观察到裂纹,在接头中央区域有大块的 $Si_3N_4$ 从母材中撕裂剥离,粘连在钢的表面上。

过长的保温时间将导致钎料与 $Si_3N_4$ 之间过度反应,削弱接头强度。从试样断面可以发现,柱状钎料从其中间断裂并从盲孔中拔出。

随着 $Si_3N_4$ 接头强度的变化,接头的断裂形式从图2-34(a)转变为图2-34(b)。$Si_3N_4$/钢接头的最大室温三点弯曲强度为84.8MPa,接近 $Si_3N_4$/$Si_3N_4$ 接头的强度(102.6MPa),这表明采用激光打孔来缓解应力的方法确实有效。可以预测,该方法同样适合其他陶瓷/金属接头的连接。

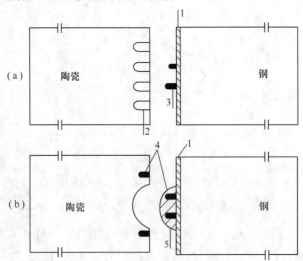

图2-34　低强度(a)和高强度(b) $Si_3N_4$/1.25Cr-0.5Mo 钢接头的断裂模式图解

1—钎料和界面反应层;2—未填充钎料的盲孔;3—柱状钎料;
4—填充钎料的盲孔;5—从陶瓷母材撕裂下的 $Si_3N_4$。

　　事实上,在 1503K/75min 的规范下,对于 $Si_3N_4/Si_3N_4$ 接头,钎料与未打孔的光滑 $Si_3N_4$ 界面间的强度与 1413K/10min 钎焊规范下获得的最高接头强度相差很多(见图 2 – 32)。为了使 $Si_3N_4$ 表面与钎料得到良好的结合,具有光滑表面的 $Si_3N_4$ 和带激光孔洞表面的 $Si_3N_4$ 两者所需要的钎焊规范有着明显的区别。如果孔内表面能有效抛光,上述的性能差异将会减弱。因此,钎料与光滑表面的 $Si_3N_4$ 和打孔表面的 $Si_3N_4$ 之间在同一钎焊规范下同时获得良好的结合是可能的,这无疑对提高 $Si_3N_4$/钢接头强度有利。为了获得更高强度的 $Si_3N_4$/钢接头,还可以选用具有更高 $Si_3N_4/Si_3N_4$ 接头强度的钎料。另外,激光孔的尺寸、数量以及分布均对 $Si_3N_4$/钢接头强度的影响,这些规律还有待后续研究。

# 参 考 文 献

[1] Naka M, Kubo M, Okamoto I. Joining of silicon nitride using amorphous Cu-Ti filler metal [J]. Trans. of JWRI, 1987, 16 (1): 83 – 87.

[2] Naka M, Okamoto I. Wetting of silicon nitride by copper-titanium and copper-zirconium alloys [J]. Trans. of JWRI, 1985, 14 (1): 29 – 34.

[3] Mizuhara H, Huebel E. Joining ceramic to metal with ductile active filler metal [J]. Welding Journal, 1986, 65: 43 – 51.

[4] 熊华平. $Si_3N_4/Si_3N_4$, $Si_3N_4/1. 25Cr – 0. 5Mo$ 连接用新钎料的研制,其润湿性、接头的界面反应与力学性能[D]. 长春:吉林工业大学, 1996.

[5] 虞觉奇,易文质,陈邦迪,等. 二元合金状态图集[M]. 上海:上海科学技术出版社, 1987.

[6] [美] Wu S. 高聚物的界面与粘合[M]. 潘强余,吴敦汉,译. 北京:纺织工业出版社, 1987: 216 – 218.

[7] Miedema A R, de Boer F. R, Boom R. et al. Model predictions for the enthalpy of formation of transition metal alloys [J]. Calphad, 1977, 1 (4): 342 – 359.

[8] Wan C. G, Xiong H. P, Zhou Z. F. Wettability of CuNi-Ti alloys on $Si_3N_4$ and interfacial reaction products [J]. Journal of Materials Science and Technology, 1996, 12 (3): 219 – 222.

[9] 包芳涵,任家烈,周运鸿. 活性钎料真空钎焊 $Si_3N_4$/钢接头性能的研究[J]. 焊接学报, 1990, 11 (4): 200 – 204.

[10] Xian A P, Si Z Y. Joining of $Si_3N_4$ using $Ag_{57}Cu_{38}Ti_5$ brazing filler metal [J]. J Mater Sci, 1990, 25: 4483.

[11] Naka M, Kubo M, Okamoto I. Joining of silicon nitride with Al – Cu alloys [J]. J Mater Sci, 1987, 22: 4417 – 4421.

[12] Naka M, Kubo M. Brazing of $Si_3N_4$ to metals with Al – Si filler metals [J]. Trans. of JWRI, 1990, 19 (2): 22 – 27.

[13] Naka M, Kubo M. Heat-resistant brazing of ceramics-brazing of SiC using Ni – Ti filler metals [J]. Trans JWRI, 1990, 19 (1): 25 – 29.

[14] 熊华平,万传庚,周振丰. Cu – Ni – Ti 合金钎料对 $Si_3N_4$ 陶瓷的润湿与连接[J]. 金属学报, 1999, 35 (5): 527 – 530.

[15] Klomp J T. Physicochemical aspects of ceramic-metal, joining of ceramics [M]. Edited by M. G. Nicholas.

London: Chapman & Hall, 1990: 113 – 123.

[16] Wan C G, Xiong H P, Zhou Z F. Joining of $Si_3N_4$ to $Si_3N_4$ with CuNiTiB paste brazing filler metals and interfacial reactions of the joints [J]. J Mater Sci, 1999, 34 (12): 3013 – 3019.

[17] Xiong H. P, Wan C. G, Zhou Z. F. Development of a new CuNiTiB brazing alloy for joining $Si_3N_4$ to $Si_3N_4$ [J]. Metallurgical and Materials Transactions A, 1998, 29A: 2592 – 2596.

[18] Zhou Z F, Wan C G, Xiong H P. Interfacial reactions in the joining of $Si_3N_4/Si_3N_4$ with newly developed CuNiTiB brazing alloy [J]. ISIJ International, 2000, 40 (Supplement): S25 – S28.

[19] Naka M. Controlling of ceramic – metal interfacial structure using molten metals [J]. Trans. of JWRI, 1992, 21(2): 2 – 5.

[20] Xiong H P, Wan C G, Zhou Z F. Joining of $Si_3N_4 - Si_3N_4$ using CuNiTi alloy brazing filler [J]. China Welding, 1996, 5 (2): 102 – 108.

[21] Nishino T, Urai S, Okamoto I, et al. Wetting and reaction products formed at interface between SiC and Cu – Ti alloys [J]. Welding International, 1992, 6 (8): 600 – 605.

[22] Kim D H, Hwang S H, Chun S S. The wetting, reaction and bonding of silicon nitride by Cu – Ti alloys [J]. J Mater Sci, 1991, 26 (12): 3223 – 3234.

[23] Scott P M, Nicholas M, Dewar B. The wetting and bonding of diamonds by copper-base binary alloys [J]. J. Mater Sci, 1975, 10 (11): 1833 – 1840.

[24] Xiong H P, Wan C G, Zhou Z F. Joining of $Si_3N_4$ to $Si_3N_4$ using rapidly solidified CuNiTiB brazing filler foils [J]. Journal of Materials Processing and Technology, 1998, 75 (2 – 3): 137 – 142.

[25] 万传庚, 周振丰, 熊华平. 钎焊陶瓷用钎料. 中国, ZL 96 1 08747. 1[P], 1999 – 03 – 25.

[26] Kim Y C, Saida K, Zhou Y H, et al. Selection of insert layer materials in $Si_3N_4$/steel joining [A]. in: K. J. Chen(Ed.). Proc. Pre-Assembly Symp. of 47th Annual Assembly of IIW, Vol. 11[C]. Welding, Joining, Coating and Surface Modification of Advanced Materials, Dalian, 2 – 2 Sept 1994: 336 – 341.

[27] Wan C G, Xiong H P, Zhou Z F. Joining of $Si_3N_4/1.25Cr - 0.5Mo$ steel using rapidly solidifying CuNiTiB foils as brazing filler metals [J]. Welding Journal, 1997, 76 (12): S522 – S525.

[28] Xiong H P. Effect of metallurgical behaviour at the interface between ceramic and interlayer on the $Si_3N_4/1.25Cr - 0.5Mo$ steel joint strength [J]. Journal of Materials Science and Technology, 1998, 14 (1): 20 – 24.

[29] Wan C G, Kritsalis P, Eustathopoulos N. Wettability of Ni-base reactive brazing alloys on alumina [J]. Mater. Sci. Technol., 1994, 10 (6): 466 – 468.

[30] Suganuma K, Okamoto T, Shimada M. Joining $Si_3N_4$ to type 405 steel with soft metal interlayers [J]. Mater. Sci. Technol., 1986, 2 (11): 1156 – 1161.

[31] Suganuma K. Joining of Ceramics [M]. Edited by M. G. Nicholas. London: Champman & Hall, 1990: 175 – 187.

[32] Nakao Y, Nishimoto K, Saida K. Bonding of $Si_3N_4$ to metals with active filler metals [J]. Trans. of Jpn Weld. Soc., 1989, 20 (1): 66 – 76.

[33] Naka M, Kubo M. Brazing of $Si_3N_4$ to metals with Al – Cu filler metals [J]. Trans. of JWRI, 1990, 19 (2): 33 – 38.

[34] Zhou Y H, Bao F H, Ren J L, et al. Interlayer selection and thermal stresses in brazed $Si_3N_4$ – steel joints [J]. Mate. Sci. Technol., 1991, 7 (9): 863 – 868.

[35] Suganuma K, Shimada M, Okamoto T, et al. Commun. Am. Ceram. Soc. 66 (1983)117 – 122.

[36] Xian A P, Si Z Y. Direct brazing of Si₃N₄ – steel joint using Ag – 28Cu brazing filler metal with Ti interlayer [J]. J. Mater. Sci. Lett. , 1991, 10 (23): 1382 – 1383.

[37] Suganuma K, Okamoto T, Koizumi M, et al. Method for preventing thermal expansion mismatch effect in ceramic-metal joining [J]. J. Mater. Sci. Lett. , 1985, 4 (5): 648 – 650.

[38] Xian A P, Si Z Y. Interlayer design for joining pressureless sintered sialon ceramic and 40Cr steel brazing with Ag57Cu38Ti5 filler metal [J]. J. Mater. Sci. , 1992, 27 (6): 1560 – 1566.

[39] Suganuma K, Okamoto T, Koizumi M, et al. Joining of silicon nitride to silicon nitride and to invar alloy using aluminum interlayer [J]. J. Mater. Sci. , 1987, 22 (4): 1359 – 1364.

[40] Xiong H P, Wan C G, Zhou Z. F. Increasing the Si₃N₄/1.25Cr – 0.5Mo steel joint strength by using the method of drilling holes by laser in the surface layer of brazed Si₃N₄ [J]. J. Mater. Sci. Lett. , 1999, 18 (18): 1461 – 1463.

# 第3章 含 Ti、Cr、V 的高温活性钎料对 $Si_3N_4$ 的润湿与连接

根据目前的认识,元素 Ti、Cr、V 均可以作为活性元素,对应的活性钎料可以用来连接 $Si_3N_4$ 陶瓷。

CuNi – Ti 系钎料对 $Si_3N_4$ 陶瓷的连接研究在第 2 章中已有叙述。此外,研究的 Ni – Cr – Si – Ti[1]、Ni – Ti[2] 及 Co – Ti[3] 系合金钎料,由于活性元素 Ti 与钎料中的基本元素 Ni 或 Co 易于形成稳定的化合物而降低 Ti 的活性,提高 Ti 的含量又容易造成钎料的极大脆性,因此直接使用这些钎料难以实现对 $Si_3N_4$ 陶瓷的牢固连接。文献[4]研究了镍基合金 NiFeCrTi(Si, B) 对 $Al_2O_3$ 陶瓷的润湿性,但该体系合金对 $Si_3N_4$ 陶瓷的润湿及连接研究还未见报道。

以 Cr 为活性元素的钎料,如 Ni – Cr – Si 系钎料已经用于 $Si_3N_4/Si_3N_4$ 接头的连接[5],接头的室温四点弯曲强度较低,仅有 118MPa。截至到目前用于 $Si_3N_4$ 连接用的其他体系含 Cr 高温钎料的研究还很少,同时缺乏这些钎料的润湿机理及连接机理分析。

我们注意到,V 也是一种可用于 $Si_3N_4$ 陶瓷连接的活性元素,如使用 V 箔作为中间层已经实现了对 $Si_3N_4$ 与 Mo 的较牢固连接[6]。另有研究报道[7],采用 Ni – Cu – V – Al 钎料获得了高强度的 $Si_3N_4/Si_3N_4$ 接头,接头中形成了含 VN 和 V – Si 化合物的界面反应层。还有学者采用含活性元素 V 的 Au 基钎料如 Au – Ni36.6 – V4.7 – Mo1 (%(原子分数))[8, 9] 和 Au – Pd8 – V(3 ~4) (%(质量分数))[10] 在 $Si_3N_4$ 的连接研究方面取得了较好的结果。其中文献[9]报道 $Si_3N_4/Si_3N_4$ 接头,其室温四点弯曲强度高达高达 350 ~393MPa。但 973K 时强度值已经不足室温的 40%。因此,目前为止,对既能保证 $Si_3N_4$ 接头高强度又能保证其高温稳定性的高温钎料的研究还很少,对于含 V 钎料在 $Si_3N_4$ 上的润湿行为以及界面反应的研究仍不深入。

基于上述研究背景,本章研究了含 Cr、Ti、V 的高温活性钎料在 $Si_3N_4$ 陶瓷上的润湿性,讨论了相应的界面反应与连接机理,并分析和研究了 $Si_3N_4/Si_3N_4$ 接头的室、高温性能。

## 3.1 Ni – Fe – Cr – Ti 系及 Co – Ni – Fe – Cr – Ti 系 高温钎料对 $Si_3N_4$ 的润湿与界面连接

本节设计 Ni – Fe – Cr – Ti 及 Co – Ni – Fe – Cr – Ti(Si, B) 两种体系高温合

金,合金中元素 Ti,Cr 作为活性组元加入,元素 Cr,Ni,Co 还有利于保证合金具备好的高温性能,加入元素 Fe 则是为了使合金中活性组元保持较高的活性[4,11],Si,B 为降熔元素。

这里以 Ni – Fe – Cr 系合金作为母合金,再加入不同含量的 Ti,研究合金成分对润湿性的影响,结果见表 3 – 1。对于选择的三种不同含 Ti 量的合金,在加热过程中钎料与 Si₃N₄ 之间均发生了界面结合,但界面结合的牢固程度与含 Ti 量有关。含 Ti 量较低(样品 A 和 B),高温下虽然实现了界面连接,但在冷却过程中因钎料与 Si₃N₄ 陶瓷之间热膨胀系数不匹配产生界面残余热应力,使界面断开,具体表现为内聚型断裂(Cohesive fracture,裂纹沿界面发生在陶瓷内部)。随 Ni – Fe – Cr – Ti 系合金中含 Ti 量的增加,合金对 Si₃N₄ 的润湿性逐渐改善,粘附能力也逐渐增强。对于含 Ti 量较高的合金 C,其对 Si₃N₄ 陶瓷的润湿角最低(27.3°),合金冷却后较牢固地粘附于 Si₃N₄ 上。

表 3 – 1　Ni – Fe – Cr – Ti 系及 Co – Ni – Fe – Cr – Ti(Si, B) 系高温钎料
对 Si₃N₄ 陶瓷的润湿性实验结果(加热条件:1493K/10min)

| 钎料编号 | 化学成分(%(质量分数)) | | | | | | | 液相线温度/K | 润湿角/(°) | 界面断裂类型 |
|---|---|---|---|---|---|---|---|---|---|---|
| | Ni | Fe | Co | Cr | Ti | Si | B | | | |
| A | 26 ~ 34 | 余 | — | 11 ~ 21 | 14 ~ 20 | — | — | 1411.2 | 67.4 | 内聚型断裂 |
| B | 26 ~ 34 | 余 | — | 11 ~ 21 | 20 ~ 24 | — | — | 1429.3 | 42.5 | 内聚型断裂 |
| C | 26 ~ 34 | 余 | — | 11 ~ 21 | 24 ~ 29 | — | — | 1476.6 | 27.3 | 粘附性好,未裂 |
| Y28 | 20 ~ 26 | 余 | 6 ~ 13 | | | 0.6 ~ 3.6 | 0.3 ~ 2 | 1454.2 | 58.2 | 粘附型断裂 |
| Y21 – 44 | 6 ~ 12 | 余 | 26 ~ 34 | 11 ~ 21 | 14 ~ 20 | 0.6 ~ 3.6 | 0.3 ~ 2 | 1450.4 | 20.0 | 粘附性好,未裂 |

图 3 – 1 给出了包括合金 A 在内的润湿实验样品的宏观照片。图 3 – 2 为合金 C 合金(Ni – Fe – Cr – Ti(24 ~ 29))与 Si₃N₄ 润湿界面的微观组织形貌(a)及元素 Ti(b)、Cr(c)、Ni(d)、Fe(e)的面分布。可见,钎料中的元素 Cr 向紧靠 Si₃N₄ 的界面区(宽度 13.4 ~ 21.5μm)进行扩散并且有一定的富集,元素 Ni 、Fe 也表现出相同的扩散倾向,但在此界面区中,Ni 元素扩散距离与元素 Cr 基本相同,而元素 Fe 则只是扩散到离 Si₃N₄ 稍远的较窄区。在离 Si₃N₄ 表面更远的界面上,富 Ti 区与

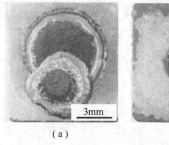
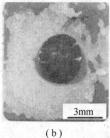
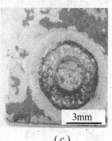

　3mm　　　　　3mm　　　　　3mm

(a)　　　　　　　(b)　　　　　　　(c)

图 3 – 1　合金 A,Y28,Y21 – 44 在 Si₃N₄ 上润湿性宏观照片

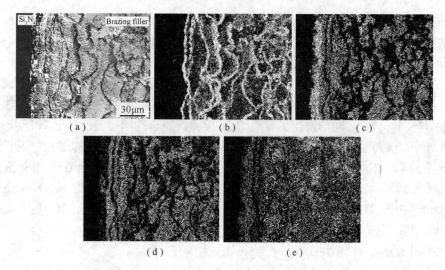

图 3 – 2　Ni – Fe – Cr – Ti(24 ~ 29)合金/Si$_3$N$_4$界面的微观组织
形貌(a)及元素 Ti(b)、Cr(c)、Fe(d)、Ni(e)的面分布

富 Cr、Ni、Fe 区以近似的彼此分离的形式交错分布。

　　进一步借助能谱仪(EDS)对靠近 Si$_3$N$_4$ 界面的某些微区进行了成分定量分析,结果如表 3 – 2 所列。根据文献[12]的分析,真空度 10$^{-2}$ ~ 10$^{-3}$Pa,温度1473 ~ 1523K 的加热条件会导致 Si$_3$N$_4$ 陶瓷的自发分解(Si$_3$N$_4$→3Si +4N)。表 3 – 2 的结果则表明,接下来发生的反应是元素 Cr、Ni、Fe 与从 Si$_3$N$_4$ 中分解出来的 Si 原子化合生成了复杂的 Cr – Ni – Fe – Si 四元化合物(见表 3 – 2 中"a"区及"b"区),而从 Si$_3$N$_4$ 分解出来的 N 原子并未立即与 Cr、Ni、Fe 反应("a"区及"b"区未检测到 N 元素的存在),而是扩散到离 Si$_3$N$_4$ 表面稍远的富 Ti 区并与之发生反应(在界面"c"、"d"区能同时检测到元素 Ti、N 的存在)。从热力学角度看,TiN 是一种极为稳定的氮化物,由每摩尔 N$_2$ 生成的 Fe – N、Cr – N、Si – N、Ti – N 等化合物中,以 TiN 的标准自由能 $\Delta G^0$ 最低[13],因此在高温(1493K)下,从 Si$_3$N$_4$ 中分解出的 N 原子优先与 Ti 化合,形成 TiN。界面"c"区和"d"区可理解为含有 TiN 的复杂多元混合物。Ti 元素虽然未能像元素 Cr、Ni 那样优先向 Si$_3$N$_4$ 表面富集,但从表 3 – 2 可见,Ti

表 3 – 2　合金 C 与 Si$_3$N$_4$ 界面上某些区域 EDS 成分分析结果

| 区域 | 化学成分/%(原子分数) | | | | | |
|---|---|---|---|---|---|---|
| | Si | Ti | Cr | Fe | Ni | N |
| a | 18.06 | 0.29 | 48.92 | 10.14 | 22.58 | — |
| b | 12.10 | 0.41 | 22.77 | 40.42 | 24.30 | — |
| c | 5.33 | 39.33 | 17.11 | 18.71 | 9.35 | 10.16 |
| d | 3.93 | 54.59 | 8.52 | 9.07 | 8.30 | 15.59 |

元素含量的增加对于改善 Ni – Fe – Cr – Ti 系合金的润湿性仍有重要意义。Ti 含量增加保证了 Ti + N→TiN 反应的顺利进行,从而推动了 $Si_3N_4$ 的分解和界面四元化合物的生成,从而促进了合金对 $Si_3N_4$ 的润湿及界面结合。

一般地,对于含有元素 Ti 的活性钎料,含 Ti 量越高,合金的脆性越大,因此在接下来的研究中新设计了两种钎料合金 Y28 及 Y21 – 44,合金中的含 Ti 量控制在较低的水平。为保持活性元素 Cr 或 Ti 具有较高的活性,对于新设计的合金 Y28,相对于合金 B 而言,是用适量的 Co 代替了 Ni 但 Ni + Co 的总量略有增加;对于合金 Y21 – 44,相对于合金 A 而言,是加入了与原来 Ni 含量相当的 Co,同时保留了少量 Ni。表 3 – 3 给出了元素 Ti 和 Cr 在几种不同溶液中的溶解焓,从这些数据可以判断,元素 Ti 和 Cr 的活性在三种不同溶液中的活性均是按 Ni→Co→Fe 的顺序逐渐提高的,这说明钎料合金中保持一定含量的元素 Fe 对于保证 Cr 或 Ti 在合金中保持较高的活性是必要的,同时还说明上述合金成分的调整(特别是合金 Y21 – 44 的成分设计)有利于提高 Ti 或 Cr 的活性。

表 3 – 3　Ti 和 Cr 在几种不同溶液中的溶解焓[14]

| 液态金属 | $\Delta H_{Ti}/(kJ/mol)$ | $\Delta H_{Cr}/(kJ/mol)$ |
|---|---|---|
| Ni | – 170 | – 27 |
| Co | – 140 | – 18 |
| Fe | – 82 | – 6 |

润湿性实验结果表明,合金 Y28 对 $Si_3N_4$ 的润湿角为 58.2°(表 3 – 1),而且合金与 $Si_3N_4$ 陶瓷界面发生了粘附型断裂(Adhesive fracture,裂纹发生在钎料合金与陶瓷之间的界面上),据此判断 Y28 合金对 $Si_3N_4$ 的润湿能力相对于合金 B 减弱了。对于钴基钎料合金 Y21 – 44,其对 $Si_3N_4$ 的润湿能力相对于合金 A 大大增强(润湿角由原来的 67.4°降至 20.0°,并且样品冷却后能获得结合牢固的润湿界面)。接下来通过界面显微分析,对成分调整后引起合金润湿性变化的内在规律进行了探讨。

图 3 – 3 为断开后的 Y28 合金样品垂直于界面方向横断面的微观组织(a)及元素 Ti(b)、Cr(c)、Fe(d)、Co(e)、Ni(f)的面分布。可见,元素 Ti 和 Cr 均从钎料合金中向 $Si_3N_4$ 表面扩散和富集,因此认为它们表现出了明显的界面活性特点。另外,也可注意到在靠近合金基体的界面上形成了一个富 Ti 贫 Cr 的反应带。根据微区 EDS 分析结果(见表 3 – 4)判断,界面过渡结构 $Si_3N_4$/a/b/c/钎料合金的具体产物为:$Si_3N_4$/Fe – Ni – Co – Cr – Ti – Si 复杂多元硅化物(含硅量高达 8.37%(原子分数),脆性)/Fe – Ni – Co – Cr – Ti 多元合金相(含硅量较少,且含不同量的元素 Ti, Cr, Fe, Ni, Co)/Ti + TiN/钎料合金基体。显然,这种过渡形式的界面产物不利于 $Si_3N_4$ 与钎料的界面结合,润湿样品冷却后断裂发生在 $Si_3N_4$ 与脆性的复杂多元硅化物的界面上[15]。

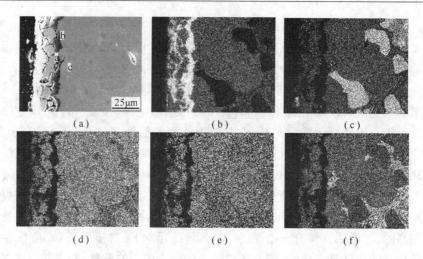

图 3 - 3   从 $Si_3N_4$ 表面断开的 Y28 合金( Ni - Co - Fe - Cr - Ti(20 ~ 24))
横断面的微观组织(a)及元素 Ti (b)、Cr (c)、Fe(d)、Co(e)、Ni(f)的面分布

表 3 - 4   Y28 合金靠近 $Si_3N_4$ 界面某些区域 EDS 成分分析结果

| 区域 | 化学成分/%（原子分数） | | | | | | |
|---|---|---|---|---|---|---|---|
| | Si | Ti | Cr | Fe | Ni | Co | N |
| a | 8.37 | 26.84 | 15.19 | 22.72 | 17.52 | 9.36 | — |
| b | 2.80 | 29.47 | 15.06 | 23.75 | 18.91 | 10.01 | — |
| c | 0.12 | 73.27 | 0.37 | 0.41 | 0.19 | 0.10 | 25.53 |

进一步观察和分析了合金 Y21 - 44 与 $Si_3N_4$ 的润湿界面(见图 3 - 4)。这里元素 Cr 十分强烈地向 $Si_3N_4$ 表面富集,富集区宽度约为 $11.9\mu m$,从表 3 - 5 中 EDS 分析结果可以了解到,Cr 的富集区生成物为硅化物 Cr (FeNiCo) Si(图 3 - 4"a"区),由于这种硅化物不含元素 Ti,因此该化合物的脆性相对于 Y28 合金与 $Si_3N_4$ 界面形成的复杂多元化合物来说有所缓解。从图 3 - 4(b)还可看到,元素 Ti 的界面活性作用因 Ti 含量较低而未能充分表现出来。根据成分分析结果,在比较接近 $Si_3N_4$ 表面、分布于钎料合金基体上的富 Ti 区(图 3 - 4"b"区),其主体物相应为 Ti + TiN,所以 Ti 元素仍然起到了如前所述( C 合金)的促进界面润湿与界面连接的作用。这种从 $Si_3N_4$ 向不含 Ti 的硅化物、再向 FeCoNiCr(Ti)基体过渡的结构形式保证了 $Si_3N_4$ 与钎料合金之间牢固的界面结合。合金 Y21 - 44 对 $Si_3N_4$ 的这种润湿能力与合金 C 基本相当,但合金的含 Ti 量得到很大程度的降低,这对于研制脆性不太大的高温钎料具有积极意义。

比较 Y28 及 Y21 - 44 两种合金对 $Si_3N_4$ 的润湿性结果还给出这样的信息:成分的变化会导致不同的界面反应产物过渡结构,而这对合金润湿能力及界面结合力产生了重要影响。

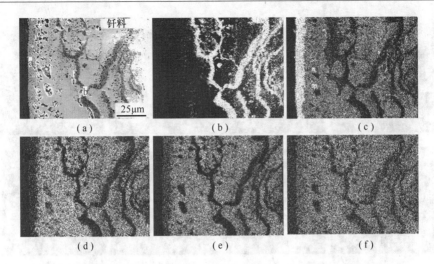

图 3 - 4　Y21 - 44 合金(Co - Ni - Fe - Cr - Ti(14 ~ 20))/$Si_3N_4$ 界面的微观
组织(a)及元素 Ti (b)、Cr (c)、Fe(d)、Co(e)、Ni(f)的面分布

表 3 - 5　合金 Y21 - 44/$Si_3N_4$ 界面上某些区域 EDS 成分分析结果

| 区域 | 化学成分/%（原子分数） | | | | | | |
|---|---|---|---|---|---|---|---|
| | Si | Ti | Cr | Fe | Ni | Co | N |
| a | 20. 17 | | 56. 68 | 5. 82 | 4. 11 | 13. 22 | — |
| b | 2. 54 | 66. 08 | 4. 44 | 3. 68 | 1. 20 | 4. 21 | 17. 86 |

## 3. 2　PdNi(Co) - Cr 合金在 $Si_3N_4$ 上的润湿及 $Si_3N_4$ 自身的连接

利用粉状金属混合的方法配制了八种 PdNi - Cr 和 PdCo - Cr 合金钎料,其中 Pd 和 Ni、Pd 和 Co 的重量比例均为 3:2。润湿实验加热规范为 1523 K/30min。图 3 - 5 为各种钎料在 $Si_3N_4$ 陶瓷上的润湿照片。很明显,所有的 PdNi - Cr 合金均润湿 $Si_3N_4$,Pd60 - Ni40 合金的润湿角也只有 28°,Cr 元素添加至 PdNi 合金中进一步改善了合金的润湿性。

然而,Pd60 - Co40 合金对应的润湿角为 134°,表明该合金不能很好润湿 $Si_3N_4$;当 8%(质量分数)的 Cr 添加入 Pd - Co 合金中后,润湿角明显降至 44°;当 Cr 的含量增加至 15% ~25%(质量分数)时,润湿角达到平衡,约 10°(图 3 - 6)。

根据 Pd - Ni 二元相图,Pd60 - Ni40 合金的液相线温度约为 1512K。该合金经过 1523K/30min 热循环之后,尽管润湿了 $Si_3N_4$ 陶瓷,但合金在连接界面处出现局部剥离。

从图 3 - 7 中可以明显看出,润湿界面处生成了一层厚度约为 15μm 的扩散反应层组织。根据 XEDS 分析结果(见表 3 - 6)可知,反应层应由(Pd, Ni)固溶体、

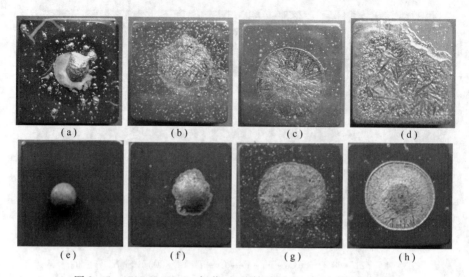

图 3 – 5   1523 K /30min 规范下不同钎料在 $Si_3N_4$ 上的润湿形貌

（a）Pd60 – Ni40；（b）Pd54 – Ni36 – Cr10；（c）Pd51 – Ni34 – Cr15；（d）Pd43 – Ni28 – Cr20；
（e）Pd60 – Co40；（f）Pd56 – Co36 – Cr8；（g）Pd51 – Co34 – Cr15；（h）Pd45 – Co30 – Cr25。

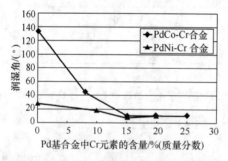

图 3 – 6   Cr 含量对 Pd 基合金在 $Si_3N_4$
陶瓷上的润湿角的影响

图 3 – 7   PdNi/$Si_3N_4$ 界面的背散射
电子像（1523K/30min）

Pd – Si 和 Ni – Si 化合物组成。很明显，Pd 和 Ni 与 Si 易结合并生成相应的化合物相。在 1523K 的高温条件下，$Si_3N_4$ 将分解生成 Si 和 N，Si 原子再与钎料作用生成了上述两种类型的 Si 化物。该区域未检测到 N 元素的存在，推断真空条件下 N 原子很可能形成 $N_2$ 逃逸出去。

表 3 – 6   对应图 3 – 7 中微区的 XEDS 分析结果

| 微区 | 元素含量/%（原子分数） | | | | | 推断物相 |
| --- | --- | --- | --- | --- | --- | --- |
| | N | Si | Pd | Ni | 合计 | |
| 1 | — | 5.63 | 31.76 | 62.61 | 100.00 | 溶有 Si 的（Pd，Ni）固溶体 |
| 2 | — | 27.57 | 50.61 | 21.82 | 100.00 | Pd – Si 和 Ni – Si 化合物 |

　　10%(原子分数)的 Cr 加入到 Pd60 – Ni40 中进一步提高了钎料在 $Si_3N_4$ 陶瓷上的润湿性,相应的润湿角降为 18°(见图 3 – 5(b)和图 3 – 6)。在这种情况下,Pd54 – Ni36 – Cr10/$Si_3N_4$ 界面组织变得复杂,并且在界面中出现很多微裂纹。

　　根据表 3 – 7 中给出的 XEDS 分析结果,在靠近 $Si_3N_4$ 界面附近的反应区(图 3 – 8 中"1")中生成 Cr – N 和 Ni – Si 化合物相,这表明元素 Cr 和 Ni 向陶瓷界面扩散并参与了界面反应。在靠近该区的邻近区域(见图 3 – 8 中"2"),主要反应产物为 $Pd_2Si$[16]。

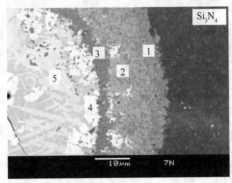

图 3 – 8　Pd54 – Ni36 – Cr10/$Si_3N_4$ 界面的背散射电子像(1523K/30min)

　　图 3 – 8 的"3"区中形成一条黑色反应带(厚度 4 ~ 6μm),根据元素面分布图可知,该区主要含 Cr 和 N、Pd、Ni 和 Si 几乎未检测到(见图 3 – 9 和表 3 – 7)),因此该区中的化合物相应为 Cr – N 相。I. Gotman 等[17]从热力学角度证明了高温条

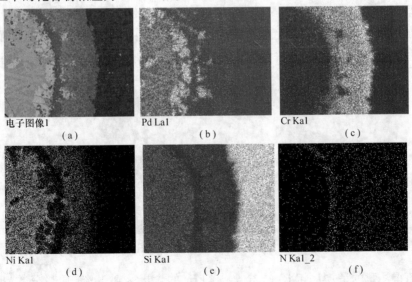

图 3 – 9　Pd54 – Ni36 – Cr10/$Si_3N_4$ 界面的二次电子像(a)以及元素
Pd(b)、Cr(c)、Ni(d)、Si(e)和 N(f)的面分布

件下 Cr 与 $Si_3N_4$ 反应可生成 $Cr_2N$ 相,而 G. Ceccone 等[18]在 $Si_3N_4$ 与 Ni – Cr – Si 钎料界面检测到了 CrN 层的存在。

表 3 – 7　对应图 3 – 8 中特征区域的 XEDS 分析结果

| 微区 | 元素含量/% (原子分数) | | | | | | 推断物相 |
|---|---|---|---|---|---|---|---|
| | N | Si | Pd | Cr | Ni | 合计 | |
| 1 | 16.81 | 16.85 | 0.36 | 40.37 | 25.61 | 100.00 | Cr – N 和 Ni – Si 相 |
| 2 | — | 32.89 | 57.30 | 0.43 | 9.38 | 100.00 | $Pd_2Si$ |
| 3 | 51.18 | 1.80 | 0.92 | 42.90 | 3.20 | 100.00 | Cr – N |
| 4 | — | 28.96 | 27.14 | 0.97 | 42.94 | 100.00 | Pd – Si 和 Ni – Si 相 |
| 5 | | 30.79 | 11.90 | | 57.31 | 100.00 | $Ni_2Si$ |

此外,在 Cr – N 反应带的左侧(见图 3 – 8 中"4"和"5"),生成了块状的 Pd – Si 和 Ni – Si 相。根据 SiC/Me(Ni, Pd)反应体系的研究结果[19-21],可能的硅化物分别应为 $Ni_2Si$ 和(或)$Ni_5Si_2$(对于 Ni – Si 相)以及 $Pd_2Si$ 和 $Pd_3Si$(对于 Pd – Si 相)。

尽管一系列反应层中详细的反应产物需要进一步研究确定,但是 $Si_3N_4$ 与 PdNi – Cr 合金界面的总体反应可通过下面的反应式来表达:

$$Si_3N_4 = 3Si + 2N_2 \tag{3-1}$$

$$Cr + N \rightarrow Cr_2N（或 CrN）\tag{3-2}$$

$$Pd + Ni + Si \rightarrow (Ni – Si) + (Pd – Si) \tag{3-3}$$

当 Cr 的含量增加至 15% ~ 20%(质量分数)时,PdNi – Cr 合金对应的润湿角进一步下降至 8° ~ 10°(见图 3 – 5 中(c)、(d)和图 3 – 6),并且钎料与陶瓷母材之间结合良好(见图 3 – 10)。

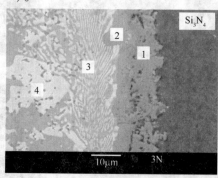

图 3 – 10　Pd48 – Ni33 – Cr20/$Si_3N_4$ 界面的背散射电子像(1523K/30min)

值得注意的是,当 PdNi – Cr 合金中的 Cr 的含量达到 20%(质量分数)时,其活性作用体现的更加明显,与 Ni 相比,Cr 更易向 $Si_3N_4$ 表面扩散(见图 3 – 11 中(b)和(c)),并且在靠近 $Si_3N_4$ 表面附近形成了一层厚度约为 10μm 的 Cr – N 扩散

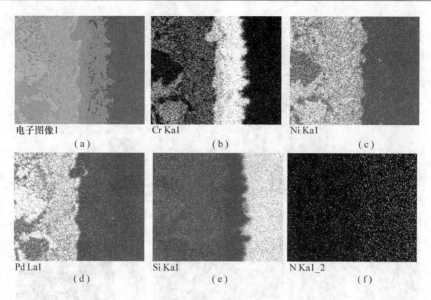

图 3 - 11　Pd48 - Ni33 - Cr20/$Si_3N_4$ 界面的二次电子像(a)以及元素 Cr(b)、
Ni(c)、Pd(d)、Si(e)和 N(f)的面分布

反应层(见图 3 - 10 中"1")。

　　在图 3 - 10 中"2"反应区中,元素 Ni 与 Cr 共同参与反应,生成了 Cr - N 和 Ni - Si 相。同时,在图 3 - 10 中"3"的区域生成了新的反应带,主要由 Pd - Si、Ni - Si 和 Cr - N 相混合而成(见表 3 - 8)。此外,与 Pd54 - Ni36 - Cr10 合金对应的润湿界面一样,在靠近界面处的 Pd48 - Ni33 - Cr20 合金基体中检测到了块状 Pd - Si 相的存在。

表 3 - 8　对应图 3 - 10 中特征区域的 XEDS 分析结果

| 微区 | 元素含量/%（原子分数） | | | | | | 推断物相 |
| --- | --- | --- | --- | --- | --- | --- | --- |
| | N | Si | Pd | Cr | Ni | 总计 | |
| 1 | 19. 54 | 3. 88 | 0. 04 | 76. 39 | 0. 15 | 100. 00 | Cr - N 相 |
| 2 | 11. 48 | 15. 69 | 0. 54 | 44. 39 | 27. 90 | 100. 00 | Cr - N 和 Ni - Si 相 |
| 3 | 13. 74 | 22. 88 | 12. 31 | 7. 37 | 43. 69 | 100. 00 | Pd - Si、Ni - Si 和 Cr - N 相 |
| 4 | — | 32. 41 | 54. 73 | — | 12. 86 | 100. 00 | Pd - Si 相 |

　　图 3 - 12 给出了带有扩散反应带(图 3 - 12 中"1"和"2")的 $Si_3N_4$/Pd54 - Co36 - Cr8 界面的微观组织。反应带应由 $Cr_2N$ 和 $Pd_2Si$ 相混合组成(见表 3 - 9)。XEDS 结果也证明了白色微区(图 3 - 12 中"3")中的物相为 Pd - Si 相。钎料基体区主要由三种相组成,分别为白色块状相(图 3 - 12 中"3")、黑色相(图 3 - 12 中"4")以及共晶相(图 3 - 12 中"5"),其中黑色岛状区为富 Co 相。

　　图 3 - 13 为图 3 - 12 界面对应的元素面分布图。钎料区元素面分布结果显示,元素 Pd 和 Co 的分布总是彼此分离的。

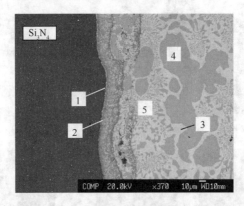

图 3 – 12    Pd56Co36Cr8/Si$_3$N$_4$ 界面的背散射电子像(1523K/30min)

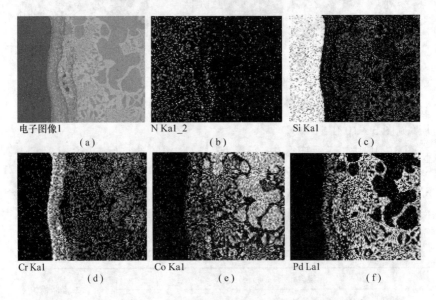

图 3 – 13    Pd56 – Co36 – Cr8/Si$_3$N$_4$ 界面的二次电子像(a)以及元素 N(b)、
Si(c)、Cr(d)、Co(e)和 Pd(f)的面分布

表 3 – 9    对应图 3 – 12 中特征区域的 XEDS 分析结果

| 微区 | 元素含量/%（原子分数） | | | | | | 推断物相 |
| --- | --- | --- | --- | --- | --- | --- | --- |
| | Si | Co | Au | Cr | Pd | N | |
| 1 | 2.0067 | 2.0951 | 0.4620 | 65.7723 | 0.5777 | 29.0862 | Cr$_2$N |
| 2 | 29.4021 | 1.6028 | 0.4788 | 6.6688 | 49.5290 | 12.3185 | Pd$_2$Si |
| 3 | 34.4310 | 2.3364 | 0.5525 | 0.1346 | 62.5455 | — | Pd$_2$Si |
| 4 | 9.7563 | 76.1175 | 0.4695 | 11.1358 | 2.5209 | — | 富 Co 相 |

图 3 – 14 给出了 Si$_3$N$_4$ 与 Pd45 – Co30 – Cr25 合金的界面微观组织,可见靠近
Si$_3$N$_4$ 界面附近的区域生成了不连续的 Pd$_2$Si 层(见图 3 – 14 中"1"和表 3 – 10)。

同时也可明显看出,Pd 和 Si 具有很大的亲合力。此外,在 $Si_3N_4$ 与钎料合金之间形成了富 Cr 反应带("2")。由于钎料中 Cr 的含量高达 25%(质量分数),因此富 Cr 反应带宽度达到了 $40\mu m$(见图 3 – 14 和图 3 – 15)。根据 XEDS 分析结果,该富 Cr 反应带由 CrN 和 $Co_2Si$ 组成(见表 3 – 10)。这也表明,除了合金中元素 Cr 与从 $Si_3N_4$ 扩散出的 N 反应形成 Cr – N 相(式(3 – 2))以外,元素 Pd 和 Co 也与从 $Si_3N_4$ 扩散出的 Si 反应生成 Pd – Si 和 Co – Si 相。该反应可通过下式来表达:

$$Pd + Co + Si \rightarrow (Co - Si) + (Pd - Si) \tag{3-4}$$

Pd56 – Co36 – Cr8 和 Pd45 – Co30 – Cr25 两种钎料对应的界面反应产物有所

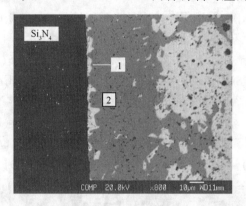

图 3 – 14　Pd45 – Co30 – Cr25/$Si_3N_4$ 界面的背散射电子像(1523K/30min)

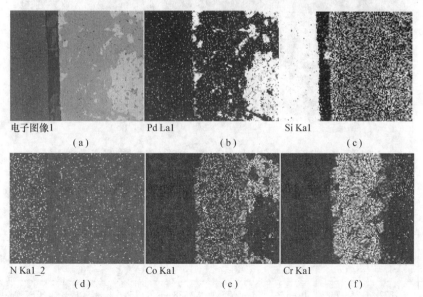

图 3 – 15　Pd45 – Co30 – Cr25/$Si_3N_4$ 界面的二次电子像(a)以及
元素 Pd(b)、Si(c)、N(d)、Co(e)和 Cr(f)的面分布

不同,前者在界面中形成 Pd - Si 和 Cr - N 的混合物(见图 3 - 8 和表 3 - 4),而后者在界面中形成了 CrN 和 Co - Si 相的混合物。关于 Pd - Co - Cr 合金体系中 Cr 含量的增加而导致生成了不同反应产物的原因还需进一步实验来解释。

表 3 - 10　对应图 3 - 14 中特征区域的 XEDS 分析结果

| 微区 | 元素含量/%（原子分数） | | | | | | 推断物相 |
| --- | --- | --- | --- | --- | --- | --- | --- |
| | Si | N | Pd | Au | Co | Cr | |
| 1 | 26.2439 | 5.2128 | 65.4122 | 0.6348 | 2.4847 | 0.0115 | $Pd_2Si$ |
| 2 | 9.8382 | 32.0291 | 0.1284 | 0.4349 | 23.3143 | 34.2552 | CrN、$Co_2Si$ |

钎焊 $Si_3N_4/Si_3N_4$ 时采用了急冷态的 $PdCo(Ni,Si,B) - Cr(20 \sim 25)$ 钎料,钎料中 Ni,Si,B 为降熔元素,这些元素的总含量仅为百分之几。图 3 - 16(a)给出了接头的低倍形貌,可以看出,接头中存在明显的缺陷。图 3 - 16(b)给出了接头的高倍组织形貌,很明显 $Si_3N_4/Si_3N_4$ 接头的反应区组织类似于润湿界面的反应区微观组织(见图 3 - 14 和图 3 - 16(b)),以至于接头反应区(图 3 - 16(b)中"1"和"2")的 XEDS 分析结果与润湿界面相同区域(见表 3 - 10 和表 3 - 11)的一致。在 $Si_3N_4/Si_3N_4$ 接头中,元素 Pd 既未在 $Si_3N_4$ 界面处连续分布,也未分布于接头的中心区域(见图 3 - 17)。此外,元素 Cr 和 Pd 的面分布趋势恰好相反。

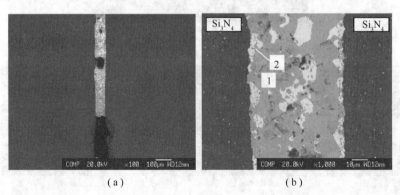

(a)　　　　　　　　　　　　(b)

图 3 - 16　$PdCo(Ni,Si,B) - Cr(20 \sim 25)$ 钎料对应 $Si_3N_4/Si_3N_4$

接头的背散射电子像(1523K/20min)

(a)低倍；(b)高倍。

表 3 - 11　对应图 3 - 16(b)中特征区域的 XEDS 分析结果

| 微区 | 元素含量/%（原子分数） | | | | | | | 推断物相 |
| --- | --- | --- | --- | --- | --- | --- | --- | --- |
| | Si | Co | Au | Cr | Pd | N | Ni | |
| 1 | 9.2822 | 25.1738 | 0.4673 | 31.5625 | 0.4778 | 28.1347 | 4.9017 | CrN、Co - Si |
| 2 | 34.2596 | 4.0171 | 0.3929 | 0.8833 | 58.2201 | — | 2.2270 | $Pd_2Si$ |

图 3 – 17　$Si_3N_4/Si_3N_4$ 接头的二次电子像以及元素 Si(b)、
N(c)、Co(d)、Pd(e) 和 Cr(f) 的面分布

　　和之前所述一样,分析了不同的 PdNi(Co) – Cr 合金与 $Si_3N_4$ 的界面反应。在这里应该指出,理论上 $Si_3N_4$ 和 Cr 的可能反应产物可通过下式来表达:

$$Si_3N_4 + Cr \rightarrow CrN\,(或\,Cr_2N) + CrSi_2\,(或\,Cr_3Si) \qquad (3-5)$$

　　基于上式的自由能计算结果[22,23],高温下通过 Cr 与 $Si_3N_4$ 反应可自发形成 $Cr_2N + CrSi_2$。而本研究中所有反应界面中均未有证据证明生成 Cr 的硅化物。热动力学数据表明 Si 与 Cr 的结合能要低于它与 Pd、Ni 和 Co 的结合能(见表 3 – 12)。在此基础上可以推测,PdNi(Co) – Cr 合金中的 Pd、Ni 和 Co 与 Si 的亲合力要大于 Cr 与 Si 的亲合力,特别是 Pd 与 Si 的亲合力最强,所以导致在 Pd 基合金与 $Si_3N_4$ 陶瓷界面形成 $Pd_2Si$。

表 3 – 12　元素 Si 在不同液态金属中的溶解焓[14]

| Cr | Ni | Co | Pd |
| --- | --- | --- | --- |
| – 87 | – 98 | – 91 | – 145 |

　　测试了三个 $Si_3N_4/Si_3N_4$ 接头室温三点弯曲强度,分别为 101.3MPa、106.6MPa 和 115.2MPa,平均值为 107.7MPa。

　　综上,本节研究结果证明了 PdCo – Cr 钎料实现 $Si_3N_4$ 连接的可行性,但为了更好地了解 $Si_3N_4$ 与含 Cr 高温活性钎料的界面作用机理并提高接头强度,还需要更加深入的研究工作。

## 3.3 Ni(Co) – V 系合金对 $Si_3N_4$ 陶瓷的润湿性及界面反应

对比热力学数据(表 3 – 13)可以发现 V 与 Ni 或 Co 的结合力远弱于 Ti、Zr 与 Ni 或 Co 的结合力,据此可以定性推断在连接 $Si_3N_4$ 时 V 在液态 Ni 或 Co 将能够充分发挥其活性特点。基于这一考虑,我们提出钎焊 $Si_3N_4$ 用新型 Ni 基、Co 基高温活性钎料:Ni – V、Co – V 及 Ni – Cr – V。本节研究了高温真空条件下 Ni – V、Co – V 及 Ni – Cr – V 钎料在 $Si_3N_4$ 上的润湿动力学以及相应的界面反应行为。

表 3 – 13  Ti、Zr、V 在不同熔体中的溶解焓(kJ/mol)[14]

| 熔体 | $\Delta H_{Ti}$ | $\Delta H_{Zr}$ | $\Delta H_V$ |
|------|------|------|------|
| Ni | – 170 | – 239 | – 75 |
| Co | – 140 | – 199 | – 58 |

润湿实验结果表明,V 含量不高于 25% 的 Ni – V 合金对 $Si_3N_4$ 陶瓷不润湿(见图 3 – 18(a)和(b)和图 3 – 19)。具体来说,Ni(Si, B) – V5 和 Ni(Si, B)V25 两种合金在刚刚达到 1553K 时润湿角分别为 131.2° 和 111.2°,即使在此温度下经过 120min 保温,前者润湿角基本无变化(131°),后者润湿角也仅降低至 95.9°(见图 3 – 20),仍表现为对 $Si_3N_4$ 陶瓷不润湿。而 Ni(Si, B) – V34.5 和 Ni(Si, B) – V45.6 两种 Ni – V 合金在温度刚达到 1553K 时即表现为对 $Si_3N_4$ 陶瓷润湿(润湿角分别为 79.7 ° 和 44.4°,见图 3 – 18(c)、(d)和图 3 – 19)。

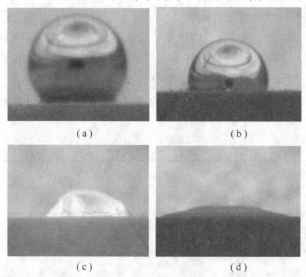

(a)                    (b)

(c)                    (d)

图 3 – 18  四种不同成分的 Ni(Si,B) – V 合金在 1553K/120min 时刻的熔滴形貌
(a) Ni(Si, B) – V5;(b) Ni(Si, B) – V25;(c) Ni(Si, B) – V34.5;(d) Ni(Si, B) – V45.6。

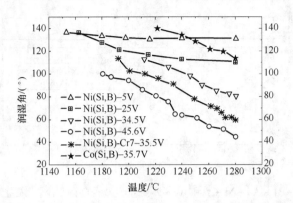

图 3 - 19　六种钎料合金熔化后在 Si₃N₄ 陶瓷上的润湿角随温度的变化

随着在 1553K 下保温时间的延长,除 Ni(Si, B) - V5 合金外,其余五种钎料合金的润湿角都表现出不同程度的降低(图 3 - 20)。但总体上讲,熔滴在 Si₃N₄ 表面的铺展过程是比较缓慢的,这一现象与 Au - Ni - V 和 Au - Ni - Mo - V 钎料在 1323K 下在 Si₃N₄ 陶瓷上的铺展行为(见图 3 - 21[9])极为相似。据文献[8, 9]报道,含 V 钎料的铺展速率比含 Ti 钎料如 Ag - Cu46.6 - Ti2.9[7]要慢。同样值得注意的是,Ni(Si, B) - Cr7 - V35.5 合金的润湿角总是比 Ni(Si, B) - V34.5 合金小。考虑到二者中的 V 含量基本相同,推测元素 Cr 可能对 Ni - V 系钎料在 Si₃N₄ 陶瓷上的润湿性有影响。而另一方面,Co(Si, B) - V35.7 合金在 Si₃N₄ 陶瓷上的润湿角又总是大于含有大致相同 V 含量的 Ni(Si, B) - V34.5 合金。造成上述两种差别的原因还有待进一步研究。

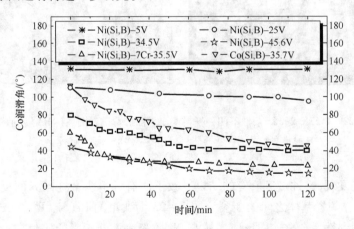

图 3 - 20　1323K 条件下六种钎料合金在 Si₃N₄ 陶瓷上的润湿角随时间的变化

四种合金润湿界面的微观组织如图 3 - 22 所示。显然,经 1553K/120min 的高温反应,钎料与 Si₃N₄ 陶瓷之间发生的界面反应是十分强烈的,形成的界面反应层厚度足以达到几百微米。

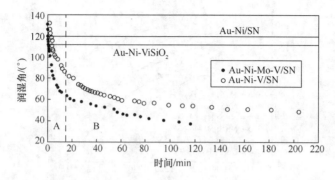

图 3 - 21   Au - Ni - V 和 Au - Ni - Mo - V 合金在 Si₃N₄ 陶瓷上的
润湿角随时间的变化(1323K)[9]

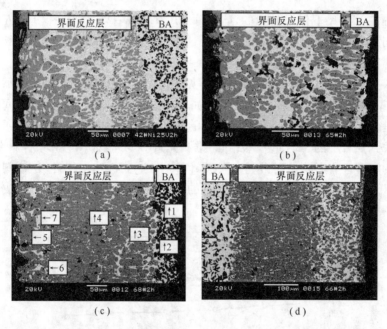

图 3 - 22   1553K/20min 条件下四种钎料润湿界面的背散射图像("BA"表示钎料)
(a) Ni(Si, B) - V25 钎料；(b) Ni(Si, B) - V34.5 钎料；
(c) Ni(Si, B) - V45.6 钎料；(d) Co(Si, B) - V35.7 钎料。

　　实验还发现,这种过度反应的结果导致了所有钎料合金连同界面反应层在冷却后与 Si₃N₄ 陶瓷基体之间的断裂。图 3 - 23 为典型的 Ni(Si, B) - Cr7 - V35.5 合金经过润湿性后合金连同反应层从 Si₃N₄ 陶瓷表面断裂后的碎片靠近陶瓷侧的表面低倍形貌(图 3 - 23(a))及其高倍下的组织形貌(图 3 - 23(b)),这种 Ni - Cr - V 合金与 Si₃N₄ 陶瓷界面反应物表现出很大的脆性,其组织也非常疏松。

　　选取 Ni(Si, B) - V25、Ni(Si, B) - V34.5 和 Ni(Si, B) - V45.6 合金润湿样品进行 X 射线衍射分析,测定断裂面的反应产物。结果表明,三种合金的 XRD 图

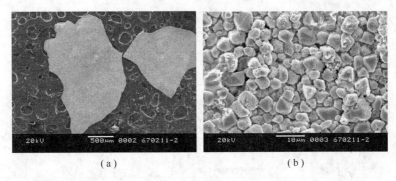

（a）　　　　　　　　　　　（b）

图 3 - 23　Ni(Si，B) - Cr7 - V35.5 合金与 $Si_3N_4$ 陶瓷界面反应物的碎片表面形貌

(a) 低倍；(b) 高倍。

谱比较类似。典型的 XRD 图谱如图 3 - 24 所示,结果表明,高温下 Ni - V 合金与 $Si_3N_4$ 陶瓷之间发生反应,有 $V_3Ni_2Si$[24]、$V_6Si_5$[25] 及 VN[26] 化合物生成。图 3 - 22(c) 中各微区的能谱分析结果如表 3 - 14 所列。图 3 - 25 为反应层中微区"5"的能谱谱线。

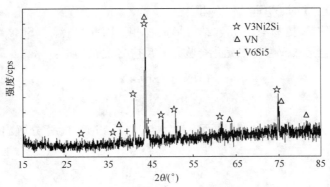

图 3 - 24　Ni(Si，B) - V45.6 钎料断裂面的 XRD 图谱

表 3 - 14　图 3 - 22(c) 中微区的能谱分析

| 微区 | 成分/% (原子分数) | | | | | 可能存在的相 |
|---|---|---|---|---|---|---|
| | Si | V | Ni | N | 合计 | |
| "1"（白色微区） | 8.51 | 11.62 | 79.87 | — | 100.00 | Ni 基固溶体 |
| "2"（黑色微区） | 0.98 | 84.34 | 14.68 | — | 100.00 | V 基固溶体 |
| "3"（深灰色微区） | 13.56 | 43.31 | 38.50 | 4.63 | 100.00 | (V - Ni - Si) + (V - Si) + VN |
| "4"（深灰色微区） | 12.86 | 37.27 | 43.80 | 6.06 | 100.00 | (V - Ni - Si) + (V - Si) + VN |
| "5"深灰色微区） | 12.61 | 46.62 | 34.45 | 6.32 | 100.00 | $V_3Ni_2Si + V_6Si_5 + VN$ |
| "6"（白色微区） | 17.26 | 2.31 | 80.43 | — | 100.00 | Ni - Si 相 |
| "7"（灰白色微区） | 6.93 | 19.23 | 73.84 | — | 100.00 | (Ni - Si) + (V - Ni - Si) |

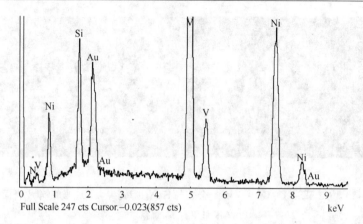

Full Scale 247 cts Cursor.−0.023(857 cts)　　　　　　　keV

图 3－25　图 3－22(c)中微区"5"的能谱谱线

(注:为便于扫描电镜观察及能谱分析,试样制备时进行了喷 Au 处理)

$V_3Ni_2Si$、$V_6Si_5$ 及 VN 化合物并不单独存在,微区成分测定结果(如"3"、"4"、"5")显示微区为它们的混合相组成。通过对界面反应层的能谱分析,很难直接检测到单独的 $V_3Ni_2Si$、$V_6Si_5$ 及 VN 相。

与 Si 相比,N 更易与 V 元素结合形成物相。因此,高温下 $Si_3N_4$ 分解成 Si 和 N,N 与 V 结合形成 V－N 二元化合物相。反应方程式如下:

$$Si_3N_4 = 3Si + 4N \tag{3-6}$$

$$V + N \rightarrow V - N \tag{3-7}$$

接着,元素 V 充分发挥其界面活性特点,与从 $Si_3N_4$ 陶瓷分解出来的 Si 和 N 发生反应:

$$V + Si \rightarrow V - Si \tag{3-8}$$

$$V + Si + N = V - Si - N \tag{3-9}$$

关于 V 和 $Si_3N_4$ 的高温反应可以参照 V－Si－N 三元合金相图,相图中给出了 1273K 条件下的 $Si_3N_4$ 与 VN、$V_9N_4$、$V_3Si$、$V_5Si_3$、$V_6Si_9$、$VSi_2$ 和三元相 $V_5Si_3N_{1-x}$ 之间的平衡关系[27]。之前的研究报道了不同条件下 $Si_3N_4$/V－活性箔或钎料之间不同的界面反应产物,例如,M. Paulasto 等[9] 通过 EPMA 检测 1273K 规范下的 $Si_3N_4$/AuNiVMo 界面处的 $VN_x$ 相,但未发现 V－Si 相。另外,在 $Si_3N_4$/V 箔的界面处检测到 $V_2N$、VN、$V_3Si$ 和 $V_5SiN_{1-x}$ 相的存在[28]。Y. Ito 等[6] 在 1523K 规范下的 $Si_3N_4$/V 接头中检测到 $V_3Si$ 和 $V_5Si_3$ 相存在。但是通过透射电镜观察,作者未发现 V－N 化合物存在。本研究中,钎焊温度为 1553K。通过对试样断面的 XRD 图谱分析表明,仅有一种 V－Si 二元化合物和一种 V－N 化合物存在,即 $V_6Si_5$ 和 VN,未发现 V－Si－N 相存在,但是检测到了 $V_3Ni_2Si$ 相的存在(见图 3－24)。

对 Ni(Si, B)－45.6V 合金试样的分析结果显示,钎料中存在 Ni 基固溶体(图

70

3 – 22(c)中"1")和 V 基固溶体(图 3 – 22(c)中"2")。反应层中发现存在大量的 V – Ni – Si、V – Si 及 VN 混合相(图 3 – 22(c)中"3"、"4"、"5")。综合考虑 XRD 分析(图 3 – 24)和半定量成分分析(表 3 – 14)结果,可推断 XRD 试样的最外层表面微区"5"应由 $V_3Ni_2Si$、$V_6Si_5$ 和 VN 组成。

尽管在 1523K 规范下含有活性元素 V 的钎料铺展速率慢,但是 V 和 Si₃N₄ 发生了较为剧烈的反应,导致反应层的厚度达到几百微米。文献[8, 9]报道指出,1273K/30min 规范下的 Si₃N₄/AuNiVMo 接头中扩散层的厚度只有几微米,1473K/60min 规范下的 Si₃N₄/V 接头中扩散层的厚度同样也只有几微米[28]。本研究中,由于钎焊温度高(1553K),保温时间长(120min),导致了 Si₃N₄ 与活性钎料间反应过度,另外 Ni 也参与了界面反应,促进了反应的进一步强化。根据文献[29]报道,在 Si₃N₄ 与 Ni 连接的固态界面,当温度在 1323K 时二者未发生反应,当温度升高到 1423K 时界面处生成了 Ni – Si 化合物。本实验的钎焊温度高达 1553K,Ni 和从 Si₃N₄ 分解出的 Si 结合现象更为明显,并且在界面反应层中观察到一些含 Si 的富 Ni 相(图 3 – 22(c)中"6")。Ni – Si 化合物会进一步反应生成 V – Ni – Si 三元化合物[30],反应式如下:

$$V + Ni + Si \rightarrow V - Ni - Si \qquad (3-10)$$

总之,V 元素在 Ni – V 钎料中的活性表现明显,如图 3 – 26 所示,随着 V 含量从 5%(质量分数)提高至 45.6%(质量分数),Ni – V 钎料的静态润湿角亦明显地从 131°减小至 14.5°。

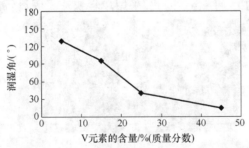

图 3 – 26　V 元素含量变化对 Ni – V 钎料在 Si₃N₄ 陶瓷上的润湿角的影响(1553K/120min)

## 3.4　PdCo(Ni, Si, B) – V 钎料对 Si₃N₄ 陶瓷的连接

如上所述,以 V 作为活性元素的 Ni(Co)基钎料在 1553K 温度下与 Si₃N₄ 之间反应十分剧烈,反应层厚度高达几百微米[30],这种过度的反应导致了 Si₃N₄ 陶瓷与界面反应层之间出现了裂纹,这说明以 V 作为活性元素的 Ni(Co)基钎料不适合用于钎焊 Si₃N₄ 陶瓷。

M. Paulasto 等[9]和 R. E. Loehman 等[10]分别研制了 Au – Ni – V 和 Au – Pd – V

系钎料成功对 $Si_3N_4/Si_3N_4$ 进行了钎焊连接,其中 AuNi36.6V4.7Mo1 对应的接头室温四点弯曲强度达到 345～393MPa,但是对应接头的高温强度仍不理想。另一方面,考虑到目前市场上元素 Pd 的价格远低于 Au,并且加入合金元素 Pd 的钎料具备良好的高温性能和抗氧化性能[8, 12, 31],这里设计了四种 Pd – Co – V 系合金作为连接 $Si_3N_4$ 陶瓷的候选钎料。

每种 Pd – Co – V 系合金中 Pd 和 Co 的重量比例固定为 3:2,这些合金成分分别为 Pd60 – Co40、Pd57 – Co38 – V5、Pd54 – Co36 – V10 和 Pd48 – Co32 – V20(%(质量分数)),合金形态为金属混合粉末。在真空 – 高纯氩气环境下测试了四种 Pd – Co – V 系合金在 $Si_3N_4$ 陶瓷上的润湿角。

实验结果表明,在 1523K/30min 的加热条件下,Pd60 – Co40、Pd57 – Co38 – V5、Pd54 – Co36 – V10 和 Pd48 – Co32 – V20 合金完全熔化,但均未润湿 $Si_3N_4$ 母材,甚至未与 $Si_3N_4$ 母材之间发生粘连(见图 3 – 27(a)～(d)),例如 Pd60 – Co40 合金对应的润湿角达到了 134°。对于 Pd48 – Co32 – V20 合金而言,其表面甚至变成了黄褐色,推断主要原因:活性元素 V 是以粉态加入到钎料中,并且含量高达 20%(质量分数),升温过程中 V 会发生轻微氧化所致。

于是,新设计一种 Pd – Co – V 系钎料合金,其成分为 Pd50.0 – Co33.7 – Ni4.0 – Si2.0 – B0.7 – V9.6(%(质量分数))或 Pd32.8 – Co39.9 – Ni4.7 – Si5.0 – B4.5 – V13.1(%(原子分数)),其中 Si 和 B 为降熔元素。新设计的钎料在 $Si_3N_4$ 陶瓷上表现出较好的润湿性,润湿角为 31°(见图 3 – 27(e)),并且熔化的钎料与陶瓷母材之间形成了良好的冶金结合。因此,采用单辊快速凝固设备制备了该合金的急

图 3 – 27  1523K/30min 规范下不同钎料在 $Si_3N_4$ 上的润湿形貌
(a) Pd60 – Co40;(b) Pd57 – Co38 – V5;(c) Pd54 – Co36 – V10;(d) Pd48 – Co32 – V20;
(e) Pd50.0 – Co33.7 – Ni4.0 – Si2.0 – B0.7 – V9.6。

冷态箔带,钎料箔厚度约为 $45\mu m$,宽度约为 12mm(见图 3 – 28)。

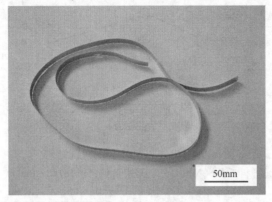

图 3 – 28　PdCo(Ni,Si,B) – V 急冷态箔带钎料形貌

DTA 分析结果表明,PdCo(NiSiB) – V 钎料固相线温度和液相线温度分别为 1400.9K 和 1408.7K(图 3 – 29),因此选择三种钎焊温度,分别为 1433K、1453K 和 1493K。如图 3 – 30 所示,1433K/10min 规范下的 $Si_3N_4/Si_3N_4$ 接头室温三点弯曲强度平均值为 153.5MPa,当钎焊温度增加至 1453K 时,接头强度平均值增加至 205.6MPa[32]。从图 3 – 31 中可以看出,1453K/10min 规范下的钎焊接头冶金质量良好。弯曲强度实验结果表明,开裂起源于钎焊接头连接界面,并向陶瓷母材中扩展(见图 3 – 31)。当钎焊温度进一步升高至 1493K 时,接头强度相反下降至 138.5MPa。

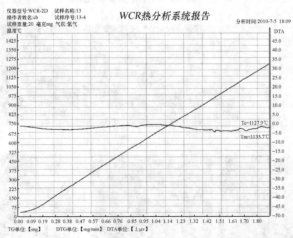

图 3 – 29　PdCo(NiSiB) – V 合金钎料的差热分析曲线

图 3 – 32(a)给出了 1453K/10min 规范下采用 PdCo(NiSiB) – V 箔带钎料获得的 $Si_3N_4/Si_3N_4$ 接头界面背散射电子像,从中可见,靠近 $Si_3N_4$ 界面处生成两条灰色的准连续反应层(见图 3 – 32(a)中的"1"和"2"),层厚度约为 $2\sim3\mu m$。根据

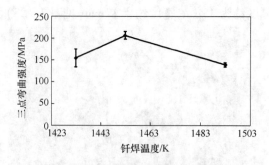

图 3 - 30　钎焊温度对接头强度的影响
（钎料：PdCo（NiSiB） - V 箔带钎料；钎焊时间：10min）

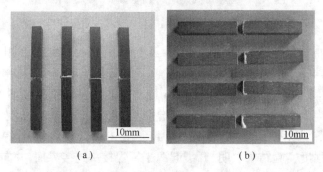

（a）　　　　　　　　　　　　（b）

图 3 - 31　钎焊的 $Si_3N_4/Si_3N_4$ 接头（钎焊温度：1453K；钎焊时间：10min）
（a）钎焊后的试样；（b）断裂后的试样。

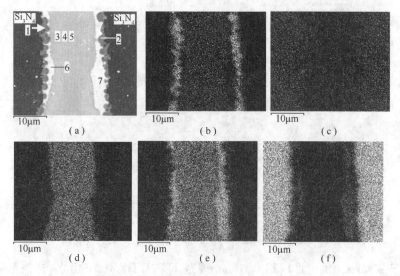

图 3 - 32　$Si_3N_4/Si_3N_4$ 接头背散射电子像（a）和元素 V（b）、N（c）、Co（d）、Pd（e）、
Si（f）的面分布图（1453K/10min）

表 3 – 15 中 XEDS 测试结果可知,活性元素 V 向界面处富集,与元素 N 发生反应生成 V – N 化合物(见图 3 – 32(b)和(c))。另外,接头中心残余钎料区富集了较多含量的 Co(见图 3 – 32(a)中"3"、"4"、"5"和图 3 – 32(d))。在 V – N 层与残余钎料之间生成了两条连续的白色反应层(见图 3 – 32(a)中"6"和"7"),结合 XEDS 分析结果(见表 3 – 15)和元素 Pd、Si 的面分布(见图 3 – 32(e)和(f))可见,该反应层中的物相应为 $Pd_2Si$。另外残余钎料区中 Pd 和 V 的含量明显低于原始钎料中的含量,这是由于上述的 V – N 和 $Pd_2Si$ 形成时消耗掉一部分 Pd 和 V 的原因。

表 3 – 15　对应图 3 – 32 中特征区域的 XEDS 分析结果

| 区域 | 元素含量/%(原子分数) | | | | | | | 主要物相 |
| --- | --- | --- | --- | --- | --- | --- | --- | --- |
| | N | Si | V | Co | Ni | Pd | Au | |
| 1 | 44.28 | 3.42 | 44.79 | 0.76 | | 5.26 | 1.49 | V – N |
| 2 | 46.79 | 2.37 | 44.54 | 0.98 | | 3.79 | 1.53 | V – N |
| 3 | — | 4.10 | 9.38 | 62.89 | 1.62 | 18.83 | 3.18 | 富 Co 相 |
| 4 | — | 2.84 | 7.81 | 64.16 | 2.33 | 19.10 | 3.76 | 富 Co 相 |
| 5 | | 2.92 | 6.77 | 66.09 | 2.90 | 18.02 | 3.30 | 富 Co 相 |
| 6 | | 30.02 | | 2.46 | 0.67 | 64.49 | 2.36 | $Pd_2Si$ |
| 7 | | 29.95 | | 1.78 | | 64.97 | 3.30 | $Pd_2Si$ |

事实上,高温条件下 $Si_3N_4$ 与 V 的化学反应非常复杂,根据一些文献报道可知,不同反应条件会生成不同的反应产物。例如,M. Paulasto 等[9] 研究结果表明,在 1273K/30min 充 Ar 保护的钎焊条件下,$Si_3N_4$/Au – Ni – V – Mo 界面形成了 $VN_x$ 相,并且在该界面中未发现 V – Si 化合物。然而,Y. Ito 等[33] 在 1328K/90min/20MPa 规范下的 $Si_3N_4$/V/Mo 接头中得到的结果与其相反,界面处只含有 $V_3Si$ 相,未发现 V – N 相存在。

但是,M. Maeda 等[28] 报道指出,在 1473K/60min/140MPa 规范下的 $Si_3N_4$/V/$Si_3N_4$ 接头中,$V_3Si$ 和 $V_2N$ 同时生成,随着连接温度的升高和保温时间的延长,除上述两种化合物外,还生成了 $V_5Si_3N_{1-x}$ 和 VN 相。事实上,Schuster 等[34] 在早期研究中已经证实,1273K 条件三元相 $V_5Si_3N_{1-x}$ 与 $Si_3N_4$、$V_9N_4$、$V_3Si$、$V_5Si_3$、$V_6Si_5$ 和 $VSi_2$ 达到平衡状态。

此外,Sera 等[7] 研究结果表明,在 1423K/(5 ~ 15) min 规范下采用 Al – V – Ni – Cu 钎料钎焊的 $Si_3N_4$ 接头中,靠近母材的界面处形成了 V – Ni – Si、$V_2N$ 和 VN 相。在著者早期研究中[30],$Si_3N_4$/Ni – V 在 1553K/120min 规范下发生了较为剧烈的反应,界面反应产物由 $V_3Ni_2Si$、$V_6Si_5$ 和 VN 组成。在上述的两种情况下,元素 Ni 也参与了界面反应。

为了更加准确地鉴定本实验中 $Si_3N_4$/$Si_3N_4$ 接头中的具体物相,对 1453K/10min 规范下钎焊的 $Si_3N_4$/$Si_3N_4$ 接头进行 X 射线衍射(XRD)分析。采用电火花切割方法从 PdCo(Ni,Si,B) - V 钎料锭上切割 0.1mm 厚的薄片,对其表面进行打磨抛光处理,之后置于 $Si_3N_4$ 试片上,再放入真空炉中加热。出炉后对试样表面进行逐步打磨处理,每打磨一次进行一次 XRD 检测。从图 3 - 33 给出的 XRD 结果可以看出,界面反应产物由 VN 和 $Pd_2Si$ 组成。1453K/10min 条件下钎料中的元素 Co 和 Ni 明显未参与界面反应,界面中也未检测到 V - Si 相的存在。

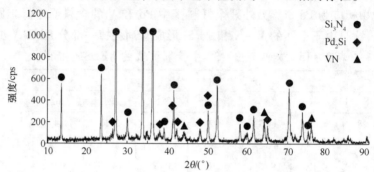

图 3 - 33  $Si_3N_4/PdCo(NiSiB)$ - V 钎焊界面 X 射线衍射图谱

根据 Stull 等[35]报道的热力学数据,VN 在 1500K 条件下的吉布斯自由能为 -91kJ/mol,而 $Si_3N_4$ 形成自由能可通过下式表达[13]:

$$\Delta G^\circ_{F(Si_3N_4)} = -396480 + 206.64T \qquad (3-10)$$

按上式计算结果,1500K 条件下( $G^\circ_{F(Si_3N_4)}$ 为 -86.52kJ/mol,这说明该温度下 $Si_3N_4$ 不如 VN 相稳定。因此,高温条件下活性元素 V 会从钎料中向 $Si_3N_4$ 母材扩散并且发生反应,反应式如下:

$$Si_3N_4 + 4V = 3Si + 4VN \qquad (3-11)$$

通常情况下,高温阶段 Si 原子从 $Si_3N_4$ 中释放出来,并扩散入钎料中与 Pd、Co、Ni 和 V 发生反应,生成 Pd - Si、Co - Si、Ni - Si 和 V - Si 化合物相。然而在本实验中,界面处仅检测到 Pd - Si 相的存在(见图 3 - 32(a)中"6"和"7")。热动力学数据[14]表明(见表 3 - 16),四种元素中 Pd 和 Si 的结合能力最强。另一方面,Pd 是 PdCo(NiSiB) - V 钎料中的主元素,对于短短的 10min 保温时间内仅有 Pd - Si 相生成是正常的。

表 3 - 16  Pd、Co、Ni 和 V 在液态 Si 中的溶解焓[14]

| Pd | Co | Ni | V |
| --- | --- | --- | --- |
| -158kJ/mol | -78kJ/mol | -85kJ/mol | -121kJ/mol |

对于界面处 Si 化物形成的反应式如下:

$$2Si + Pd = Pd_2Si \qquad (3-12)$$

因此钎焊过程中 PdCo(NiSiB) - V 钎料与 $Si_3N_4$ 母材的整个反应式可表述如下:

$$Si_3N_4 + 4V + 6Pd = 4VN + 3Pd_2Si \qquad (3-13)$$

需要指出的是,Si 在残余钎料中的含量略低于其在钎料中的原始含量(见表 3 - 15),这说明参与界面反应的 Si 元素不但来源于 Si₃N₄ 母材,还有一部分来源于钎料自身。

图 3 - 34 给出了最佳钎焊工艺参数下 Si₃N₄/Si₃N₄ 接头在不同测试温度下的强度。室温条件下接头的室温三点弯曲强度为 205.6MPa,973K、1073K、1173K 和 1273K 条件下的接头三点弯曲强度分别为 210.9MPa、206.6MPa、80.2MPa 和 11.9MPa,这说明接头室温强度水平可维持至 973 ~ 1073K,而 1173K 条件下的接头强度(80.2MPa)为室温强度的 40%。

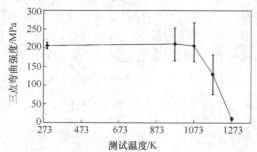

图 3 - 34　测试温度对 PdCo(Ni, Si, B) - V 钎料钎焊
的 Si₃N₄/Si₃N₄ 接头强度的影响

众所周知,Pd 具有很好的高温和抗氧化性能。在本研究中,一方面 PdCo(NiSiB) - V 钎料对应接头的中心区域 Pd 的含量达到 18.0% ~ 19.1%(原子分数)(见图 3 -32 和表 3 - 15)。另一方面,在接头界面生成了连续的 Pd₂Si 反应层。因此可以推断,残余钎料区高的 Pd 含量以及界面处高熔点 Pd₂Si 相的存在,对提高接头高温性能是有利的。当然,PdCo(NiSiB) - V 钎料钎焊的 Si₃N₄ 接头的室温强度还有待提高。

## 3.5　AuPd(Co, Ni) - V 钎料对 Si₃N₄ 陶瓷的连接

钎焊陶瓷用活性钎料应该由基体金属(或合金)和活性元素组成。研究新型钎焊 Si₃N₄ 陶瓷用活性高温钎料的难度在于设计合适的基体合金,基体合金应具备如下三个特性:第一,基体合金自身应具有优良的高温性能;第二,液相线温度不应太高;第三点也是最重要的一点,选择的活性元素不应对基体合金起不良作用,并且其活性是适度的。

这里,我们设计了 AuPd(Co, Ni) - V 系钎料,设计该钎料主要考虑了如下两个方面的因素:① 元素 Co 和 Ni 加入到 Au - Pd - V 中, 由于它们与元素 V 之间存在共晶反应[36],因此会降低 Au - Pd - V 母合金的液相线温度,而且在 Co - Pd,

Ni – Pd,Au – Co,Au – Ni 二元系合金中,彼此都存在一个熔化温度最低的成分点[36]。因此获得具有合适液相线温度的 AuPd(Co, Ni) – V 合金是完全可能的;②已有研究表明[20,37 – 39],元素 Pd 与 Si 具有很强的亲和力,所以钎料中加入足够量的 Pd,则在 $Si_3N_4/Si_3N_4$ 接头就可能生成足够含量的 Pd – Si 化合物。这对于接头的高温性能将是有利的。

最终设计的钎料成分为 Au38.0 – Pd28.0 – Co18.0 – Ni7.0 – V9.0(%(质量分数))[40],根据差热分析(DTA)结果可知,AuPd(Co, Ni) – V 钎料的固相线、液相线温度分别为 1406.6K 和 1440.5K(图 3 – 35)。研究发现,当 AuPd(Co, Ni) – V 钎料熔滴温度达到 1423K 时,它在 $Si_3N_4$ 表面的润湿角为 90°,随着温度的升高润湿角逐渐减小,并且开始润湿 $Si_3N_4$ 母材。当试样升温至 1473K 时,润湿角下降至 77.2°(见图 3 – 36(a))。但是从图 3 – 36(b)可以看出,在 1473K 温度下,随着保温时间的延长,润湿角略有波动,未出现进一步减小的趋势。图 3 – 37 给出了经过 1473K/10min 后的 AuPd(Co, Ni) – V 钎料液滴在 $Si_3N_4$ 上的形貌照片。

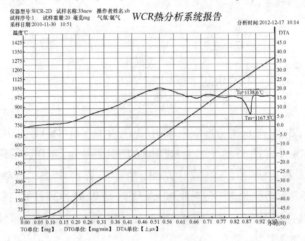

图 3 – 35　AuPd(Co, Ni) – V 合金钎料的差热分析曲线

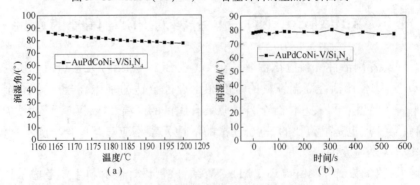

图 3 – 36　AuPd(Co, Ni) – V 在 $Si_3N_4$ 上的动态润湿情况

(a)润湿角随温度变化;(b)1473K 条件下润湿角随时间变化。

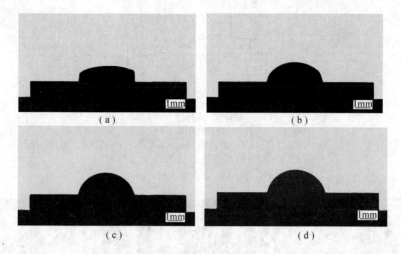

图 3 - 37　AuPd(Co，Ni) - V 钎料液滴在 Si$_3$N$_4$ 上不同时刻的形貌

(a) 升温至 1444K；(b) 升温至 1454K；(c) 刚刚升温至 1473K；(d) 1473K 保温 10min。

同样，通过快速凝固技术将成分为 Au38.0 - Pd28.0 - Co18.0 - Ni7.0 - V9.0
(%（质量分数）) 的新钎料制备成厚度约为 50μm 的箔带，用于 Si$_3$N$_4$/Si$_3$N$_4$ 的钎
焊连接。实验中固定钎焊时间为 10min，选择了 4 个钎焊温度作为变量，每种温度
下均能得到完好的钎焊接头（见图 3 - 38）。

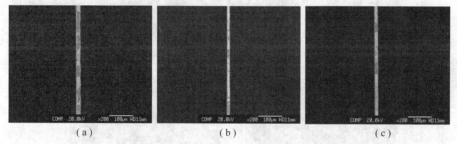

图 3 - 38　使用 Au - Pd - Co - Ni - V 急冷态箔带钎料获得的 Si$_3$N$_4$/Si$_3$N$_4$ 接头（低倍照片）

(a) 1423K；(b) 1443K；(c) 1463K。

实验结果表明，1423K/10min 规范下钎焊的 Si$_3$N$_4$/Si$_3$N$_4$ 接头室温三点弯曲强
度平均值达到 298.3MPa，当钎焊温度升高至 1443K 时接头强度平均值达到
320.7MPa，如图 3 - 39 所示。钎焊温度进一步升高时，接头强度反而下降，钎焊温
度为 1463K 时，接头强度下降至 256.2MPa，钎焊温度达到 1483K 时，接头强度继
续下降至 225.3MPa。

图 3 - 40(a) 给出了 1443K/10min 规范下 AuPd(Co，Ni) - V 钎料对应的
Si$_3$N$_4$/Si$_3$N$_4$ 接头背散射电子像，可以看出，靠近母材界面处生成了厚度约 3μm 的
反应带（见图 3 - 40(a) 中"1"）。根据表 3 - 17 给出的 XEDS 分析结果，该反应层
中相应的产物为 V - N 化合物。此外，接头中心区由残余钎料（见图 3 - 40(a) 中

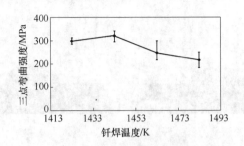

图 3 - 39　钎焊温度对接头强度的影响

（钎料：AuPd(Co，Ni) - V 箔；钎焊时间：10min）

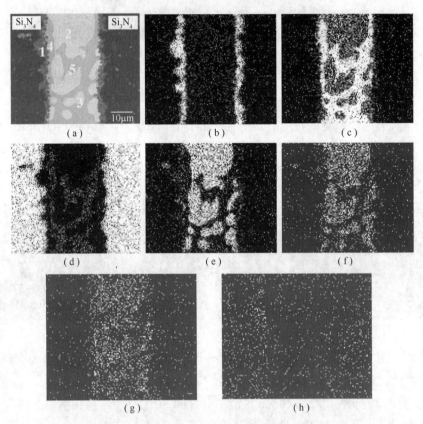

图 3 - 40　$Si_3N_4/Si_3N_4$ 接头背散射电子像（1443K/10min）以及元素 V(b)，Pd(c)，
Si(d)，Au(e)，Co(f)，Ni(g)和 N(h)面分布

"2"和"3"）和 Pd - Si 化合物（见图 3 - 40(a)中"4"和"5"）组成。残余钎料区表现出共晶组织形貌（见图 3 - 40(a)中"2"和"3"），其成分为 Au - Pd - Co - Ni 合金（见表 3 - 17）。

　　为了更好地鉴定 $Si_3N_4/Si_3N_4$ 接头中生成的物相，对 1443K/10min 规范下的 $Si_3N_4/Si_3N_4$ 接头模拟试样进行 X 射线衍射（XRD）分析。XRD 结果证实，界面反

应区中生成了 $V_2N$ 和 $Pd_2Si$ 相[41-43]（见图 3 –41）。残余钎料区未检测到 V 的存在，说明 AuPd(Co, Ni) – V 体系合金中 V 的活性很强，在界面反应过程中几乎消耗掉了所有的 V，这些 V 形成了 $V_2N$ 相。

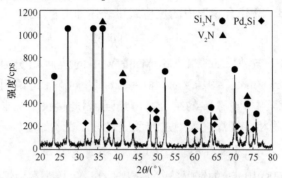

图 3 –41　$Si_3N_4$ 与 AuPd(Co, Ni) – V 钎料界面 X 射线衍射图

值得注意的是，元素 Pd 和 Si 的面分布情况极其相似（见图 3 –40(c)和(d)），说明接头中生成 Pd – Si 化合物。$V_2N$ 化合物分布在靠近 $Si_3N_4$ 的界面处（见图 3 –40(b)和(h)），而 $Pd_2Si$ 化合物不但分布在邻近 $V_2N$ 反应带附近的界面层中，而且还分布在残余钎料区，在接头中表现为交织网状分布形貌。

表 3 –17　对应图 3 –40(a)中微观区域 XEDS 分析结果

| 区域 | 元素含量/%（原子分数） | | | | | | | | 推断物相 |
|---|---|---|---|---|---|---|---|---|---|
| | N | Si | V | Co | Ni | Pd | Au | 合计 | |
| 反应区"1" | 23.22 | 3.75 | 67.27 | 2.76 | 1.38 | 0.94 | 0.68 | 100.00 | V – N 化合物 |
| 灰白区"2" | — | | 0.57 | 23.69 | 10.29 | 26.61 | 38.84 | 100.00 | Au – Pd – Co – Ni 合金 |
| 灰白区"3" | — | | 0.74 | 22.74 | 12.76 | 27.17 | 36.59 | 100.00 | Au – Pd – Co – Ni 合金 |
| 灰色区"4" | — | 29.23 | — | 0.61 | 1.85 | 67.61 | 0.70 | 100.00 | $Pd_2Si$ 化合物 |
| 灰色区"5" | — | 30.71 | 0.66 | | 1.55 | 66.49 | 0.60 | 100.00 | $Pd_2Si$ 化合物 |

前边已述，高温条件下 $Si_3N_4$ 和 V 的反应非常复杂，不同实验条件下接头中会生成不同反应产物。有的接头界面只生成了 $VN_x$ 相，有的接头界面处只含有 V – Si 相，而有的接头界面两种物相均存在。此外，对于有的含 Ni 元素的钎料接头界面中还发现 V – Ni – Si 相。

然而在本实验中，界面中检测到 $V_2N$ 相 $Pd_2Si$ 的存在，这表明 1443K/10min 规范下钎料中的元素 Co 和 Ni 未参与界面反应。另外，界面中也未检测到 V – Si 相的存在。

因此可以断定，高温条件下，活性元素 V 首先从 AuPd(Co, Ni) – V 钎料基体向 $Si_3N_4$ 母材界面扩散，与 $Si_3N_4$ 的反应式如下：

$$Si_3N_4 + 8V = 3Si + 4V_2N \qquad (3-14)$$

之后,Si 原子从 $Si_3N_4$ 中释放出来并扩散到钎料合金中,与合金中的 Pd、Co、Ni 和 V 发生反应,形成 Pd – Si、Co – Si、Ni – Si 和 V – Si 化合物。然而在本实验条件下,上述四种化合物中仅检测到了 Pd – Si 相的存在(见图 3 – 40(a)中"4"和"5")。界面中 Pd – Si 化合物形成的反应式可表述如下:

$$2Si + Pd = Pd_2Si \tag{3-15}$$

元素 Si 在液态金属 Au、Pd、Co、Ni 和 V 中的溶解焓分别为 – 48kJ/mol、– 145kJ/mol、– 98kJ/mol、– 91kJ/mol 和 – 128kJ/mol[14],这说明组成 AuPd(Ni, Co) – V 的五种元素中 Pd 与 Si 的结合能力最强,因此接头中只形成了 $Pd_2Si$ 相而未形成其他 Si 化物相。钎焊过程中总的反应式可以表述如下:

$$Si_3N_4 + 8V + 6Pd = 4V_2N + 3Pd_2Si \tag{3-16}$$

测试了在 1443K/10min 的钎焊条件下 $Si_3N_4/Si_3N_4$ 接头在室温和高温下的三点弯曲强度。从图 3 – 42(a)可见,试验时裂纹从钎焊界面起裂并向两边的陶瓷扩展(图 3 – 42(b)),在断口表面可以观察到典型的陶瓷断裂特征(图 3 – 42(c))[44]。

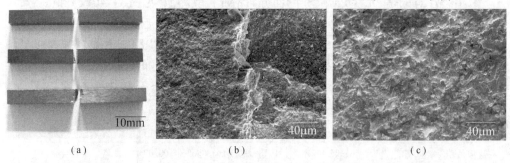

(a)　　　　　　　　　(b)　　　　　　　　　(c)

图 3 – 42　1443K/10min 钎焊条件下 $Si_3N_4/Si_3N_4$ 接头断裂形式

(a)及断口形貌(低倍(b)和高倍(c))

图 3 – 43 给出了在最佳钎焊工艺参数下 $Si_3N_4/Si_3N_4$ 接头在不同测试温度下的强度,接头在 973K、1073K 和 1173K 的三点弯曲强度分别为 221.8MPa、217.9MPa 和 102.9MPa。这说明采用 AuPd(Co, Ni) – V 钎料获得的 $Si_3N_4/Si_3N_4$

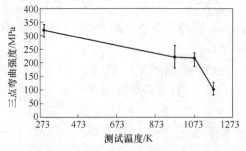

图 3 – 43　测试温度对 AuPd(Co, Ni) – V 钎料钎焊的

$Si_3N_4/Si_3N_4$ 接头三点弯曲强度的影响

接头室温三点弯曲强度可达 320.7MPa，973 ~ 1073K 测试条件下的强度约为 220MPa，甚至在 1173K 条件下接头强度仍能维持在 100MPa 以上。

M. Paulasto 等[9]采用 Au – Ni36.6 – V4.7 – Mo1（%（原子分数））对 $Si_3N_4/$ $Si_3N_4$ 进行了钎焊连接，其对应的接头室温四点弯曲强度达到 345 ~ 393MPa，但是对应接头的高温强度不高，973K 和 1073K 温度下对应的接头强度分别为 150MPa 和 80 ~ 100MPa，如图 3 – 44 所示。很明显，新设计的 PdCo(NiSiB) – V 钎料和前面提到的 Au – Ni36.6 – V4.7 – Mo1 钎料性能（见图 3 – 44）相比，对应的 $Si_3N_4/$ $Si_3N_4$ 接头高温强度水平更高。

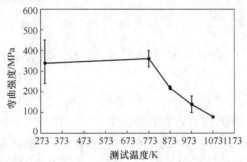

图 3 – 44　Au – Ni36.6 – V4.7 – Mo1 钎料真空钎焊获得的
$Si_3N_4/Si_3N_4$ 接头在不同测试温度下的强度[8, 9]

Sun 等的结果表明，以 Au54.15 – Ni36.09 – Pd5 – V4.76（%（原子分数））或 Au78.67 – Ni15.62 – Pd3.92 – V1.79（%（质量分数））作为钎料时，在钎焊后的冷却阶段，除了在界面处形成了 VN 层以外，接头中心区域还形成了 Au(Ni, Pd) 和 Ni(Si, V) 固溶体[45]。如图 3 – 45 所示，Au – Ni – Pd – V 钎料对应的 $Si_3N_4/Si_3N_4$ 接头室温三点弯曲强度为 264.4MPa，973K 和 1073K 两种测试条件下的接头强度分别为 200.0MPa 和 214.2MPa，所以对应的接头高温强度明显高于如前所述的 Au – Ni36.6 – V4.7 – Mo1 钎料。但当测试温度进一步升高至 1173K 时，接头强度

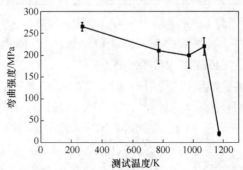

图 3 – 45　Au54.15 – Ni36.09 – Pd5 – V4.76 钎料获得的
$Si_3N_4/Si_3N_4$ 接头强度随温度的变化[45]

急剧下降至 13MPa[45]。所以这里新研制的 AuPd(Co, Ni) - V 钎料,其对应的 $Si_3N_4/Si_3N_4$ 接头室温和 1173K 温度下的强度比起上述 Au - Ni - Pd - V 钎料均有一定的提高。另外,新研制的 AuPd(Co, Ni) - V 钎料中,Au 的含量从 78.67%(质量分数)减至 38%(质量分数),Pd 的含量增至 28.0%(质量分数)。Pd 含量的升高使得接头中生成 $Pd_2Si$ 相,接头中心区由 AuPd(Co, Ni) 基体和 $Pd_2Si$ 相共同组成。根据 Pd - Si 二元合金相图,$Pd_2Si$ 相在 Pd - Si 体系中的熔点最高,达 1658K[46]。可见,采用 AuPd(Co, Ni) - V 钎料钎焊的 $Si_3N_4/Si_3N_4$ 的接头中,在 AuPd(Co, Ni) 合金基体中形成的交织网状的 $Pd_2Si$ 组织结构对提高接头高温强度是有利的。

## 3.6 CuPd - V 钎料对 $Si_3N_4$ 陶瓷的连接

我们设计 CuPd - V 系钎料合金主要基于如下考虑:①热力学数据[14]表明元素 V 与 Cu 和 Pd 的结合能力明显低于元素 Ti、Zr 与 Cu 和 Pd 的结合能力(表 3 - 18),据此可以推断,当用于钎焊陶瓷时,元素 V 在液态 Cu - Pd 合金中将表现出高的活性,也就是说,从活性角度讲,Cu - Pd - V 系钎料合金要优于 Cu - Pd - Ti 合金[8,47];②此前已述及,元素 Pd 具有良好的高温性能,那么 Pd 会改善 Cu 基钎料的高温性能;③既然 Pd 与 Si 有很强的亲和力,那么与 AuPd(Co, Ni) - V 钎料体系类似,当足够量的 Pd 加入到 Cu - Pd - V 系钎料中,则在高温钎焊过程中 Pd 原子会与从 $Si_3N_4$ 中分解释放出来的 Si 原子结合,在 $Si_3N_4$ - $Si_3N_4$ 接头中生成难熔的 Pd - Si 化合物,因此将有利于钎焊接头的高温稳定性。

表 3 - 18  Ti,Zr 和 V 在不同液态金属中的溶解焓(kJ/mol)[14]

| Melt | $\Delta H_{Ti}$ | $\Delta H_{Zr}$ | $\Delta H_V$ |
|---|---|---|---|
| Cu | - 67 | - 102 | + 15 |
| Pd | - 293 | - 347 | - 152 |

这里,设计了成分为 Cu - (35.0 ~ 42.0)Pd - (6.0 ~ 10.0)V(%(质量分数))的合金作为钎料。根据差热分析(DTA)结果可知,Cu - Pd - V 钎料的固相线、液相线温度分别为 1401.8K 和 1406.5K(见图 3 - 46)。通过座滴法实验发现,当 Cu - Pd - V 钎料熔滴温度达到 1413K 时,它在 $Si_3N_4$ 表面的润湿角为 85.5°,随着温度的升高润湿角逐渐减小,温度超过 1433K 后润湿角下降极慢。当试样升温至 1473K 时,润湿角下降至 70.8°(见图 3 - 47)。但是在 1473K 温度下随着保温时间的延长,润湿角只有很小的波动,并未出现进一步减小的趋势。图 3 - 48 给出了经过 1473K/10min 后的 Cu - Pd - V 钎料液滴在 $Si_3N_4$ 上不同时刻的形貌照片。

采用轧制的 CuPd(Ni, Co, Si) - V 钎料,分别选择 1423K、1443K、1463K 三种不同的钎焊温度,并各自选择 10min、25min、50min 三个不同的钎焊时间,进行了

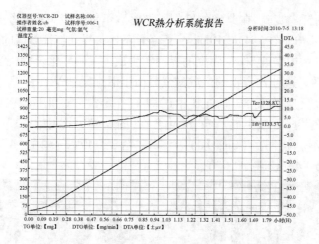

图 3 – 46 Cu – Pd – V 合金钎料的差热分析曲线

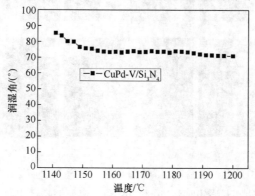

图 3 – 47 Cu – Pd – V 合金在 Si$_3$N$_4$ 上的润湿角随温度的变化

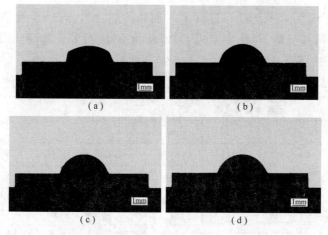

图 3 – 48 CuPd – V 钎料液滴在 Si$_3$N$_4$ 上不同时刻的形貌

(a) 升温至 1424K;(b) 升温至 1436K;(c) 刚刚升温至 1473K;(d) 1473K 保温 10min。

$Si_3N_4/Si_3N_4$ 的钎焊实验,在典型的钎焊工艺参数下钎焊接头的组织如图 3-49 所示。表 3-19 示出了在 1443K/10min 钎焊条件下接头界面特征微区的电子探针分析结果。可见,在两边靠近 $Si_3N_4$ 陶瓷的界面上生成了 V-N 化合物(见图 3-49(c)中的"1"和"2"),这种化合物的生成显然是由于活性元素 V 在钎焊过程中向 $Si_3N_4$ 陶瓷表面扩散反应造成的,而钎料中的两个主元素 Cu 和 Pd 在接头中央富集(图 3-50),在某些区域生成了 $Pd_2Si$ 化合物(图 3-49(c)中的"3"),某些微区则生成 Pd 含量不尽相同的(Cu,Pd)固溶体(图 3-49(c)中的"4"和"5")以及 $Cu_3Pd$ 相(图 3-49(c)中的"6")。

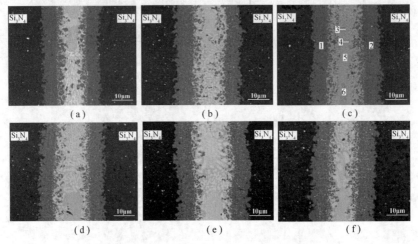

图 3-49　使用 CuPd-V 急冷态箔带钎料获得的 $Si_3N_4/Si_3N_4$ 接头(高倍照片)

(a) 1423K/10min;(b) 1423K/50min;(c) 1443K/10min;

(d) 1443K/50min;(e) 1463K/10min;(f) 1463K/50min。

对 $Si_3N_4/Si_3N_4$ 接头的断口进行了 X 射线衍射分析,进一步确认了 CuPd-V 钎料与 $Si_3N_4$ 陶瓷反应,接头中生成了 $Pd_2Si$ 化合物,另外还检测到 $Cu_3Pd$ 化合物的存在(见图 3-51),这两种相主要位于接头中央区域的基体中。

表 3-19　图 3-49(c)中不同特征区域的电子探针分析结果

| 位置 | 元素含量/%(原子分数) | | | | | 推断主要物相 |
| --- | --- | --- | --- | --- | --- | --- |
| | Si | N | Cu | Pd | V | |
| 1 | 3.3723 | 36.7327 | 2.7114 | 0.5376 | 56.6460 | $V_2N$ 相 |
| 2 | 5.2138 | 35.3112 | 1.7543 | 0.3539 | 56.9434 | $V_2N$ 相 |
| 3 | 28.2015 | 1.3814 | 12.9939 | 56.9746 | 0.4486 | $Pd_2Si$ 化合物 |
| 4 | 9.0467 | — | 80.9946 | 9.2957 | 0.6630 | 溶有 Si 的(Cu,Pd)固溶体 |
| 5 | 8.7159 | — | 51.9527 | 38.8356 | 0.4958 | |
| 6 | 1.7744 | — | 76.7725 | 20.9129 | 0.5402 | $Cu_3Pd$ |

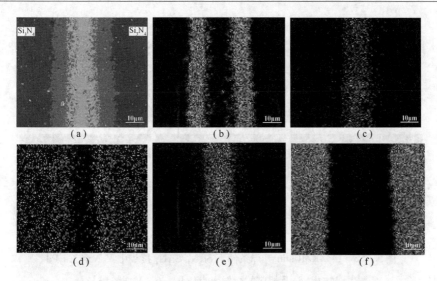

图 3 – 50　$Si_3N_4/Si_3N_4$ 接头（1443K/10min）的背散射像及元素 V(b)，
Cu(c)，N(d)，Pd(e)和 Si(f)的面分布

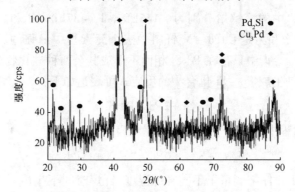

图 3 – 51　$Si_3N_4$ 与 Cu – Pd – V 钎料界面的 X – 射线衍射分析图谱

　　为了更好地鉴别界面反应物相，我们制取了钎焊接头的 TEM 试样。在 TEM
分析中，我们检测到了 $V_2N$ 化合物的存在（图 3 – 52），但没有直接寻找到 Pd – Si
化合物以及（Cu，Pd）固溶相的迹象，这可能与在制备 TEM 过程中接头中的残余
钎料极易被腐蚀掉有关。但是，作为一个意外发现，在靠近 $Si_3N_4$ 界面的个别区域
观察到了 $Cu_3Pd$ 相，这也和接头 XRD 测试结果相符合。

　　钎焊过程中，活性元素 V 与 $Si_3N_4$ 发生如下反应：

$$Si_3N_4 + 8V = 3Si + 4V_2N \qquad\qquad (3 – 17)$$

　　那么，通常在高温下 Si 原子从 $Si_3N_4$ 中分解出来，进入液态钎料并进一步与钎
料中的 Pd，Cu 和 V 发生反应，析出 Pd – Si，Cu – Si 和 V – Si 化合物。然而，在钎焊
实验中只能检测到上述三种化合物中的 Pd – Si 相（图 3 – 49（c）中的"3"）。Si 在

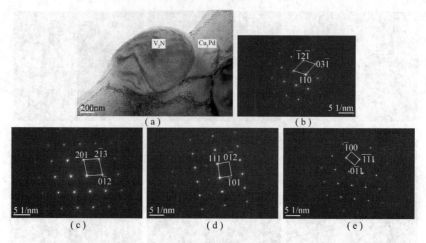

图 3−52　1443K/10min 钎焊条件下 $Si_3N_4/Si_3N_4$ 接头中 $V_2N$ 和 $Cu_3Pd$
生成物相(a)及相应的衍射斑点((b)：$\beta - V_2N[\bar{1}13]$；
(c)$\beta - V_2N[\bar{1}42]$；(d)$Cu_3Pd[121]$；(e)$Cu_3Pd[011]$)。

液态 Pd,Cu 和 V 中的溶解焓分别为 −145kJ/mol, −37kJ/mol 和 −128kJ/mol[48]，说明 Pd 与 Si 的亲和力是 CuPd − V 钎料中三个元素当中最强的。这也恰好解释了在 $Si_3N_4/Si_3N_4$ 接头中只存在 $Pd_2Si$ 相而不形成其余两种硅化物($Cu - Si$ 和 $V -Si$)的原因。于是生成 Pd − Si 化合物的反应式可表达如下：

$$Si + 2Pd = Pd_2Si \tag{3-18}$$

因此钎焊过程中整个化学反应可以表示为

$$Si_3N_4 + 8V + 6Pd = 4V_2N + 3Pd_2Si \tag{3-19}$$

我们通过 SEM 仔细测量了不同钎焊温度、钎焊时间下生成相 $V_2N$ 的厚度,发现在每个钎焊温度下其厚度($y$)的增长与钎焊时间($t$)的平方根($t^{1/2}$)呈线性关系(图 3−53)，这意味着在不同的钎焊温度下，$V_2N$ 的生长遵循抛物线定律[44]，可描述为:$y^2 = kt$,其中 $y$ 是界面反应层厚度,$k$ 为抛物线常数,而抛物线常数的变化遵循 Arrhenius 关系:$k = A\exp(-Q/RT)$,式中 $A$ 为系数,$Q$ 为 $V_2N$ 的生长激活能,$R$ 为气体常数,$T$ 为绝对温度。根据图 3−53 中三种不同钎焊温度下的三条直线,可以得到对应不同温度下的 $k$ 值,再根据 $\ln k - 1/T$ 关系曲线(见图 3−54)，运用回归分析方法,求得图 3−54 中直线的斜率和截距分别为 −1.96031 和 −19.66761，从而计算出 $V_2N$ 的生长激活能 $Q$ 为 162.984kJ/mol,再由 $\ln k_0 = -19.66761$,可以计算出 $k_0 = 2.8739 \times 10^{-9}$。从而,图 3−54 中的直线可以由以下方程表达:$k = 2.8739 \times 10^{-9} e^{(-162984/RT)}$

元素 V 的自扩散激活能可以查到,是 312kJ/mol,另外,在 V 粉末与 $Si_3N_4$ 界面上的 V −基反应层的生长激活能为 365kJ/mol[17]，而在 Cu −3% V 钎料与 $Si_3N_4$ 之间

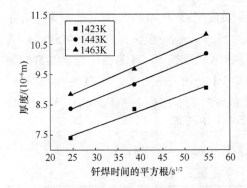

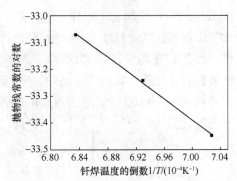

图 3 – 53　界面 $V_2N$ 层厚度与钎焊时间的　　　　图 3 – 54　抛物线常数的对数与钎焊

平方根之间的关系(钎料:CuPd – V)　　　温度的倒数之间的关系图(ln$k$ – 1/$T$)

的反应层的生长激活能为 342kJ/mol[49]。我们进行的实验研究表明,$V_2N$ 层的生长激活能为 162.9894kJ/mol,明显低于上述这些 Q 值。所以,钎焊过程中 $V_2N$ 反应层的生长不仅仅受活性元素 V 的扩散所控制。正如上述所观察到的,钎料中的元素 Pd 也参与了界面反应,析出 $Pd_2Si$ 意味着及时地消耗掉了从 Si₃N₄ 中分解出来的 Si 原子,这会促进 $V_2N$ 层的生长。

图 3 – 55 表明,钎焊温度对 Si₃N₄/Si₃N₄ 接头强度有着一定的影响,在钎焊时间 10min 保持不变的情况下,1443K 的钎焊温度给出了最高的室温平均三点弯曲强度 262.9MPa。

图 3 – 56 示出了使用研制的 CuPd – V 钎料钎焊的 Si₃N₄/Si₃N₄ 接头强度随测试温度的变化,室温强度为 262.9MPa,测试温度 873K 和 973K 下接头平均强度为 287.3MPa 和 277.1MPa。当测试温度继续升高至 1073K 时,接头的平均强度为 217.5MPa,是室温强度的 82.7%。

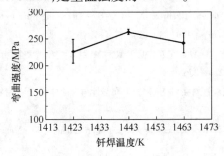

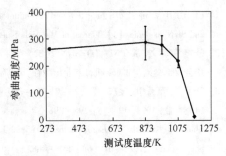

图 3 – 55　钎焊温度对 Si₃N₄/Si₃N₄ 接头　　　图 3 – 56　CuPd – V 钎料钎焊的

室温三点弯曲强度的影响　　　　　　　Si₃N₄/Si₃N₄ 接头强度随温度的变化

(钎料:CuPd – V,钎焊时间:10min)

表 3 – 20 比较了 AuPdCoNi – V 与 CuPd – V 两种钎料获得的 Si₃N₄ 接头在不同测试温度下的平均强度值。可见在室温下,CuPd – V 钎料对应的接头强度低于

PdAuCoNi – V 钎料,而 973K 温度下接头强度又高于 AuPdCoNi – V 钎料,而在 1073K 相同的测试温度下,两种钎料获得的 $Si_3N_4/Si_3N_4$ 接头强度值基本相当。显然,针对 $Si_3N_4$ 陶瓷,以 V 为活性元素,研制以 Cu 为基、以 Pd 为主要合金元素的铜钯基钎料是比较成功的[50]。由于合金元素 Pd 的加入,CuPd – V 钎料的耐温性可以维持到 973 ~ 1073K。考虑到 CuPd – V 钎料的成本相对于 AuPdCoNi – V 钎料具有明显优势,预计 CuPd – V 钎料具有较好的应用前景。

表 3 – 20    两种钎料获得的 $Si_3N_4$ 接头不同测试
温度下的平均三点弯曲强度值比较

| 测试温度 | AuPdCoNi – V 钎料 | CuPd – V 钎料 |
|---|---|---|
| 室温 | 320.7MPa | 262.9MPa |
| 873K | — | 287.3MPa |
| 973K | 220.8MPa | 277.1MPa |
| 1073K | 216.9MPa | 217.5MPa |
| 1173K | 102.9MPa | 14.1MPa |

此外,众所周知,AgCu – Ti 钎料在各种陶瓷的连接中应用最为广泛,但是其在氧化环境下的工作温度一般限定在 673 ~ 773K[51, 52]。毫无疑问,新研制的 CuPd – V 钎料可以大大提高 $Si_3N_4/Si_3N_4$ 接头的高温性能。推断 CuPd – V 钎料的工作温度可以达到 973 ~ 1073K 是合理的,即比 AgCu – Ti 高出大约 300K。

## 参 考 文 献

[1] Chen J H,Wang G Z. Segregation and chromium at the interface between Ni – Cr – Si – Ti brazing filler metal and $Si_3N_4$ ceramics [J]. Journal of Materials Science Letters, 1993, 12 (2): 87 – 89.

[2] 陆善平,郭义,等. (Ni – Ti)/$Si_3N_4$、(BNi – 2 + Ti)/$Si_3N_4$ 界面交互作用及其润湿性[C]. 第八次全国焊接会议论文集. 北京:机械工业出版社, 1997, 1: 274 – 276.

[3] 陆善平,董秀中,吴庆,等. Co – Ti, Ti – Zr – Cu 高温钎料在 $Si_3N_4$ 陶瓷上润湿性与界面连接[J]. 材料研究学报, 1998, 12 (3): 295 – 298.

[4] Wan C G,Kritsalis P,Eustathopoulos N. Wettability of Ni-base reactive brazing alloys on alumina [J]. Mater. Sci. Technol., 1994, 10 (6): 466 – 468.

[5] Hadian A M,Robin A L. Drew. Strength and microstructure of silicon nitride ceramics brazed with nickel-chromium-silicon alloys [J]. J Am Ceram Soc., 1996, 79 (3): 659 – 665.

[6] Ito Y,Kitamura K,Kanno M. Joint of silicon nitride and molybdenum with vanadium foil,and its high-temperature strength [J]. J Mater Sci., 1993, 28: 5014 – 5018.

[7] Sera T,Nitta A,Tsuchitori I,et al. Joining of silicon nitride using copper alloy brazes [A]. Proc. MRS Int. Meeting on Advanced Materials, Vol. 8 [C]. Metal-Ceramic Joints, Materials Research Society, 1989:

41 – 44.

[ 8 ] Peteves S D, Paulasto M, Ceccone G, et al. The reactive route to ceramic joining: fabrication, interfacial chemistry and joint properties [ J ]. Acta Mater, 1998, 46 (7): 2407 – 2411.

[ 9 ] Paulasto M, Ceccone G, Peteves S D, et al. Brazing of Si₃N₄ with Au – Ni – V – Mo filler alloy [ J ]. Ceramic Transactions, 1997, 77: 91 – 98.

[ 10 ] Loehman R E. Recent progress in ceramic joining [ J ]. Key Engineering Materials, 1999, 161 – 163: 657 – 662.

[ 11 ] Xiong H P, Wan C G, Zhou Z F. Development of a new CuNiTiB brazing alloy for joining Si₃N₄ to Si₃N₄ [ J ]. Metallurgical and Materials Transactions A, 1998, 29A: 2591 – 2596.

[ 12 ] Tillmann W, Lugscheider E, et al. Heat-resistant active brazing of silicon nitride. Part 2: Metallurgical characterization of the braze joint [ J ]. Welding Journal, 1998, 77 (3): 103s – 109s.

[ 13 ] Klomp J T. Physicochemical aspects of ceramic-metal, Joining of ceramics [ M ]. Edited by M. G. Nicholas. London: Champman & Hall, 1990: 113 – 123.

[ 14 ] Miedema A R, de Boer F R, Boom R, et al. Model predictions for the enthalpy of formation of transition metal alloys [ J ]. Calphad, 1977, 1 (4): 3531 – 359.

[ 15 ] 熊华平, 程耀永, 毛唯, 等. Ni – Fe – Cr – Ti 及 Co – Ni – Fe – Cr – Ti (Si, B) 系高温钎料对 Si₃N₄ 陶瓷的润湿与界面连接 [ J ]. 金属学报, 2000, 36 (12): 1269 – 1274.

[ 16 ] Xiong H P, Chen B, Mao W, et al. Wettability of PdNi – Cr alloys on Si₃N₄ ceramic and the interfacial reactions [ A ]. Proceedings of the IIW International Conference on Global Trends in Joining, Cutting and Surfacing Technology [ C ]. Chennai, India, 21st – 22nd July, 2011: 756 – 760.

[ 17 ] Gotman I, Gutmanas E Y. Microstructure and thermal stability of coated Si₃N₄ and SiC [ J ]. Acta Metall. Mater, 1992, 40 (supplement): S121 – S126.

[ 18 ] Ceccone G, Nicholas M G, Peteves S D, et al. The brazing of Si₃N₄ with Ni – Cr – Si alloys [ J ]. Journal of the European Ceramic Society, 1995, 15 (6): 563 – 572.

[ 19 ] Gulpen J H, Kodentsov A A, Loo F J J. Growth of Silicides in Ni – SiC bulk diffusion couples [ J ]. Z Metallkd, 1995, 86 (8): 530 – 535.

[ 20 ] hanumurthy B K, Schmid-Fetzer R. Interface reactions between silicon carbide and metals (Ni, Cr, Pd, Zr) [ J ]. Composites Part A: Applied Science and manufacturing, 2001, 32 (3 – 4): 569 – 574.

[ 21 ] Park J S, Landry K, Perepezko J H. Kinetic control of silicon carbide/metal reactions [ J ]. Materials science and Engineering A, 1999, 259 (2): 279 – 286.

[ 22 ] Nakamura M, Peteves S D. Solid-state bonding of silicon nitride ceramics with nickel-chromium alloy interlayers [ J ]. J Am. Ceram. Soc., 1990, 73 (5): 1221 – 1227.

[ 23 ] Barin I, Knacke O. Thermochemical Properties of Inorganic Substances [ M ]. Berlin: Springer-Verlag, 1977.

[ 24 ] JCPDS No. 73 – 2170. International Center for Diffraction Data: Newton Square, PA.

[ 25 ] JCPDS No. 23 – 0722. International Center for Diffraction Data: Newton Square, PA.

[ 26 ] JCPDS No. 73 – 0528. International Center for Diffraction Data: Newton Square, PA.

[ 27 ] Rogl P, Schuster J C. Phase Diagrams of Ternary Boron Nitride and Silicon Nitride Systems [ M ]. ASM International, Materials Park, OH, 1993.

[ 28 ] Maeda M, Igarashi O, Shibayanagi T, et al. Solid state diffusion bonding of silicon nitride using vanadium foils [ J ]. Materials Transactions, 2003, 44 (12): 2701 – 2710.

[29] Osendi M I, Pablos A. D, Miranzo P. Microstructure and mechanical strength of $Si_3N_4$/Ni solid state bonded interfaces [J]. Mater Sci Engineering A, 2001, 308 (1 – 2): 53 – 57.

[30] Xiong H P, Dong W, Chen B, et al. Wettability of Ni – V, Co – V, and Ni – Cr – V system brazing alloys on $Si_3N_4$ ceramic and interfacial reactions [J]. Materials Science and Engineering A, 2008, 474 (1 – 2): 376 – 381.

[31] Okamura H. Brazing ceramics and metals [J]. Welding International, 1993, 7 (3): 236 – 242.

[32] Xiong H P, Chen B, Mao W, Ye L, et al. Wettability of V-active Pd-based alloys on $Si_3N_4$ ceramic and the strength of $Si_3N_4$/$Si_3N_4$ joints [A]. Lectures and Posters of the 9th Brazing, High Temperature Brazing and Diffusion Bonding International Conference (LOT 2010), Aachen, Germany, 15th to 17th June 2010 [C]. DVS-Berichte Band 263: 98 – 102.

[33] Ito Y, Kitamura K, Kanno M. Joint of silicon nitride and molybdenum with vanadium foil, and its high-temperature strength [J]. J. Mater. Sci., 1993, 28: 5014 – 5018.

[34] Schuster J C, Nowotny H. In proceedings of the Eleventh International Plansee Seminar, Vol. 1, Metallwerk Plansee, Reutte [C]. 1985: 899 – 903.

[35] Stull D R. Prophet. H. JANAF Thermochemical Tables, $2^{nd}$ ed US Government Printing Office, Washington, DC. 1971.

[36] Baker H, In: Section 2, "Binary Phase Diagrams", ASM Handbook, volume 3, Alloy Phase Diagrams, ASM International, Materials Park, Ohio, 1992.

[37] Tanaka M, Takeguchi M, Yasuda H, et al. In-situ observation of deposition process of Pd on clean Si surfaces by ultrahigh vacuum-transmission electron microscopy scanning tunneling microscopy, Thin Solid Films, 2001, 398 – 399: 374 – 378.

[38] 陈波, 熊华平, 毛唯, 等. Pd – Ni 基高温钎料对 $Si_3N_4$ 陶瓷的润湿与界面连接. 航空材料学报, 2006, 26(5): 41 – 45.

[39] Xiong H P, Chen B, Mao W, et al. Joining of $C_f$/SiC Composite with Pd – Co – V Brazing Filler, Welding in the World, 2012, 56: 76 – 80.

[40] 熊华平, 陈波, 毛唯, 等. 用于氮化硅陶瓷及氮化硅陶瓷基复合材料钎焊的高温钎料: 中国, ZL 200710087292. 7[P], 2008 – 10 – 22.

[41] $Si_3N_4$, JCPDS number 01 – 071 – 0623.

[42] $Pd_2Si$, JCPDS number 00 – 019 – 0893.

[43] $V_2N$, JCPDS number 00 – 033 – 1439.

[44] Xiong H P, Chen B, Guo W L, et al. Joining of $Si_3N_4$ to $Si_3N_4$ using a AuPd(Co, Ni)-V filler alloy and the interfacial reactions [J]. Ceramic International, 2014, 40(3): 4141 – 4148.

[45] Sun Y, Zhang J, Geng Y P, et al. Microstructure and mechanical properties of an $Si_3N_4$/$Si_3N_4$ joint brazed with Au – Ni – Pd – V filler alloy [J]. Scripta Materialia, 2011, 64: 414 – 417.

[46] Du Z, Guo C, Yang X, et al. A thermodynamic description of the Pd – Si – C system. Intermetallics 2006, 14: 560 – 569.

[47] Paulasto M, Ceccone G, Peteves S D. Joining of silicon nitride via a transient liquid. Scripta Mater. 1997, 36 (10): 1167 – 73.

[48] Miedema A R, Boer F, Boom R, et al. Tables for the heat of solution of liquid metals in liquid metal solvents. Calphad, 1997: 1353 – 359.

[49] Nakao Y,Nishimoto K,Saida K. Bonding of Si$_3$N$_4$ to metals with active filler metals. Transaction of the Japan Welding Society, 1989, 20(1):66 –76.

[50] 熊华平,陈波,赵海生,等. 一种用于 Si$_3$N$_4$ 陶瓷或 C$_f$/SiC 复合材料钎焊的铜钯基高温钎料:中国,201010266696. 4[P]. 2012 –06 –27.

[51] Kapoor R R,Eagar T W. Oxidation behavior of silver-and copper-based brazing filler metals for silicon nitride/metal joints. J. Am. Ceram. Soc. 1989, 72(3):448 –54.

[52] Peteves S D,Ceccone G,Paulasto M,et al. Joining silicon nitride to itself and to metals. JOM, 1996, 48(1):48 –52.

# 第4章　含 Nb、Cr、Ti、V 的高温活性钎料对 SiC 陶瓷的润湿及界面结合

SiC 陶瓷由于具有良好的高温抗氧化性、耐磨性和优异的力学性能而被认为是一种很有前途的高温结构材料。为了在将来获得较好的应用效果,必须解决陶瓷/陶瓷、陶瓷/金属(如镍基高温合金)的连接技术问题。而且,为充分发挥陶瓷耐高温的性能优势,用于陶瓷/金属组合件连接的钎料必须具备较好的高温性能。目前已有很多关于 SiC 陶瓷的润湿和连接的报道。文献[1,2]报道了 Ag-Cu 基或 Cu 基钎料对 SiC 陶瓷的润湿或连接的研究结果,但这些钎料的工作温度太低,不能满足陶瓷/金属接头高温使用的要求。有些研究者还使用 Ni-Ti、Fe-Ti、Ti-Co 等钎料[3]进行 SiC 陶瓷的连接,但所需的连接温度高达 1623~1823K,这是常用的陶瓷/金属接头中金属难以承受的温度。因此,研究能在合适温度下连接陶瓷的新型高温钎料是十分必要的。

然而,存在的另一个事实是,SiC 陶瓷与高温合金中常用的元素如 Ni、Co 等都会直接发生十分强烈的化学反应[4],在紧靠 SiC 的界面上形成由硅化物层以及溶有碳的硅化物层交替变化的带状反应层结构。典型的镍基或钴基高温合金钎料尽管较容易润湿 SiC 陶瓷,但过于强烈的界面反应不仅会极大地损伤 SiC 基材,而且获得的接头强度也很低[5]。因此设计和研制 SiC 陶瓷用新型高温钎料,必须控制其与 SiC 的界面反应。

## 4.1　Co-Nb 合金对 SiC 陶瓷的润湿性

设计了 Co-Nb19.5-Si-B 合金(%(质量分数)),钎料中加入少量降熔元素 Si 和 B。对这种钴基合金钎料在 SiC 陶瓷上的润湿行为进行了研究,旨在通过合金元素 Nb 的加入改变 Co 基钎料与 SiC 陶瓷之间形成的那种不利于接头强度的带状反应层结构,获得相关规律性认识,为后续研制 SiC 陶瓷用高温钎料提供实验依据。

在 1513K/10min 的加热条件下,研究的 Co-Nb-Si-B 合金在 SiC 陶瓷上的润湿角达到 30°,润湿界面的背散射电子像见图 4-1。微区能谱分析结果(表 4-1)表明,在紧靠 SiC 的反应区(宽度约 30μm),形成了溶有石墨或同时溶有少量石墨和铌的 $Co_2Si$ 相(图 4-1 微区"2"和"1")。Co-Nb-Si-B 合金钎料对应的与

SiC 的反应界面上在距离 SiC 较远的反应区,形成了以 $Co_2Si$ 相为基(图 4 - 1 灰白色微区"4")的组织,其上弥散分布着富 Nb、Co 的物相(图 4 - 1 白亮微区"3")以及石墨相(图 4 - 1 黑色微区"5")[6]。

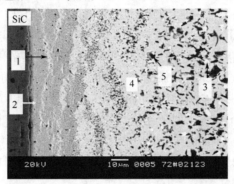

图 4 - 1　Co - Nb19.5 - Si - B 合金钎料/SiC 润湿界面的背散射电子像

尽管 Nb 也是一种强的碳化物形成元素,但在 Co - Nb - Si - B 钎料与 SiC 的反应界面上没有明显的生成 Nb - C 化合物的迹象,在距离 SiC 较远的反应区也没有形成连续的富 Nb 相。可见,Co - Nb - Si - B 钎料对抑制界面 $Co_2Si$ 相生成的效果还不十分显著。

表 4 - 1　Co - Nb19.5 - Si - B 合金与 SiC 界面(图 4 - 1)某些区域的成分分析结果

| 区域 | 化学成分/%(原子分数) | | | | | | 主要相 |
|---|---|---|---|---|---|---|---|
| | C | Si | Nb | Co | Au | 合计 | |
| 1 | 9.11 | 25.48 | 4.01 | 57.81 | 3.59 | 100.00 | 溶有石墨和 Nb 的 $Co_2Si$ 相 |
| 2 | 6.65 | 29.83 | — | 60.15 | 3.36 | 100.00 | 溶有石墨的 $Co_2Si$ 相 |
| 3 | — | 12.10 | 44.12 | 38.84 | 4.95 | 100.00 | 溶有 Si 的富 Nb、Co 相 |
| 4 | — | 30.59 | — | 66.16 | 3.24 | 100.00 | $Co_2Si$ 相 |

## 4.2　几种 CoFeNi - Cr - Ti 系合金对 SiC 陶瓷的润湿与界面结合

设计了三种钴基合金(CoFeNiCrTi(Si, B)和 CoNiCrTi(Si, B)两种体系)为钎料,元素 Ti、Cr 作为活性组元加入,元素 Cr、Ni、Co 还有利于保证合金具备好的高温性能,加入元素 Fe 则是试图使合金中活性组元保持较高的活性[7,8],Si、B 为降熔元素。钎料为纯金属粉末混合后压坯使用。不仅研究了这三种钴基合金钎料在 SiC 陶瓷上的润湿行为,同时还对牌号为 BCo1 的钴基高温钎料[9]进行了对比研究。

CoFeNiCrTi(Si, B)系钎料是以 CoFeNi(Si, B)为基并加入活性元素 Cr、Ti 组

成合金钎料,编号分别为 No. A 和 No. B(具体成分见表 4-2)。在 1493K/10min 的真空加热条件下,合金钎料 No. A 对 SiC 陶瓷的润湿角为 38°,熔化的合金钎料 与 SiC 之间发生了界面结合,但冷却后由于陶瓷/金属界面残余热应力的作用,润湿试样发生了断裂,从断口看断裂发生在 SiC 陶瓷基体内部(见表 4-2 及图 4-2 (a))。图 4-3 给出了合金 No. A 与 SiC 润湿界面的背散射电子像及界面元素 Ti、Cr、Fe、Co、Ni 的面分布。可见,在 1493K/10min 真空加热条件下,钎料合金与 SiC 之间发生了强烈的界面反应,在靠近 SiC 表面约 115μm 的宽度范围内,主要是钎料中的元素 Fe、Co、Ni 和 Cr 参与了界面反应,前三种元素(Ni,Co,Fe)明显地在靠近 SiC 的界面富集,Cr 也有类似的迹象,但值得注意的是,Ni、Co、Fe 元素的富集现象更为强烈。

根据文献[10]的分析,在高温下金属(Me)与 SiC 之间可能发生如下两种类型的反应:

第一类型:Me + SiC→ 硅化物 + C(石墨)

第二类型:Me + SiC→ 硅化物 + 碳化物 + ($Me_x Si_y C_z$)

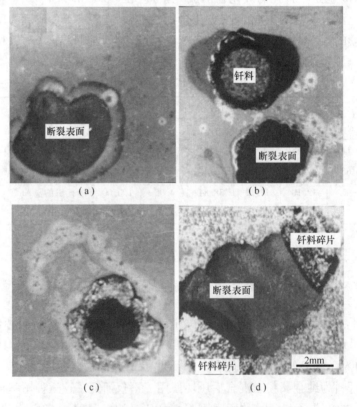

(a)             (b)

(c)             (d)

图 4-2    几种钎料在 SiC 上的润湿性照片

(a)合金 No. A; (b) 合金 No. B; (c) 合金 No. C; (d)BCo1 钎料。

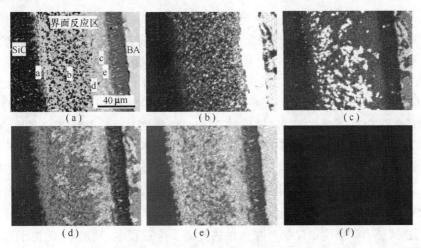

图 4 - 3　合金 No. A/SiC 润湿界面的背散射电子像及
元素 Ti(b)，Cr(c)，Fe(d)，Co(e)，Ni(f)的面分布(BA:钎料)

　　并且，元素 Ni、Fe 和 Co 与 SiC 之间发生的反应属于第一类型，即通过反应分别生成 Ni - Si、Fe - Si、Co - Si 化合物和 C(石墨)；而元素 Cr 和 Ti 与 SiC 之间发生的反应属于第二类型，反应物为硅化物、碳化物及三元化合物的混合物。对于合金成分简单的 Ni - Ti、Fe - Ti、Ti - Co 钎料，它们在一定条件下均能与 SiC 陶瓷发生反应，生成 Ni - Si、Fe - Si、Co - Si 及 TiC 等[3, 11, 12]。这里使用了成分复杂的钎料，钎料中同时含有 Ni、Fe、Co、Cr、Ti 等元素，界面反应可能生成如下产物：Ni - Si、Fe - Si、Co - Si、C、Cr - Si、Cr - C、Cr - Si - C、Ti - Si、Ti - C、Ti - Si - C。

表 4 - 2　几种合金钎料对 SiC 陶瓷的润湿性实验结果
(加热条件：1493K/10min)[13]

| 钎料编号 | 化学成分/%(质量分数) | 液相线温度/K | 润湿角/(°) | 说明 |
|---|---|---|---|---|
| No. A | CoFeNi(Si, B) - Cr(8 ~ 15) - Ti(14 ~ 21) | 1384. 3 | 38 | 在 SiC 内部断裂 |
| No. B | CoFeNi(Si, B) - Cr(15 ~ 22) - Ti(14 ~ 21) | 1429. 4 | 39 | 沿钎料/SiC 界面断裂 |
| No. C | CoNi(Si, B) - Cr(8 ~ 15) - Ti(14 ~ 21) | 1392. 8 | 27 | 结合良好，界面未裂 |
| BCo1 | Co - Cr(18 ~ 20) - Ni(16 ~ 18) - W(3. 5 ~ 4. 5) - Fe1. 0 - Si(7. 5 ~ 8. 5) - B(0. 7 ~ 0. 9) | 1422 | 20 | 在 SiC 内部断裂，钎料裂成碎片 |

　　表 4 - 3 给出了合金 No. A 与 SiC 界面层的微区成分分析结果，其中微区"a"，"b"，"c"中含硅量明显高出钎料中的含硅量，并且含有相当量的碳，表明钎料已与 SiC 发生反应，生成了复杂的混合产物，应包括 Fe、Ni、Co 的硅化物，少量 Ti、Cr 的碳化物、硅化物，以及 Cr - Si - C、Ti - Si - C 三元化合物和石墨相。"d"区即为富 Cr 反应区，此区域除含 Fe - Si、Ni - Si、Co - Si 等反应物外，还应包括相当含量的 Cr - Si、Cr - C、Cr - Si - C 化合物。而从"e"区的 EDS 分析结果则可基本判定其主

要组成物为 TiC 相。显然,在加热反应过程中,发生了 SiC 的分解:SiC→Si + C,钎料中的元素 Co、Ni、Fe、Cr 优先向 SiC 扩散,与从 SiC 中分解出来的 Si 原子与 C 原子发生反应。

Ti 是一种极强的碳化物形成元素,从界面元素分布图(见图 4 - 3)判断,它刚开始较少参与反应,当反应进行到一定阶段后,它与前一阶段 SiC 分解产生的石墨反应生成了 TiC,即形成"e"区(宽度约 25μm)。从热力学角度看,TiC 是比 SiC 更加稳定的相,比如在 1473K 温度下,TiC 的生成自由能为 - 125kJ/mol,而 SiC 的生成自由能为 - 67kJ/mol[10],因此在本文加热条件下反应 Ti + C = TiC 可自发进行。另外,在高温 1473K 下,化合物 $Cr_{23}C_6$、$Cr_7C_3$ 的生成自由能分别为 - 395kJ/mol 和 - 195kJ/mol[10],均低于 TiC 的生成自由能,表明这两种 Cr - C 化合物比 TiC 更易生成,这从热力学角度可以解释在初始的界面反应过程中,元素 Cr 优先于元素 Ti 与 SiC 发生反应。但钎料中元素 Fe、Co、Ni 又相对于元素 Cr 更优先与 SiC 发生反应,其原因尚需作进一步探讨。

表 4 - 3　合金 No. A 与 SiC 界面某些区域的成分分析结果

| 区域 | 化学成分/%(质量分数) | | | | | | | | | |
|---|---|---|---|---|---|---|---|---|---|---|
| | Al | Si | Ti | Cr | Fe | Co | Ni | Y | La | C① |
| a | 1.75 | 8.22 | 2.75 | 4.75 | 13.59 | 20.07 | 12.51 | 2.72 | 2.82 | 30.83 |
| b | 0.66 | 6.62 | 1.72 | 5.07 | 25.50 | 20.06 | 5.90 | 3.39 | 7.28 | 23.80 |
| c | 0.40 | 6.66 | 6.69 | 3.43 | 32.11 | 25.71 | 7.05 | 1.08 | 3.99 | 12.88 |
| d | 0.18 | 5.30 | 0.97 | 35.85 | 20.91 | 17.49 | 8.79 | 0.06 | 0.59 | 9.87 |
| e | 0.00 | 1.41 | 61.48 | 0.97 | 5.67 | 4.51 | 1.66 | 0.05 | 0.84 | 23.30 |
| ① C 元素含量为推断值 | | | | | | | | | | |

相对于合金 No. A,合金 No. B 的成分变化主要表现在元素含 Cr 量有所增加,但含 Ti 量未作变化。从润湿性实验结果(表 4 - 2 及图 4 - 2(b))可见,合金 No. B 与 No. A 相比,润湿角变化不大,但冷却后的合金 No. B 座滴很平齐地从合金/ SiC 界面断开,可判断此时界面结合力有明显下降。

合金 No. A 中加入元素 Fe 是希望提高钎料中活性组元 Cr 和 Ti 的活性,但实际润湿界面显微分析结果却表明,钎料中活性元素 Cr 和 Ti 均未表现出很明显的界面活性特点。在紧靠 SiC 的界面上,元素 Co、Ni、Fe 表现更为活跃,并导致了十分强烈的界面反应。因此,进一步对合金钎料的成分体系进行了重新设计,去掉原合金 No. A 中的元素 Fe,形成了 CoNi(Si, B) - Cr - Ti 的钎料体系,具体合金编号是 No. C(成分见表 4 - 2)。润湿实验结果表明,此时合金 No. C 的润湿角明显降低(达到 27°),而且冷却后得到了合金座滴/SiC 的完整界面(见图 4 - 2(c))。观察合金 No. C/ SiC 的界面微观形貌,仍可发现富 Ti 反应层(即 TiC 层)的存在,经测定该反应层距离 SiC 表面较远,约 398 μm;另外在紧靠 SiC 的反应界面上(图 4 - 4

(a)),界面反应程度得到明显控制(此时紧靠 SiC 的反应层厚度仅为 27 μm),有利于界面结合力的提高[14]。钎料中元素 Ni、Co 仍然表现出强烈的向 SiC 扩散的特点。对界面生成相进行了 EDS 成分分析,结果表明在紧靠 SiC 界面上生成物(见图 4 - 4(a)中"a"、"b")主要含 Ni、Co、Si、C,但成分比例不尽相同,可认为是 Co - Si、Ni - Si 化合物与石墨的混合相。在离 SiC 表面稍远的区域,则出现一些富 Cr 相(图 4 - 4(a)中"c"),经 EDS 分析可以确定这些富 Cr 相是 $Cr_{23}C_6$ 化合物,它弥散分布于较靠近 SiC 的钎料基体中。

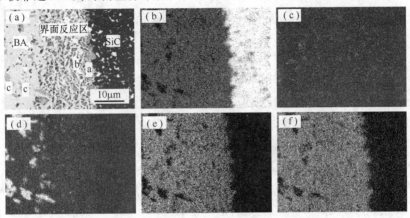

图 4 - 4　合金 No. C/SiC 润湿界面的二次电子像及
元素 Si(b),Ti(c),Cr(d),Co(e),Ni(f)的面分布(BA:钎料)

在合金 No. A 和合金 No. C 与 SiC 的润湿界面上,在离 SiC 表面稍远处(距离分别为 115 μm 和 398 μm)均形成了 TiC 反应带。对比研究发现,钎料 BCo1 对 SiC 的润湿角达到 20°的较小值,界面上元素 Ni、Co、Cr 的分布规律(见图 4 - 5)与合金

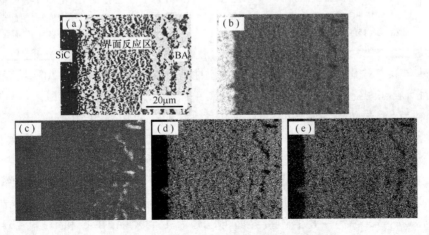

图 4 - 5　合金 BCo1/SiC 润湿界面的二次电子像
及元素 Si(b),Cr(c),Co(d),Ni(e)的面分布

No. C/SiC 界面基本类似。由于 BCo1 钎料自身脆性大,冷却后的试样从 SiC 陶瓷内部开裂,而钎料自身也裂成碎片(见图 4-2(d))。这一结果提供给我们这样的信息,即不含活性元素 Ti 的钴基合金同样能获得对 SiC 的较好润湿性。当然要获得熔点略低而且脆性不大的钎料合金,并能形成对 SiC 的牢固结合,还需要开展更深入的研究。

## 4.3 Co-V 和 PdNi-Cr-V 合金对 SiC 陶瓷的润湿及界面反应

J. R. McDermid 等人[5]采用 BNi-5 钎料钎焊 SiC/Inconel 600 高温合金时发现,Ni 极易和 SiC 陶瓷发生反应,由于反应较为剧烈而削弱了接头的强度。文献[4,15]给出的结果表明,SiC 与 Ni、Co 或 Fe 发生反应生成交替的富含石墨的带状硅化物组织,这种组织结构对接头性能不利。因此,在设计钎焊陶瓷用钎料时应考虑合理控制钎料与 SiC 陶瓷的界面反应,限制钎料中 Ni、Co 或 Fe 的含量,另外,应加入一些其他元素来消除交替的带状组织。

为此,我们设计了 Co-V 和 PdNi-Cr(或,和 V)系合金钎料用于 SiC 陶瓷的钎焊,采用座滴法测试 Co-V 合金钎料和三种 PdNi-Cr-V 合金钎料的润湿性。四种钎料成分如表 4-4 所列。对于 Co-V 钎料,抽真空至 $1.1 \times 10^{-2}$ Pa 后再充入略大于一个大气压的高纯氩。其余钎料润湿试验过程均为真空状态。

表 4-4 四种钎料的成分、液相线温度以及润湿角(保温时间:10min)[16]

| 编号 | 化学成分/%(质量分数) | 液相线温度/K | 润湿试验温度/K | 润湿角/(°) | 备注 |
|---|---|---|---|---|---|
| A | Co-V36-Si-B | 1492.3 | 1513 | 45.2 | 在 SiC 内部断裂 |
| B | PdNi-Cr(15~24) | 1518.6 | 1523 | 16.0 | 结合良好,界面未裂 |
| C | PdNi-Cr(15~24)-V(6~13) | 1521.2 | 1523 | 11.3 | 结合良好,界面未裂 |
| D | PdNi-V(14~21) | 1516.1 | 1523 | 11.2 | 在 SiC 内部断裂 |

4.2 节中对 BCo1 钎料在 SiC 上的润湿性进行了研究,润湿角为 20°(见表 4-2),且钎料在陶瓷上发生内聚型开裂(见图 4-2(d))。事实上,在钎焊过程中 Co 基钎料与 SiC 发生较为剧烈的反应,从图 4-5(a)中可以看出,在 SiC/BCo1 连接界面出现了明显的带状组织,带状组织主要由硅化物和随机分布其中的石墨相组成。分析认为由于连接界面的过度反应,BCo1 钎料不适于 SiC 陶瓷的钎焊。

虽然在 1513K/10min 规范下新设计的 Co-V36-Si-B 钎料的润湿角度较大(45.2°),但是由于钎料中添加了元素 V,消除了连接界面中的带状反应层结构。SiC 与 Co-V36-Si-B 的连接界面可以分为 4 个区:A、B、C 和 D(见图 4-6(a))。XEDS 分析结果表明,SiC 陶瓷附近的 A 区和 B 区主要由含有石墨的 Co-Si 相组成。在高温下,元素 Co 与 SiC 发生如下反应:

$$SiC + 2Co = Co_2Si + C \qquad\qquad (4-1)$$
$$SiC + Co = CoSi + C \qquad\qquad (4-2)$$

根据文献[17],$Co_2Si$ 和 CoSi 在 1513K 下吉布斯自由形成能分别为 $-37.5kJ/mol$ 和 $-22.0kJ/mol$,说明上述反应可以自发进行。文献[18]给出的 X 射线衍射结果证明了在 921～1573K 下的 Co/SiC 界面中出现了 $Co_2Si$ 和 CoSi 相。基于表 4-5 中元素的半定量测试结果可以推断,靠近 SiC 的 A 区是由含有石墨的 CoSi 相组成,而 B 区由 $Co_2Si$ 相组成。

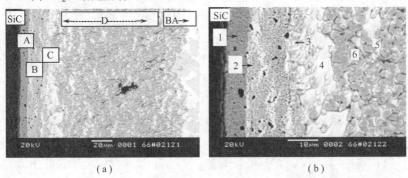

（a）                                （b）

图 4-6　Co-V36-Si-B/SiC 界面的背散射电子像

（a）整体界面（"BA"为钎料基体）；（b）靠近 SiC 的扩散反应层。

表 4-5　图 4-6(b) 中对应的特征微区的成分及包含的主要物相

| 区域 | 化学成分/% (原子分数) | | | | 合计 | 主要物相 |
|---|---|---|---|---|---|---|
| | C | Si | V | Co | | |
| 1 | 47.55 | 27.15 | — | 25.30 | 100.00 | 溶有石墨的 CoSi 相 |
| 2 | 46.14 | 17.44 | 1.50 | 34.92 | 100.00 | 溶有石墨的 $Co_2Si$ 相 |
| 3 | 44.98 | 8.25 | 29.46 | 17.31 | 100.00 | $Co_2Si + V_2C$ |
| 4 | 31.79 | 23.92 | 2.42 | 41.87 | 100.00 | 溶有石墨的 $Co_2Si$ 相 |
| 5 | 20.55 | 18.50 | 18.23 | 42.72 | 100.00 | $Co_2Si + V_2C$ |
| 6 | — | 2.46 | 90.99 | 6.55 | 100.00 | 富 V 相 |

SiC 与 Co-V36-Si-B 的界面微观组织依次为 $SiC/CoSi + C/Co_2Si + C$,这种组织在文献[19]中也给出了证明。另外,C. S. Lim 等[20]研究了(1223 和 1523K)/ (4～100) h 规范下 SiC 与厚 Co 箔带之间的扩散连接,结果发现反应区的组织依次为 $SiC/CoSi + C/Co_2Si + C/Co_2Si/\cdots/Co$。根据 Co-Si-C 三元系中的 Allingham 反应划分区,当温度高于 900K 时,理论上下述反应的自由能 $\Delta G$ 变为负值:

$$SiC + Co_2Si = 2CoSi + C \qquad\qquad (4-3)$$

例如,在 1513K 下,反应式(4-3)中的 $\Delta G$ 约为 $-7.7kJ/mol$,表明在这个反应温度下 $Co_2Si$ 能够转变成 CoSi。事实上,根据 Co/SiC 的研究结果[19],在 1123K 条件下,界面中相的分布次序依次为 $SiC/Co_2Si + C/Co$。当反应条件变为 1323K/0.5h 时,界面中相的分布次序变为 $SiC/CoSi + C/Co_2Si$。只有当温度达到 1723K 时,热动力稳定相 CoSi 才单独存在。

反应区 C 中基体仍是 $Co_2Si$,但在个别组织中 V 出现了富集,如图 4 - 6"C"中的"3",表明 $Co_2Si$ 基体中的大部分 C 与 V 发生反应。Fukai 等[21]研究了 1573K 规范下的 SiC/V 接头反应机理,并且检测到 $V_2C$ 出现在钎缝中心区域,因此"3"中包含了 $Co_2Si$ 和 $V_2C$ 相。反应区 D 主要由富 V 相(见图 4 - 6(b)中"6")以及 $Co_2Si + V_2C$ 混合相(见图 4 - 6(b)中"5")组成。

因此,在 Co 基钎料与 SiC 的连接界面,添加的元素 V 与 C 发生反应,并且这种反应在消除连接界面周期性带状反应层结构起到了至关重要的作用。

相比较 BCo1 钎料而言,尽管 SiC 与 Co - V36 - Si - B 之间的反应得到有效控制,但是 Co - V36 - Si - B 的润湿试样在冷却过程中依然出现发生在 SiC 内部的内聚型开裂(见表 4 - 4),说明 Co - V 钎料不是钎焊 SiC 的理想钎料。

就三种 PdNi 基钎料而言,在 1523K/10min 的规范下获得较小的润湿角(11° ~ 16°(见表 4 - 4)),另外 PdNi - Cr(15 ~ 24) 和 PdNi - Cr(15 ~ 24) - V(6 ~ 13) 两种钎料的润湿试样在冷却后依然粘附良好,未出现开裂现象。图 4 - 7 给出了这三种钎料的与 SiC 连接界面的背散射电子像,可以看出,这些界面中未出现类似于 BCo1 界面中的带状组织。

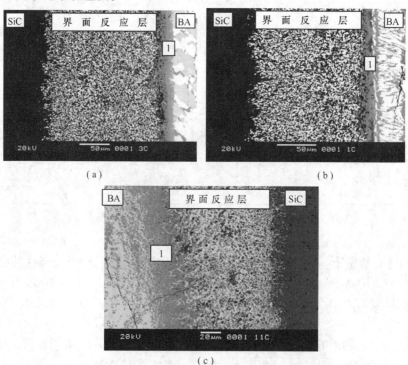

图 4 - 7  SiC 与三种 PdNi 基钎料连接界面的背散射电子像("BA"为钎料)
(a) PdNi - Cr(15 ~ 24); (b) PdNi - Cr(15 ~ 24) - V(6 ~ 13); (c) PdNi - V(14 ~ 21)。

此外,在三种 PdNi 基钎料的界面反应层与钎料基体之间均出现了一层灰黑色反应层。对于 PdNi – Cr(15 ~ 24),根据 XEDS 分析结果(见表 4 – 6),反应层(图 4 – 7(a)中"1")主要由 $Cr_{23}C_6$ 组成。Cr 的碳化物主要有四种,分别为 $Cr_{23}C_6$、$Cr_7C_3$、$Cr_3C_2$ 和 $Cr_4C$,依据吉布斯自由形成能,在 1400K 条件下,$Cr_{23}C_6$、$Cr_4C$、$Cr_7C_3$ 和 $Cr_3C_2$ 的自由能分别为 – 460kJ/mol、– 96kJ/mol、– 70kJ/mol 和 – 12kJ/mol。因此,从热动力学观点来看在连接界面最有可能的碳化物为 $Cr_{23}C_6$。

表 4 – 6　对应图 4 – 7 和图 4 – 8 中特征微区的 XEDS 成分分析结果

| 区域 | 化学成分/%(原子分数) | | | | | | | 可能的物相 |
| --- | --- | --- | --- | --- | --- | --- | --- | --- |
| | C | Si | Cr | Ni | Pd | V | 合计 | |
| 图 4 – 7(a)中的"1" | 23.68 | 1.13 | 73.91 | 1.07 | — | 0.21 | 100.00 | $Cr_{23}C_6$ |
| 图 4 – 8 中的"1" | — | 29.47 | | 32.23 | 38.30 | | 100.00 | (Pd – Si) + (Ni – Si) |
| 图 4 – 8 中的"2" | — | 28.18 | 52.08 | 19.74 | | | 100.00 | (Cr – Si) + (Ni – Si) |
| 图 4 – 8 中的"3" | 88.52 | 2.45 | | 5.00 | 4.03 | | 100.00 | 石墨 |
| 图 4 – 7(b)中的"1" | 10.80 | 5.46 | 67.12 | 3.70 | 0.30 | 12.62 | 100.00 | $Cr_{23}C_6 + V_2C$ |
| 图 4 – 7(c)中的"1" | 21.39 | 1.27 | 0.67 | 1.53 | 0.75 | 74.39 | 100.00 | $V_2C$ |

界面反应层由三种组织组成,分别为灰白相(图 4 – 8 中"1")、灰色相("2")和黑色相("3")。其中灰白相由 Pd – Si 和 Ni – Si 化合物组成,灰色相由 Cr – Si 和 Ni – Si 化合物组成,而黑色相为石墨。另外,对于 SiC/金属(Ni、Cr 或 Pd)反应体系,相应的硅化物为 $Ni_2Si$ 和/或 $Ni_5Si_2$(对于 Ni – Si),$Cr_3Si$ 和/或 $Cr_7Si_3$(对于 Cr – Si),$Pd_2Si$ 和 $Pd_3Si$(对于 Pd – Si)[22, 23]。当然,扩散反应中确切的反应产物还需进一步研究确定。

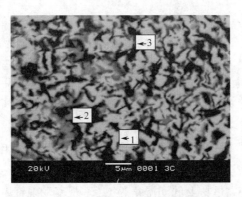

图 4 – 8　对应图 4 – 7(a)中界面反应层的高倍组织背散射电子像

从图 4 – 9 中可以看出,当元素 V 加入到 PdNi 基钎料中时,V 同 Cr 一样参与了界面反应,并且富集在反应层中(图 4 – 7(b)中"1")。另外,当用 V 完全取代 PdNi – Cr 中的 Cr 时,反应层(图 4 – 7(c)中"1")主要为 $V_2C$ 相(见表 4 – 6)。

采用三种 PdNi 基钎料在连接界面中未出现周期性的带状组织。当 V 加入到

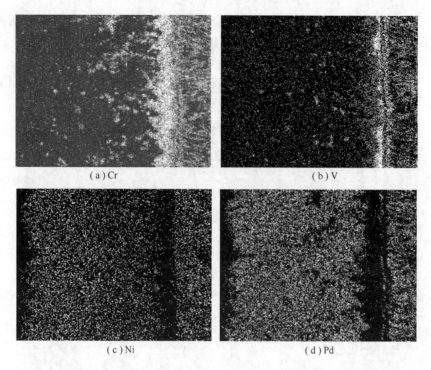

(a) Cr　　　　　　　　　　　　(b) V

(c) Ni　　　　　　　　　　　　(d) Pd

图 4-9　SiC/PdNi-Cr-V 连接界面中元素 Cr(a)，V(b)，Ni(c) 和 Pd(d) 的面分布

PdNi-Cr 中时能够有效控制界面反应，在 1523K/10min 规范下，反应层厚度从 Pd-Ni-Cr(15~24) 的 204 μm 降到 PdNi-Cr(15~24)-V(6~13) 的 160 μm，再降到 PdNi-V(14~21) 的 137 μm。

　　总之，V 添加入 Co 基或 PdNi 基钎料中时，能够消除界面中的周期性带状组织，并且 V 与 SiC 母材中的 C 反应生成相应的碳化物，从而能够有效控制界面反应。

## 4.4　Pd(Co)Ni(Cr)-V 钎料钎焊 SiC/SiC 的接头组织及性能

　　在上述研究结果基础上，为适当降低钎料的液相线温度，新设计了 PdNi-Cr-V 系合金钎料，成分为 PdNi-Cr(16~22)-V(7~21)。1573K/10min 规范润湿试验测得钎料在 SiC 母材上的润湿角为 11°。观察发现钎料熔化后向四周铺展，熔化的钎料周边呈现圆环状，略带有前驱膜现象(见图 4-10)，而且 PdNi-Cr-V 钎料与母材边缘结合良好，无裂纹产生。

　　通过观察润湿试样剖面的微观组织可以发现，使用 PdNi-Cr-V 钎料获得的界面反应层组织均匀(见图 4-11(a))，溶有碳的硅化物呈等轴状弥散分布在硅化物基体中；而在采用 BCo1 钎料获得的接头界面组织中(见图 4-11(b))，出现了

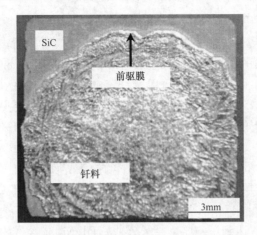

图 4 - 10　钎料 PdNi - Cr - V 在 SiC 上润湿情况的宏观照片

硅化物层以及溶有碳的硅化物层交替分布的带状反应层结构,这种结构对应的接头强度很差。通过对这两种钎料在 SiC 上润湿反应界面的组织对比,可以说明采用 PdNi - Cr - V 钎料较 BCo1 钎料更能有效控制界面反应以及所形成的组织类型,从而有利于接头性能的提高。

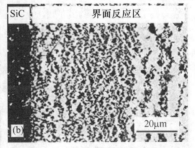

图 4 - 11　(a) 钎料 PdNi - Cr - V 和(b) 钎料 BCo1 在 SiC 上润湿界面的背散射电子像

　　基于上述试验结果,新设计了 PdNi - Cr(10 ~ 25) - V(5 ~ 25) - Si - B 钎料并将其制成急冷态箔带,获得了完好的性能试样接头。性能测试结果表明,利用急冷态钎料在 1463K/10min 和 1493K/10min 两种规范下得到的 SiC/SiC 接头室温三点抗弯强度平均值分别为 84.6 MPa 和 59.7 MPa(见表 4 - 7)。由此可见,焊接规范对接头性能影响很大,焊接温度过高对接头性能不利。

表 4 - 7　采用 PdNi - Cr - V - Si - B 合金钎料获得的 SiC/SiC
接头室温三点抗弯强度[24]

| 试样编号 | 钎焊规范 | 室温三点弯曲强度/MPa | 平均值/MPa |
|---|---|---|---|
| 1# | 1463K/10min | 89.9 | 84.6 |
| 2# | 1463K/10min | 79.3 | |
| 3# | 1493K/10min | 56.3 | 59.7 |
| 4# | 1493K/10min | 63.1 | |

图 4 – 12 分别给出了 1463K/10min(见图 4 – 12(a))和 1493K/10min(见图 4 –12(b))两种规范下接头界面的背散射电子像。可以看出,两种规范下形成的接头组织类似,均由紧靠 SiC 的反应层(图 4 – 12(a)中"1"和"2")、靠近反应层的灰色带状区(图 4 – 12(a)中"4")以及钎缝中心分布有灰色块状相的白色基体区(图 4 – 12(a)中"5"和"6")组成。通过对两种规范下接头组织的比较可知,1493K/10min 规范下的钎缝中心区灰色块状相尺寸较 1463K/10min 规范下的粗大,且分布不均匀。

从表 4 – 8 给出的 1463K/10min 规范下的接头界面特征区域合金成分分布来看,靠近母材的反应层中的灰色相(图 4 – 12(a)中"1")内部 C 含量达到了 44%(原子分数),Ni 含量相对较高,Si 和 Pd 的含量相当;而黑色相(图 4 – 12(a)中"2")中 C 含量很高,达到了 60%(原子分数),Pd,Ni,Si 含量相当;白色相基体区(图 4 – 12(a)中"3")主要由 Pd,Ni,Si 组成,未检测到其他元素含量。靠近反应层的灰色带状区(图 4 – 12(a)中"4")中富 Cr(含量达到 43.85%(原子分数)),贫 Pd,且含有近 12%(原子分数)的 V;钎缝中心分布的灰色块状相(图 4 – 12(a)中"5")中富 V,贫 Pd,其中 Si 含量也比较低,含量主要以 V、Cr 和 C 为主;钎缝中心白色基体区(图 4 – 12(a)中"6")除贫 C 外其他合金元素分布较为均匀。表 4 – 8 还给出了接头特征区中推断的物相成分。

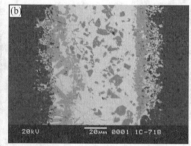

图 4 – 12　采用 PdNi – Cr – V 钎料在 1463K/10min(a) 和
1493K/10min(b)两种规范下的接头界面背散射电子像

表 4 –8　采用 PdNi – Cr – V 钎料的接头界面特征区域 XEDS 成分分析结果

| 区域 | 化学成分/%(原子分数) | | | | | | |
|---|---|---|---|---|---|---|---|
| | Pd | Ni | Cr | V | Si | C | 合计 |
| 灰色相"1" | 16.80 | 25.93 | — | — | 13.20 | 44.07 | 100.00 |
| 黑色相"2" | 12.14 | 12.77 | — | — | 15.07 | 60.02 | 100.00 |
| 白色相"3" | 34.17 | 35.16 | — | — | 30.67 | — | 100.00 |
| 灰色反应带"4" | — | 7.59 | 43.85 | 11.60 | 14.52 | 22.44 | 100.00 |
| 灰色块状相"5" | — | 6.91 | 15.43 | 47.22 | 4.94 | 25.50 | 100.00 |
| 白色基体"6" | 19.55 | 28.27 | 8.37 | 22.94 | 20.87 | — | 100.00 |

从图 4 - 13 给出的 1463K/10min 规范下接头界面的元素面分布情况来看,元素 Cr 主要分布在接头中的灰色带状区以及钎缝中心的灰块相中(图 4 - 13(b));Si 在整个钎缝界面均有分布(图 4 - 13(e));Ni 和 Pd 分布情况彼此类似,主要分布在钎缝中白色区域(图 4 - 13(c)和(d));V 则在钎缝中灰色带状区及钎缝中心区分布居多(图 4 - 13(f))。

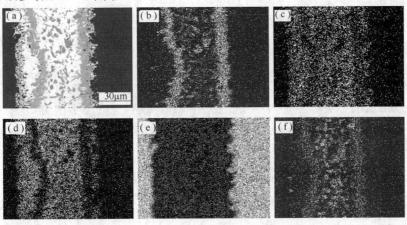

图 4 - 13　采用 PdNi - Cr - V 钎料获得的 SiC/SiC 接头背散射电子像(a)及元素 Cr(b)、Ni(c)、Pd(d)、Si(e)、V(f)的面分布

利用钎料润湿母材,之后将润湿钎料表层打磨,直至接近扩散反应层,通过分析打磨后试样的表面来模仿接头中存在的物相。图 4 - 14 给出了钎料铺展面的 X 射线衍射(XRD)图谱,从图中可以看出,被检测面出现了 $Pd_9Si_2$,$Pd_{2.2}Si_{0.3}$,$V_3Si$,$Cr_3Si$,$CrSi$,$Ni_2Si$,$V_2C$,$Cr_{23}C_6$ 等相。

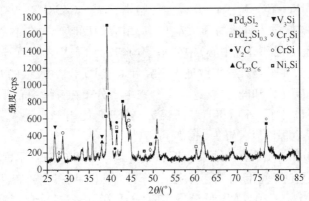

图 4 - 14　钎料润湿界面的 XRD 图谱

J. H. Gulpen 和 Bhanumurthy 等人[22, 23]的研究结果表明,在高温下,SiC 发生分解:SiC → Si + C,其中 Si 与钎料中的 Pd 和 Ni 相互作用分别生成 $Pd_2Si$,$Pd_3Si$ 相和 $Ni_2Si$,$Ni_5Si_2$ 相,析出的 C 一部分以石墨态形式分布在各相之间,另一部分与 Cr

107

和 V 发生反应形成相应的碳化物。本节中,接头中 Ni 和 Pd 主要分布在靠近 SiC 基体附近的反应层和钎缝中的白色区域内(见图 4 – 13 的(c)和(d))。根据图 4 – 14 的钎料润湿面 X 射线衍射图谱可知,在这些区域内检测到 $Pd_9Si_2$,$Pd_{2.2}Si_{0.3}$,$Ni_2Si$ 等相的存在,而未检测到 $Pd_2Si$,$Pd_3Si$,$Ni_5Si_2$ 相,分析认为由于衍射试样制取难度很大,打磨的被检测面未达到扩散反应层所致。

Cr 主要分布在靠近反应层的灰色带状区和钎缝中心的灰色块状相中(见图 4 –13 的(b))。钎焊过程中,Cr 分别和 Si 与 C 发生反应,生成相应的 $Cr_3Si$,$Cr_7Si_3$,$Cr_5Si_3C$ 相和 Cr – C 相[10],其中 Cr – C 相包括 4 种类型,分别是 $Cr_{23}C_6$,$Cr_4C$,$Cr_7C_3$ 和 $Cr_3C_2$,从热力学角度来看,这 4 种化合物在 1400K 下的自由能分别为 $-460kJ/mol$,$-96kJ/mol$,$-70kJ/mol$,$-12kJ/mol$,所以接头中最可能存在的 Cr – C 相为 $Cr_{23}C_6$(见表 4 – 8 中的"5")。$Cr_5Si_3C$ 相相对比较稳定,在灰色带状区中可能存在此相(见表 4 – 8 中的"4")。

日本的 Fukai T 等[21]采用 V 箔在 1473 ~ 1673K 范围内进行了对 SiC 的连接研究,指出金属 V 与 SiC 的反应可以用下述两个式子表示:

$$SiC + 5V \rightarrow V_3Si + V_2C \tag{4-4}$$

$$4SiC + 14V \rightarrow V_5Si_3C_x + V_3Si + 3V_2C \tag{4-5}$$

本节中,连接接头中 V 主要分布在靠近反应层的灰色带状区以及钎缝中心的灰色块状相中(图 4 – 13 中的(f)),在这些区域内部,Si 含量高的地方 Pd、Ni、Cr 含量也相应较高,Si 与这些元素优先反应,这样 V 除少量形成 $V_3Si$ 外(见表 4 – 8 中的"4"和"6"),主要以 $V_2C$(见表 4 – 8 中的"4"和"5")的形式存在。

总之,用 PdNi – Cr – V – Si – B 合金钎料来钎焊 SiC/SiC,在焊接过程中 Pd 和 Ni 优先与母材扩散进入钎缝的 Si 发生反应,相应的反应产物在整个接头(包括钎料与 SiC 界面反应层和钎缝中心)中分布较均匀;而 Cr、V 在靠近 SiC 的反应区域基本不参与反应,而是与母材扩散进入钎缝且未与 Pd 和 Ni 反应的 C 和 Si 发生反应,形成相应的碳化物和硅化物,这些化合物主要分布在钎缝中心区域。

接下来,还设计了一种 PdCo 基高温钎料,研究使用 PdCo – V 系钎料控制与 SiC 陶瓷界面反应程度以及钎焊 SiC 的可行性。

1523K/10min 润湿试验结果表明,PdCo 合金对 SiC 陶瓷不润湿,随着 V 元素的加入,合金在陶瓷上的润湿角逐渐降低(见图 4 – 15 和图 4 – 16),V 元素的添加量为 5% ~ 20%(质量分数)时,样品随炉冷却后都得到了完整的界面,而且当 V 元素的添加量达到 10% ~ 20%(质量分数)时,合金的润湿角达到 16°的稳定值。

如前所述,钴基钎料 BCo1 与 SiC 陶瓷发生了十分强烈的化学反应,在紧靠 SiC 的界面上形成了由硅化物层以及溶有碳的硅化物层交替变化的带状反应层结

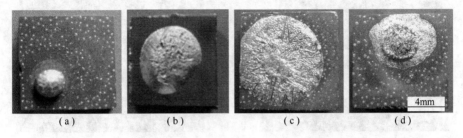

(a)　　　　　(b)　　　　　(c)　　　　　(d)

图 4 - 15　PdCo 基钎料对 SiC 陶瓷的润湿照片

(a) PdCo；(b) PdCo - V5；(c) PdCo - V10；(d) PdCo - V20。

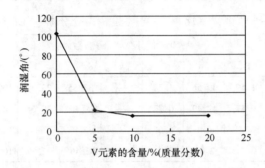

图 4 - 16　V 含量对 PdCo 基钎料在 SiC 上润湿角的影响

构(见图 4 -11(b))。而在 PdCoV 钎料与 SiC 的界面上(见图 4 -17),周期性的带状反应层结构已经消失,说明那种强烈的界面反应已经得到了控制。能谱分析结果表明,在反应界面形成了由富 Pd - Si 相和富 Co - Si 相交叉分布的反应层,元素 V 在紧靠 SiC 的界面区域未直接参与化学反应,只是在离 SiC 基材稍远的区域(如界面"1")参与了反应,形成了 V - C 化合物反应带。

随后,考虑到具有良好润湿性和合适的液相线温度等要求,设计了 PdCo - V(4 ~ 20) - Ni(2 ~ 4) - Si - B 钎料,并制成急冷态箔带,用于 SiC/SiC 的连接试验。结果表明,对应于 1463K、1493K 两个温度,保温时间均为 10min 的连接条件,均能得到完整的 SiC/SiC 接头,但钎焊接头的室温三点弯曲强度分别只有 52.0 MPa 和 56.8 MPa[25]。图 4 -18 示出采用 Pd - Co - Ni - V 系钎料获得的 SiC/SiC 接头(1463K/10min)的背散射电子像,表 4 -9 给出了接头中不同微观区域的能谱分析结果以及推断的物相。接头中在紧靠 SiC 的反应界面上,存在三种典型的反应生成相,即灰色微区"1",黑色微区"2"和白色微区"3",根据能谱分析结果推断其物相分别为 CoSi + 石墨,石墨 + $Co_2Si$ 以及 $Pd_2Si$。这里的 SiC/SiC 接头中在紧靠 SiC 的反应层以及接头中央都明显存在游离态的石墨,而且组织比较杂碎,认为 PdCo - V 系钎料对与 SiC 陶瓷界面反应的控制并不算十分理想,接头强度不高也是这个方面的一个侧证。

图 4-17　PdCo-V 钎料与 SiC 陶瓷界面的　　　图 4-18　采用 PdCo-Ni-V 系钎料获得的
　　　　背散射电子像(1523K/10min)　　　　　　SiC/SiC 接头(1463K/10min)的背散射电子像

表 4-9　图 4-18 中不同微区的成分分析(XEDS)结果

| 区域 | 化学成分/%（原子分数） | | | | | | | 可能存在的相 |
|---|---|---|---|---|---|---|---|---|
| | Pd | Co | Ni | V | Si | C | 合计 | |
| 灰色微区"1" | 1.59 | 39.56 | 1.71 | — | 33.55 | 23.59 | 100.00 | CoSi + 石墨 |
| 黑色微区"2" | 0.17 | 17.49 | 0.77 | — | 10.93 | 70.64 | 100.00 | 石墨 + $Co_2Si$ |
| 白色微区"3" | 54.50 | 6.40 | 6.07 | — | 33.03 | | 100.00 | $Pd_2Si$ |
| 块状区域"4" | 3.47 | 2.42 | 0.81 | 68.48 | 2.46 | 22.37 | 100.00 | $V_2C$ |

## 4.5　Co(Fe)Ni-Cr-Ti 系钎料对 SiC/SiC 的钎焊连接

这里首先设计了一种 CoNi-Cr-Ti 系高温钎料 Y56：CoNi(Si，B)-Cr(8~15)-Ti(14~21)[26]，制成厚度为 40μm，宽度约 6mm 的急冷态箔带。在 1453K/10min 条件下钎焊 SiC/SiC，接头微观组织如图 4-19 所示。可以看出，在钎料与 SiC 陶瓷之间的界面中，紧邻 SiC 基体，形成了由两种化合物(图 4-19 中的"1"和"2")组成的反应层，其厚度约 22μm。

在高温下，金属元素与 SiC 之间可能发生一系列的化学反应。图 4-19 中生成的各物相成分的能谱分析结果见表 4-10。

从表 4-10 可见，图 4-19 中的"1"和"2"均为(Co，Ni)-Si 硅化物，距 SiC 基体稍远一些的界面层(图 4-19 中的"3")，其主要成分为 C 和 Cr(见表 4-10)，因此该界面层组成为 Cr-C 化合物或(Cr-C)+C。

因此，在 Y56 钎料/SiC 界面，钎料中的元素 Co 和 Ni 与 SiC 反应，生成(Co，Ni)-Si 硅化物，随后 SiC 分解释放的 C 与钎料中的元素反应，生成 Cr 的碳化物，而钎料中的元素 Ti 未参与界面反应。

在钎缝中心的金属基体上，弥散分布着一些 TiC 颗粒(图 4-19 中的"5")和 TiC+(Cr-C)混合物相(图 4-19 中的"4")。此外，从图 4-19 还可看出，在钎缝中存在一些裂纹。显然，裂纹的存在对接头性能不利。

测试了 1453K/10min 和 1493K/10min 两种钎焊规范下的 SiC/SiC 接头室温四点弯曲强度,分别为 12 MPa 和 10 MPa。Y56 钎料/SiC 界面层由硅化物和铬－碳化物组成,其中紧邻 SiC 陶瓷的硅化物层较厚,约 22μm(图 4－19 中"1"、"2")。接头强度低与接头组织和钎焊缝中存在的裂纹有关。

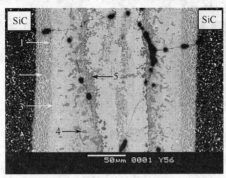

图 4－19　Y56 钎料钎焊 SiC 陶瓷接头的背散射电子像(1453K/10min,钎料厚度:120μm)

表 4－10　　图 4－19 中几个微区成分能谱分析结果

| 区域 | 化学成分/%(原子分数) | | | | | | | 合计 | 推断的相 |
| --- | --- | --- | --- | --- | --- | --- | --- | --- | --- |
| | C | Si | Cr | Ni | Co | Ti | Au | | |
| 1 | — | 19.14 | 1.61 | 36.04 | 43.21 | | — | 100.00 | (Co, Ni)－Si |
| 2 | — | 17.56 | 1.67 | 35.20 | 42.27 | | 3.32 | 100.00 | (Co, Ni)－Si |
| 3 | 34.86 | 1.49 | 53.61 | 3.36 | 4.97 | — | 1.71 | 100.00 | (Cr－C)或(Cr－C)＋C |
| 4 | 46.19 | 29.89 | 0.91 | 1.69 | | 21.25 | | 99.93 | TiC＋(Cr－C) |
| 5 | 25.03 | 6.15 | 2.26 | 3.86 | | 62.52 | | 99.82 | TiC |

进一步设计了一种 CoFeNi－Cr－Ti 系高温钎料 Y15:CoFeNi(Si, B)－Cr(8～15)－Ti(14～21)[27, 28],希望通过加入 Fe 元素达到控制和改善接头界面反应的目的,从而提高接头强度。DTA 方法测试 Y15 钎料的液相线温度为 1384.3K。在 1493K/10min 规范下测试了金属混合粉形态的 Y15 钎料在 SiC 上润湿角为 38°,润湿试样在 SiC 内部断裂,而不是断裂在钎料与 SiC 的界面。

图 4－20 为 Y15 钎料/SiC 陶瓷润湿界面组织。钎料 CoFeNiCr 中加入 Ti 元素可有效控制界面反应,未生成如 BCo1 钎料润湿 SiC 时界面形成的周期性带状组织形貌(见图 4－11(b))。通过 XEDS 分析反应界面特征区域的成分含量,结果表明 Y15 对应接头中反应带"1"(见图 4－20)中富集 Ti,主要由 Ti 和 TiC 相组成。

SiC/SiC 接头连接时采用急冷态箔带钎料 Y15,选用不同钎焊温度和钎料厚度作为变化参数,接头室温四点弯曲强度值见图 4－21 和图 4－22。在较低的钎焊温度下(1423～1453K)采用较薄的钎料(如 40μm)获得的接头强度值较低,而当钎料厚度分别增加到 80μm 和 120μm 时,在最低的钎焊温度 1423K 下获得了最高

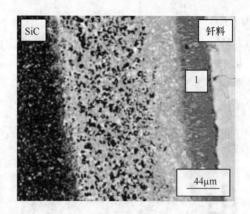

图 4 – 20　SiC/Y15 钎料界面的背散射电子像

的接头强度。钎焊时间对接头强度也会产生影响,详见图 4 – 23。在本研究中,最佳的钎焊规范是 1423K/10min,钎料厚度为 120μm,对应的室温四点弯曲强度最大值为 161 MPa。

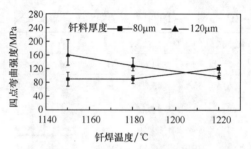

图 4 – 21　钎焊温度对 SiC/SiC 接头强度的影响(钎焊时间:10min)

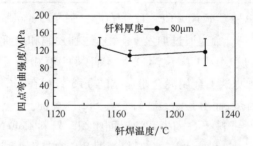

图 4 – 22　钎焊温度对 SiC/SiC 接头强度的影响
(钎料厚度:80μm,钎焊时间:10min)

SiC 与金属(代号 Me,下同,如 Ni、Co、Fe)的反应方程式如下:
$$Me + SiC \rightarrow 硅化物 + C(石墨) \tag{4-6}$$
对于 SiC/Ni、SiC/Co 和 SiC/Fe 系而言,相应的硅化物分别为 $Ni_2Si$ 和(或)$Ni_5Si_2$[22]、$Co_2Si$ 和(或)$CoSi$[17, 19, 20] 和 $Fe_3Si$[29]。

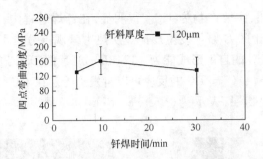

图 4 – 23　钎焊时间对 SiC/SiC 接头弯曲强度的影响(钎焊温度:1423K)

对于单一的 SiC/Me(Cr、Ti)系统,相应的反应式可以描述如下:

$$Me + SiC \rightarrow 硅化物 + 碳化物 + (Me_xSi_yC_z) \qquad (4-7)$$

然而,当几种元素共同与 SiC 相互作用时,反应产物会非常复杂,其中可能包含二元或三元化合物的混合物。例如,根据文献[30, 31],在 SiC 和 Ni 基高温合金或(Fe, Ni, Cr)合金的界面处生成了复杂的 Ni – Cr – Si 和(Ni, Fe)Si 三元硅化物相,甚至还形成(Ni, Co) – Cr – Si 和 Cr – Ni – Si – C 四元化物相。

1423K/10min 规范下,在接头(对应钎料厚度为 120μm)中靠近 SiC 的界面处首先形成 Si 化物层,该层厚度为 8μm(见图 4 – 24)。

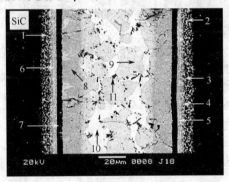

图 4 – 24　1423K/10min 规范下 Y15 钎料对应的
SiC/SiC 接头背散射电子像(钎料厚度:120μm)

由于 Co – Fe – Ni – Cr – Ti 钎料成分复杂,因此生成的硅化物的成分也很复杂(见图 4 – 24 中"1"、"2"和"3"以及表 4 – 11)。这里我们未过多关注硅化物形成的精确公式,而是根据成分分析结果采用(Co, Fe, Ni) – Si 来表示。另外,界面处出现一层薄薄的 Cr – Si 层,其中含有少量的 Co 和 Fe(见图 4 – 24 中"4"和表 4 – 11),我们将其表示为 Cr(Co, Fe) – Si。如图 4 – 25(c)所示,富 Cr 层(如 Cr(Co, Fe) – Si 层)厚度仅有 1.5 ~ 2.0μm。下一个反应层为新的 Si 化物层,表示为(Co, Fe, Cr, Ni) – Si(见图 4 – 24 中"5"和"6"以及表 4 – 11)。此外,还形成了一条厚度为 4μm 的黑色反应带(见图 4 – 24 中"7"),其中富集 Ti(见图 4 – 25(d)),

XEDS 分析结果表明,主要产物为 TiC。很明显,在钎焊过程中,活性元素 Ti 与从反应式(4-6)里析出的 C 原子发生反应。从热力学观点分析可知,TiC 较 SiC 稳定,如在 1423K 下 TiC 的自由形成能为 -124kJ/mol,远低于 SiC 的 -66kJ/mol[10],因此,在该温度下 Ti + C = TiC 的反应可以自发进行。在 TiC 带与接头中心区之间,又出现一层硅化物层,表示为(Co, Fe, Ni)-Si(见表 4-11),该层厚度约为 13μm。

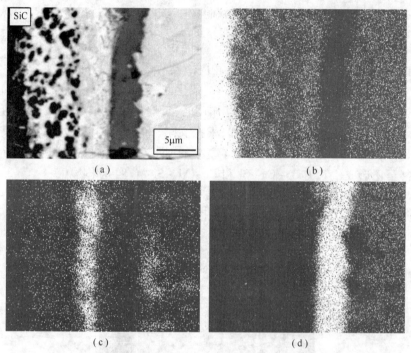

图 4-25 1423K/10min 规范下 Y15 钎料钎焊 SiC/SiC
接头局部背散射电子像(a)和元素 Si(b)、Cr(c)和 Ti(d)的元素面分布

表 4-11 图 4-24 中微观区域的 XEDS 分析结果及推断的物相

| 区域 | 化学成分/%（原子分数） | | | | | | | | | | 推断的物相 |
|---|---|---|---|---|---|---|---|---|---|---|---|
| | Fe | Co | Ni | Cr | Ti | Si | C | La | Au② | 合计 | |
| 1 | 23.11 | 27.09 | 10.14 | 4.46 | — | 30.59 | ① | — | 4.61 | 100.00 | (Co, Fe, Ni)-Si 和石墨 |
| 2 | 23.32 | 27.79 | 10.76 | 4.17 | 0.34 | 32.86 | ② | 0.77 | — | 100.00 | (Co, Fe, Ni)-Si 和石墨 |
| 3 | 22.22 | 26.30 | 10.07 | 3.97 | 0.49 | 35.80 | — | 1.16 | — | 100.00 | (Co, Fe, Ni)-Si |
| 4 | 8.62 | 12.64 | 1.56 | 42.61 | 2.12 | 32.45 | — | — | — | 100.00 | Cr(Co, Fe)-Si |
| 5 | 21.71 | 23.51 | 8.81 | 16.00 | — | 26.85 | — | — | 3.12 | 100.00 | (Co, Fe, Cr, Ni)-Si |
| 6 | 21.29 | 22.39 | 8.32 | 17.86 | 2.27 | 27.34 | — | 0.53 | — | 100.00 | (Co, Fe, Cr, Ni)-Si |
| 7 | 1.67 | 1.83 | 0.55 | 2.14 | 58.62 | 1.62 | 31.78 | — | 1.77 | 100.00 | TiC |

（续）

| 区域 | 化学成分/%（原子分数） | | | | | | | | | | 推断的物相 |
|---|---|---|---|---|---|---|---|---|---|---|---|
| | Fe | Co | Ni | Cr | Ti | Si | C | La | Au② | 合计 | |
| 8 | 21.47 | 31.40 | 12.20 | 5.41 | — | 25.95 | — | — | 3.58 | 100.00 | (Co, Fe, Ni) – Si |
| 9 | 20.10 | 26.63 | 8.54 | 7.72 | 23.11 | 11.02 | — | — | 2.88 | 100.00 | 溶入 11%（原子分数）Si 的 Co – Fe – Ni – Cr – Ti |
| 10 | 38.33 | 26.78 | 9.90 | 18.59 | — | 3.08 | — | — | 3.32 | 100.00 | 溶入 3%（原子分数）Si 的 Fe – Co – Cr – Ni |
| 11 | 4.37 | 4.34 | 1.43 | 3.75 | 17.54 | 1.11 | 66.34 | — | 1.12 | 100.00 | TiC |

① XEDS 图谱显示存在 C 元素,但由于含量不高以及 XEDS 的测量精度,很难给出其定量值;

② 为便于测量,分析试样表面喷 Au

图 4 – 26 给出了 1423K/10min 规范下的模拟 SiC/SiC 接头的 XRD 分析结果。模拟试样利用润湿试样制成,即将 120μm 厚的钎料叠层放置在 SiC 表面进行真空加热,试样冷却出炉后对润湿的钎料在不同目数的砂纸上逐级打磨,当打磨到反应层区位置时,每磨掉 5μm 就做一次 XRD 分析,直至找到所需要的位置。可以看出反应产物包括 Ni$_2$Si[32]、CoSi[33]、Cr$_3$Si[34]、Fe$_3$Si[35]、Cr$_{23}$C$_6$[36]、TiC[37]、C[38] 等,XRD 图谱中几个 SiC 峰[39] 也清晰可见。根据 XRD 分析结果,上述提到的(Co, Fe, Cr, Ni) – Si 由简单的二元硅化物组成,但并未检测到三元或四元化合物相存在。总之,XRD 分析结果进一步证实了表 4 – 11 中列出的 XEDS 分析结果。值得注意的是在接头反应产物中,TiC 的峰值最强。

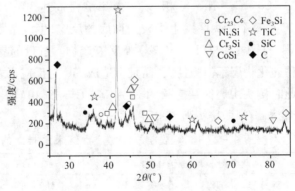

图 4 – 26　SiC 钎焊面的 XRD 衍射图谱(Y15 钎料箔带,1423K/10min)

综合上述分析结果,Co – Fe – Ni – Cr – Ti 钎料/SiC 体系的反应顺序可以表示如下:①元素 Co、Fe 和 Ni 优先与 SiC 反应,生成(Co,Fe,Ni) – Si;②主元素 Cr 参与界面反应生成 Cr(Co,Fe) – Si 和 Cr$_{23}$C$_6$;之后元素 Co、Fe、Ni 与 Cr 与 SiC 反应生成(Co,Fe,Cr,Ni) – Si;③随后 Ti 与从 SiC 释放出的 C 原子反应生成 TiC 带;④另一个(Co,Fe,Ni) – Si 反应层在 TiC 带和接头中心区之间形成。

1423K/10min 规范下 SiC/SiC 接头中心区主要由溶有 11% Si 的 Co – Fe – Ni – Cr – Ti 相(见图 4 – 24 中"9")、溶有 3% Si 的 Fe – Co – Cr – Ni 合金相(见图 4 – 24 中"10")和弥散分布的 TiC 颗粒(见图 4 – 24 中"11")组成。

因此,SiC/SiC 接头组织总体可以描述如下:SiC/反应区(硅化物或碳化物)/合金相/反应区(硅化物或碳化物)/SiC。TiC 的热膨胀系数($\alpha$)为 $7.2 \times 10^{-6}$ $K^{-1}$[40],大多数的 Ni、Fe、Co 和 Cr 的 Si 化物 $\alpha$ 值大于 $8 \times 10^{-6} K^{-1}$[30,41],如 $Cr_3Si$ 和 CrSi 的 $\alpha$ 值分别达到 $10.5 \times 10^{-6} K^{-1}$[42,43] 和 $11.1 \times 10^{-6} K^{-1}$[20]。所有这些化合物的 $\alpha$ 值均远高于 SiC 的 $3 \times 10^{-6} \sim 4.3 \times 10^{-6} K^{-1}$[40],毫无疑问,由于 SiC 与反应区和接头中心的合金相之间存在热膨胀系数差异,这将导致接头中存在残余热应力,该应力会对接头强度产生影响。另外,在接头中心形成的溶有仅 3% Si 的网状 Fe – Co – Cr – Ni 相在高温下是一种软合金相,可以充当接头缓释层,钎焊后可通过塑性变形释放接头中的热应力。

研究发现,钎焊规范的改变将导致接头微观组织的变化,从而接头强度也随之变化。采用厚度为 40μm 的钎料,在 1423K/10min 规范下获得的 SiC/SiC 接头中靠近 SiC 的 Si 化物反应层厚度约为 20μm(见图 4 – 27(a)),较厚度为 120μm 钎料对应的反应层厚得多,很明显厚度为 40μm 的钎料完全参与了界面反应。此外,采用厚度为 120μm 的钎料,在 1493K/10min 规范下获得的 SiC/SiC 接头中靠近 SiC 的 Si 化物反应层厚度约为 16μm(见图 4 – 27(b)中"1"和"2"),并且与其邻近的富 Cr 层("3")增厚,约为 5μm。如表 4 – 12 所列,接头中心的基体区(见图 4 – 27(b)中"4")为 Fe – Co – Cr – Ni – Si 相,该相中 Si 含量高达 30.07%(原子分数),这说明钎料与 SiC 在整个接头区发生了较为彻底的反应,生成了复杂的硅化物和 TiC(或 TiC + 石墨,见图 4 – 27(b)中"5")等反应产物。过量的界面反应导致 Si 化物层变厚,这种硅化物层不但脆性大,而且会造成 SiC 与反应区之间存在较大的热应力。另外,此时接头中心区缺乏软的 Fe – Co – Cr – Ni 相(如图 4 – 24 中"10"相),所有这些因素将会削弱接头强度水平。

表 4 – 12　图 4 – 27 中微区的 XEDS 分析结果及推断的物相

| 区域 | 化学成分/%(原子分数) | | | | | | | | | | 推断的物相 |
| --- | --- | --- | --- | --- | --- | --- | --- | --- | --- | --- | --- |
| | Fe | Co | Ni | Cr | Ti | Si | C | La | Au | 合计 | |
| 1 | 22.66 | 22.42 | 7.87 | 5.61 | — | 29.16 | ① | 2.82 | 9.18 | 100.00 | (Co, Fe, Ni) – Si 和石墨 |
| 2 | 22.12 | 24.22 | 9.62 | 5.08 | — | 39.24 | | | | 100.00 | (Co, Fe, Ni) – Si |
| 3 | 9.04 | 11.78 | 1.57 | 42.79 | | 30.38 | | | 4.45 | 100.00 | Cr(Co, Fe) – Si |
| 4 | 24.08 | 23.65 | 9.13 | 8.37 | 1.08 | 30.07 | | | 3.62 | 100.00 | (Co, Fe, Cr, Ni) – Si |
| 5 | 1.32 | 2.07 | 0.62 | 1.68 | 52.72 | 1.28 | 35.21 | | 2.12 | 100.00 | TiC |
| ① C 元素含量为推断值 | | | | | | | | | | | |

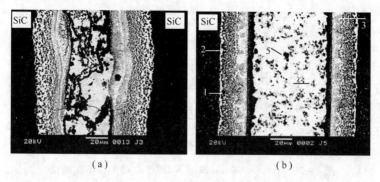

图 4 - 27　不同温度和不同厚度条件下 SiC/SiC 接头的背散射电子像
(a) 40μm,1423K/10min;(b) 120μm,1493K/10min。

　　不同的 SiC/SiC 接头强度对应着不同的接头断裂形式,如图 4 - 28(a)所示,在最佳钎焊规范下获得的试样,裂纹起源于钎焊界面并且向两侧 SiC 母材扩展,试样断面可以看到明显的陶瓷断裂形貌(见图 4 - 28(b))。对于低强度的接头,断裂发生在反应界面而不是在 SiC 内部。

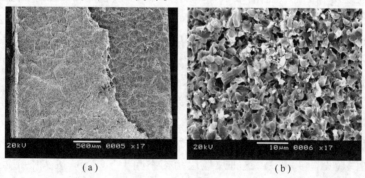

图 4 - 28　1423K/10min 钎焊 SiC/SiC 接头断口形貌(钎料厚度 120μm)
(a) 低倍;(b)高倍。

　　图 4 - 29 给出了最佳钎焊规范下的 SiC/SiC 接头强度以及相应的测试温度,可以看出,接头的室温、973K、1073K 和 1173K 的三点弯曲强度平均值分别为142.2MPa、162.3MPa、188.2MPa 和 181.5MPa,说明采用新设计的 CoFeNi(Si, B)CrTi 钎料获得的 SiC/SiC 高温强度稳定。高温下的接头强度高于室温下的接头强度,主要是因为接头残余应力在高温下得到有效释放。

　　如前所述,最佳钎焊规范下的 SiC/SiC 接头反应层由多层的 Si 化物和 TiC 带组成,并且接头中心基体区含有 Co – Fe – Ni – Cr – Ti – Si 相和 Fe – Co – Cr – Ni相,其中还分布有少量的 TiC 颗粒,分析认为接头中 TiC 的形成不但消除了周期性带状组织结构,而且提高了接头高温强度和高温稳定性。

　　值得注意的是,当测试温度从 1073K 进一步提高到 1173K 时,接头强度平均值略有下降趋势,并且强度数据的分散性加大。

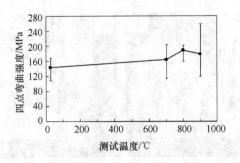

图 4 - 29　1423K/10min 规范下 SiC/SiC 接头在不同测试
温度下的三点弯曲强度(钎料厚度:120μm)

# 4.6　CoFeNi – Cr – Ti 钎料对
# SiC/GH3044 的连接及界面冶金行为

采用上述研制的急冷态箔带状 Y15 钎料对 SiC 陶瓷与 GH3044 高温合金进行了钎焊研究。

GH3044 的主要成分为:Ni 余量、C≤0.10、Cr(23.5 ~ 26.9)、W(13.0 ~ 16.0)、Fe≤4.0、Mo≤1.5、Al≤0.50、Ti(0.30 ~ 0.70)、Si≤0.80、Mn≤0.50(%(质量分数)),该材料是一种能够在 1173K 以下长期工作的变形高温合金。

直接采用单层 Ni 作为 SiC/GH3044 接头的缓释层,结果表明接头基本无强度(见表 4 – 13),采用 Ni/W/Ni 三层结构作为缓释层的 SiC/GH3044 接头强度依然很低。观察 SiC/Ni/W/Ni/GH3044 接头微观组织发现,在 SiC/Ni 的界面出现周期性的带状组织(见图 4 – 30),这种反应层结构不同于 SiC/SiC 接头中靠近 SiC 的反应层(见图 4 – 24),毫无疑问,这是钎焊过程中一部分中间层 Ni 溶解到液态钎料中与 SiC 和钎料间正常的反应相干涉的结果。同时,该反应也导致了 Ni 中间层从原始厚度的 0.2mm 下降到反应后的 0.1mm(见图 4 – 30),显然这种周期性的带状

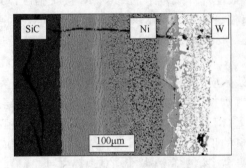

图 4 – 30　采用 Ni(0.2mm)/W(2mm)/Ni(0.2mm)复合中间层
获得的 SiC/GH3044 接头中 SiC/Ni/W 界面背散射电子像

结构对接头性能不利。在 SiC 被焊表面以及界面反应层中均出现了长裂纹,采用 Ni 或 Ni/W/Ni 作为中间层的 SiC/GH3044 接头均断裂在 SiC/Ni 之间的界面处,这表明在钎焊陶瓷/金属时,Ni 不适合作为中间层。

接下来,设计了 Kovar/W/Ni 三层结构复合中间层,选用的 Kovar 合金名义成分为 Fe - Ni32 - Co15(%(质量分数)),接头的室温四点弯曲强度明显提升至 62.5 ~ 64.6 MPa(见表 4 - 13)。

表 4 - 13　1423K/10min 规范下 SiC/GH3044 接头的室温四点弯曲强度(MPa)[44]

| 接头形式 | 强度值 | 平均值 | 备注 |
|---|---|---|---|
| SiC/Ni(0.2mm)/GH3044 | 0;0;0 | 0 | 钎焊后,试样取出时断开 |
| SiC/Ni(1.0mm)/GH3044 | 0;0;0 | 0 | 钎焊后,试样取出时断开 |
| SiC/Ni(0.2mm)/W(1.0mm)/Ni(0.2mm)/GH3044 | 0;0;0 | 0 | 断裂在 SiC/Ni 界面 |
| SiC/Ni(0.2mm)/W(2.0mm)/Ni(0.2mm)/GH3044 | 3.0;5.0;10.0 | 6.0 | 断裂在 SiC/Ni 界面 |
| SiC/Kovar(0.2mm)/W(1.0mm)/Ni(0.2mm)/GH3044 | 50.2;59.0;84.6 | 64.6 | 断裂在 Kovar/W 界面 |
| SiC/Kovar(0.2mm)/W(2.0mm)/Ni(0.2mm)/GH3044 | 49.6;57.7;80.2 | 62.5 | 断裂在 Kovar/W 界面 |

图 4 - 31 给出了采用(0.2mm)Kovar/(2mm)W/(0.2mm)Ni 复合中间层的 SiC/GH3044 接头中 SiC/Kovar 界面的背散射电子像以及元素 Si 和 Ti 的面分布,从中可以看出,"1"和"2"两个反应层由 Si 化物组成,反应带"3"为 TiC 层。很明显,SiC/Kovar 接头的反应层结构与 SiC/SiC 接头中靠近 SiC 的界面反应层组织相近(见图 4 - 24)。

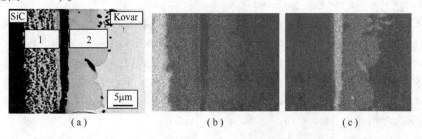

(a)　　　　　　　(b)　　　　　　　(c)

图 4 - 31　Kovar(0.2mm)/W(2mm)/Ni(0.2mm)叠层结构中间层对应接头中 SiC/Kovar 界面的背散射电子像(a)和元素 Si(b)、Ti(c)的面分布

从软性中间层角度来看,Ni 的屈服强度(120 MPa)较 Kovar 合金(343 MPa)低(见表 4 - 14),因此理论上 Ni 缓解应力的效果更好,获得的接头强度会更高。然而,在陶瓷/金属接头中,陶瓷与中间层合金在界面处的冶金行为也是影响接头强度的重要因素之一[45,46]。相对 Ni 而言,Kovar 合金的成分更加接近于所用的钎料

成分,因此 Kovar 合金对于被焊的 SiC 与钎料之间正常界面反应的影响是可以忽略不计的。

表 4 – 14　所用材料的物理及力学性能的对比

| 材料 | $\alpha/(10^{-6}\mathrm{K}^{-1})$ | $E/\mathrm{GPa}$ | $\sigma_{0.2}/\mathrm{MPa}$ | 熔点/K |
|---|---|---|---|---|
| GH3044 | 12.3 | — | 415 | 1648 |
| SiC | 4.3 | 211 | — | — |
| W | 4.5 | 411 | — | 3660 |
| Ni | 13.4 | 225 | 120 | 1728 |
| Kovar | 6.9 | 139 | 343 | 1773 |

另一方面,Kovar 合金具有比 Ni 低的热膨胀系数(前者 $6.9 \times 10^{-6}\mathrm{K}^{-1}$,后者 $13.4 \times 10^{-6}\mathrm{K}^{-1}$),当用其作为中间层钎焊 SiC 时,相对 Ni 而言更能有效释放接头中的残余热应力,并且对提高接头强度有利。另外还发现,由于 SiC/Kovar 界面间的强度提高,SiC/GH3044 接头的断裂位置发生了改变,表现为从先前 Ni/W/Ni 作为中间层的 SiC/Ni 界面转变为 Kovar/W/Ni 中间层对应的 Kovar/W 界面。

## 参 考 文 献

[1] Okamura H. Brazing ceramics and metals [J]. Welding International, 1993, 7(3): 236 – 242.

[2] Xiao P, Derby B. Wetting of silicon carbide by chromium containing alloys [J]. Acta Materialia, 1998, 46 (10): 3491 – 3499.

[3] Naka M, Taniguchi H, Okamoto I. Heat – resistant brazing of ceramics(report I) – brazing of SiC using Ni – Ti filler metals [J]. Transactions of JWRI, 1990, 19(1): 25 – 31.

[4] Chou T C. Interfacial debonding by solid – state reactions of SiC with Ni and Co [J]. Scripta Metallurgica et Materialia, 1993, 29(2): 255 – 260.

[5] McDermid J R, Pugh M D, Drew R A L. The interaction of reaction – bonded silicon carbide and inconel 600 with a nickel – based brazing alloy [J]. Metallurgical Transactions A, 1989, 20A(9):1803 – 1810.

[6] 熊华平, 康燕生, 冈村宽志, 等. Co – V 基和 Co – Nb 基合金高温钎料对 SiC 陶瓷的润湿性研究[C]. 第十一次全国焊接会议论文集. 中国机械工程学会焊接学会, 2005, 1 – 125 ~ 1 – 127.

[7] Wan C G, Kritsalis P, Eustathopoulos N. Wettability of Ni – base reactive brazing alloys on alumina [J]. Mater. Sci. Technol. , 1994, 10(6): 466 – 468.

[8] Xiong H P, Wan C G, Zhou Z F. Development of a new CuNiTiB brazing alloy for joining $Si_3N_4$ to $Si_3N_4$[J]. Metallurgical and Materials Transactions A, 1998, 29A(10): 2591 – 2596.

[9] 庄鸿寿, 庄鸿寿. 钎焊手册[M]. 北京: 机械工业出版社, 1999: 215.

[10] Park J S, Landry K, Perepezko J H. Kinetic control of silicon carbide/metal reactions [J]. Materials Science and Engineering A, 1999, 259(2): 279 – 286.

[11] 深井卓, 刘玉莉, 奈贺正明. 用 FeTi 合金扩散连接 SiC 陶瓷[J]. 焊接学报, 1998, 19(2): 93 – 97.

[12] 刘玉莉, 冯吉才, 奈贺正明, 等. 用 Ti – Co 合金液相扩散连接 SiC 陶瓷[J]. 哈尔滨工业大学学报,

1998, 30(6)：61 - 64.

[13] 熊华平，毛唯，程耀永，等. 几种钴基高温钎料对 SiC 陶瓷的润湿与界面结合[J]. 金属学报，2001, 37 (9)：991 - 996.

[14] Xiong H P, Li X H, Mao W, et al. Wetting behavior of Co based active brazing alloys on SiC and the interfacial reactions [J]. Materials Letters, 2003, 57(22 - 23)：3417 - 3421.

[15] Mehan R L, Mckee D W. Interaction of metals and alloys with silicon - based ceramics [J]. J Mater Sci, 1976, 11(6)：1009 - 1018.

[16] Xiong H P, Chen B, Kang Y S, et al Wettability of Co - V, and PdNi - Cr - V system brazing alloys on SiC ceramic and interfacial reactions [J]. Scripta Materialia, 2007, 56(2)：173 - 176.

[17] William F Seng, Peter A Barnes. Calculations of cobalt silicide and carbide formation on SiC using the Gibbs free energy [J]. Mater Sci Eng: B, 2000, 76(3)：225 - 231.

[18] Fujimura T, Tanaka S I. In - situ high temperature X - ray diffraction study of Co/SiC interface reactions [J]. J Mater Sci, 1999, 34(23)：5743 - 5747.

[19] Lim C S, Jung Soo Ha, Jung Ho Ryu, et al. Interface formation and phase distribution induced by Co/SiC solid state reactions [J]. Materials Transactions, 2002, 43(5)：1225 - 1229.

[20] Lim C S, Nickel H, Naoumidis A, et al. Interface structure and reaction kinetcis between SiC and thick cobalt foils [J]. J Mater Sci, 1996, 31(16)：4241 - 4247.

[21] Fukai, Naka M, Schuster J C. Interfacial structure and reaction mechanism of SiC/V joints( materials, metallurgy & weldability) [J]. Trans JWRI, 1997, 26(1)：93 - 98.

[22] Gulpen J H, Kodentsov A A, Loo FJJ. Growth of silicides in Ni - SiC bulk diffusion couples [J]. Z Metallkd, 1995, 86(8)：530 - 535.

[23] Bhanumurthy K, Schmid - Fetzer R. Interface reactions between silicon carbide and metals( Ni, Cr, Pd, Zr) [J]. Composites Part A , 2001, 32(3 - 4)：569 - 574.

[24] 陈波，熊华平，毛唯，等. PdNi - Cr - V 钎料钎焊 SiC 陶瓷的接头组织及性能[J]. 金属学报，2007, 43 (11)：1181 - 1185.

[25] 陈波，熊华平，毛唯，等. Pd - Co - Ni - V 钎料钎焊 SiC 陶瓷的接头组织及性能[J]. 航空材料学报，2007, 27(5)：49 - 52.

[26] 毛唯，熊华平，谢永慧，等. 两种钴基钎料钎焊 SiC 陶瓷的接头组织和强度[J]. 稀有金属，2007, 31 (6)：766 - 771.

[27] Xiong H. P, Mao W, Xie Y H, et al. Control of interfacial reactions and strength of the SiC/SiC joints brazed with newly - developed Co - based brazing alloy [J]. Journal of Materials Research, 2007, 22 (10)：2727 - 2736.

[28] 熊华平，谢永慧，毛唯，等. 用于 SiC 陶瓷以及 SiC_f/SiC 复合材料钎焊的钴基高温钎料及其制备和使用方法[P]. 国防发明专利：ZL 200410029347. 5, 2009 - 06 - 03.

[29] Tang W M, Zheng Z X, Ding H F, et al. A study of the solid state reaction between silicon carbide and iron [J]. Materials Chemistry and Physics, 2002, 74(3)：258 - 264.

[30] Mehan R L, Bolon R B. Interaction between silicon carbide and a nickel - based superalloy at elevated temperatures [J]. J Mater Sci, 1979, 14(10)：2471 - 2481.

[31] Backhaus - Ricoult M. Solid state reactions between silicon carbide and( Fe, Ni, Cr) - alloys：reaction paths, kinetics and morphology [J]. Acta Metall Mater, 1992, 40( Suppl. )：S95 - S103.

[32] Ni$_2$Si, JCPDS number 48 –1339.

[33] CoSi, JCPDS number 50 –1337.

[34] Cr$_3$Si, JCPDS number 7 –186.

[35] Fe$_3$Si, JCPDS number 45 –1207.

[36] Cr$_{23}$C$_6$, JCPDS number 35 –783.

[37] TiC, JCPDS number 32 –1383.

[38] C, JCPDS number 26 –1076.

[39] SiC, JCPDS number 29 –1131.

[40] Nicholas M G. Overview. In: Joining of ceramics [M]. Edited by Nicholas M G. London: Chapman and Hall, 1990: 1.

[41] Belousov I, Rudenko E. Local nucleation and lateral crystallisation of the silicide phases in CoSi$_2$ buffer layer of YBCO/CoSi$_2$/Si structure [J]. Thin Solid Films, 1998, 325(1 –2): 145 –150.

[42] Kamo R, Bryzik W. Properties of binary compounds [J]. Ceram. Engng Sci. Proc. 1984, 5: 312.

[43] Gotman I, Gutmanas E Y. Microstructure and Thermal stability of coated Si$_3$N$_4$ and SiC [J]. Acta Metall. Mater., 1992, 40(suppl.): S121 –S131.

[44] Xiong H P, Mao W, Xie Y H, et al. Brazing of SiC to a wrought nickel –based superalloy using CoFeNi(Si, B)CrTi filler metal [J]. Materials Letters, 2007, 61(25): 4662 –4665.

[45] Wan C G, Xiong H P, Zhou Z F. Joining of Si$_3$N$_4$/1.25Cr –0.5Mo steel using rapidly solidifying CuNiTiB foils as brazing filler metals [J]. Welding Journal, 1997, 76(12): S522 –S525.

[46] Xiong H P. Effect of metallurgical behaviour at the interface between ceramic and interlayer on the Si$_3$N$_4$/1.25Cr –0.5Mo steel joint strength [J]. Journal of Materials Science and Technology, 1998, 14(1): 20 –24.

# 第5章 C/C复合材料的高温钎焊

## 5.1 C/C复合材料的性能特点及其连接技术研究进展

C/C复合材料是以碳纤维增强碳基体的复合材料,1958年由美国chance vought航空公司首先研制成功。它具有高温强度好、抗热冲击性能好、密度小(约 2.0 g/cm³)、热膨胀系数低、耐腐蚀、摩擦性好等优异性能,既可用作功能材料,又可用作高温结构材料,尤其是其高温强度随温度升高(可达2473K)不仅不降低反而升高。C/C复合材料诸多优异的性能使得该材料在航空、航天、核工业等很多领域得到应用[1,2]。在航天领域,由于C/C复合材料优异的耐烧蚀性能而被许多国家用于制造航天飞机的机翼前缘、鼻锥、火箭发动机尾喷管、喉衬等构件[3,4];在航空领域,C/C复合材料被用于制造飞机刹车盘[5]。此外,随着航空发动机推重比增加,发动机工作温度不断提高,对于材料的要求也不断提高。要满足推重比为20、涡轮热端温度达2373K以上新型涡轮发动机的设计要求,C/C复合材料也是最有希望的候选之一。国外利用C/C复合材料已成功制造出涡轮叶片和涡轮盘[6]。

由于受制造成本、高温抗氧化性能、机械加工性能等因素的制约,C/C复合材料有时需要与金属材料进行连接。目前,对于C/C复合材料自身及与金属的焊接方法主要有扩散焊及钎焊。Dadras等人采用Mn粉做中间层,通过Mn与C反应生成碳化物,再在高温下使碳化物分解并将金属蒸发,最终形成石墨实现C/C复合材料的连接,但接头强度较低[7]。此外,他们还用Ti + Si + $B_4C$混合粉做中间层,通过生成$TiB_2$、SiC、TiC等化合物相形成连接[8]。但扩散焊温度在2373K左右,温度很高并需施加一定压力,对设备要求相对较高,因此该方法不适合C/C复合材料与金属的连接。

对于C/C复合材料的钎焊,已报道的钎料有Cu基[9]、Ag基[10]、Ti基[11]钎料,但这些钎料的熔点均相对较低,接头的工作温度受到限制。有关C/C复合材料高温钎焊方面的研究工作主要有[12-14]:①用Si片作填充材料,Ar气保护,钎焊规范1973K/90min,接头平均抗剪强度为22 MPa。②用Al片作填充材料,Ar气保护,钎焊规范1273K/45min,接头平均抗剪强度为10 MPa。③用$Mg_2Si$粉末作填充材料,Ar气保护,钎焊规范1693K/45min,接头抗剪强度约为5 MPa。这种条件下填充材料$Mg_2Si$本身并不形成连接层,最后形成连接层的是Si和SiC,由于SiC的高温性能好,因此值得进一步研究。④用玻璃作填充材料,采用SB玻璃(硼硅酸盐)作为连接材料连接 C/C 复合材料未获得有效的结果;而采用 ZBM 玻璃(Zn 的硼酸盐),在 1473K/45min 规范下连接 C/C 复合材料,虽然其润湿性不好,形成了不连续的连接层,但后续通过工艺优化有希望获得更好结果。⑤有研究者的试验结果表明,一种含 Zr、Nb、Ti 元素、代号为 TsN25 – T3 的钎料(其钎焊温度高达 2033K)对于 C/C 复合材料的钎焊很有前途。搭接是最有效的钎焊接头形式,而为了获得高质量的对接接头,必须采用多孔耐热中间层。

对于 C/C 复合材料与金属材料的钎焊,有与 Cu[15]、钛合金[9, 16] 连接的报道,采用 Ag – Cu – Ti 或 Ti – Cu – Ni 钎料,钎焊温度在 1273K 以下,接头工作温度一般不超过 773K,这显然不能充分发挥 C/C 复合材料耐高温的性能优势。因此,有必要开展利用高温钎料钎焊 C/C 复合材料以及 C/C 复合材料与高熔点金属材料连接的研究。

## 5.2 以 Ti、Cr、V 为活性元素的高温钎料在 C/C 复合材料上的润湿性

一般认为,钎料如果与母材能够发生相互反应(互溶或形成化合物),则钎料在母材上的润湿性较好。为了改善钎料在 C/C 复合材料上的润湿性,钎料中一般添加能与 C 发生化学反应形成碳化物的活性金属元素如 Ti、Cr、V 等,以促使钎料润湿母材。

表 5 – 1 列出了 Co – Ti、Ni – Ti、Pd – Ni 系共 11 种钎料在 C/C 复合材料上的润湿试验结果。母材为三维正交增强型(3D 型)C/C 复合材料。图 5 – 1 为钎料在 C/C 复合材料上的润湿情况,其中金属混合粉钎料利用自制模具压成直径 4mm 的圆柱状坯体,急冷态箔带钎料(单层厚度 60 ~ 70μm)裁成尺寸约 5mm × 5mm 小片叠加 6 层,放置在 C/C 复合材料试片上。

表 5 – 1    Co – Ti、Ni – Ti、Pd – Ni 系钎料成分及润湿情况

| 钎料编号 | 化学成分/%(质量分数) | 钎料形式 | 试验规范 | 润湿角/(°) |
|---|---|---|---|---|
| 1# | Co – Ti20 | 金属混合粉 | 1493K/10min | 95 |
| 2# | Co – Ti73 | | | 4 |
| 3# | Ni – Ti34 | | | 88 |
| 4# | Ni – Ti71 | | | 8 |
| 5# | Pd – Ni40 | | 1523K/30min | 69 |
| 6# | PdNi – V(2 ~ 6.5) | | | 73 |
| 7# | PdNi – V(6.6 ~ 14.5) | | | 39 |
| 8# | PdNi – Cr(4 ~ 11) | | | 75 |
| 9# | PdNi – Cr(12 ~ 25) | | | 2 |
| 10# | PdNi – Cr(22 ~ 35) – Si(4 ~ 8) | | | 3 |
| 11# | PdNi(Si, B) – Cr(12 ~ 25) – V(6.6 ~ 14.5) | 急冷态箔带 | | 2 |

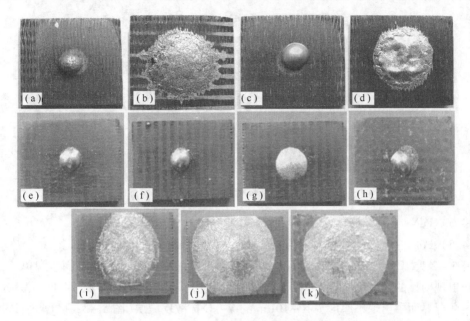

图 5 - 1　Co - Ti、Ni - Ti、Pd - Ni 系钎料在 C/C 复合材料上的润湿情况

(a) Co - Ti20；(b) Co - Ti73；(c) Ni - Ti34；(d) Ni - Ti71；(e) Pd - Ni40；(f) PdNi - V(2 ~ 6.5)；

(g) PdNi - V(6.6 ~ 14.5)；(h) PdNi - Cr(4 ~ 11)；(i) PdNi - Cr(12 ~ 25)；

(j) PdNi - Cr(22 ~ 35) - Si(4 ~ 8)；(k) PdNi(Si,B) - Cr(12 ~ 25) - V(6.6 ~ 14.5)。

从表 5 - 1 中可以看出,钎料中随着活性元素(Ti、Cr、V)含量的提高,钎料的润湿性有很大改善。图 5 - 1 显示,含 Ti 量低的 Co - Ti20 和 Ni - Ti34 在 C/C 复合材料母材上凝集成小球,未润湿;含 Ti 量高的 Co - Ti73 和 Ni - Ti71 润湿铺展较好,但钎料的边缘与母材界面裂开。陆善平等人[17]采用两种 Co - Ti 共晶成分钎料在 $Si_3N_4$ 上得到的润湿结果与本实验中的研究结果类似,Co - Ti20 凝集成小球,Co - Ti73 铺展良好。这可能与钎料的润湿性和钎料中活性组元存在状态密切相关,当活性组元在钎料中以稳定化合物形式存在时,因失去活性作用而很难向母材偏聚反应;当活性组元以自由状态或固溶体方式存在时,因活性强会向母材偏聚反应,降低界面能,从而润湿母材。当钎料中 Ti 含量高时,多余的 Ti 以固溶体形式存在,易于向 C/C 母材偏聚发生反应,从而提高润湿性。

观察 Co - Ti73 钎料润湿界面的微观组织,发现钎料基体主要呈现共晶组织形貌,钎料与 C/C 基体间未出现明显过渡反应层(见图 5 - 2)。对界面附近区域("1"区)进行能谱分析,界面成分主要由 C 和 Ti 两种元素组成,其中 Ti:71.01%；C:28.99%(原子分数)。Ti - C 化合物主要以 TiC 形式存在,多余的 C 富集在 TiC 基体中[18]。但是,生成的 TiC 与 C/C 复合材料热膨胀系数不匹配,导致钎料与母材结合的边缘处开裂,所以 Ni - Ti、Co - Ti 不宜作为钎焊 C/C 复合材料的钎料。

图 5 -3 为表 5 - 1 中的 5#、7# ~ 11# 六种钎料:Pd - Ni40、PdNi - V(6.6 ~

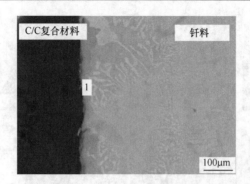

图 5-2　Co-Ti73 钎料与 C/C 复合材料的润湿界面

14.5)、PdNi-Cr(4~11)、PdNi-Cr(12~25)、PdNi(Si,B)-Cr(12~25)-V(6.6~14.5)、PdNi-Cr(22~35)-Si(4~8)与 C/C 复合材料润湿界面微观组织[18,19]。表 5-2 为图 5-3 中对应区域的成分分析结果。PdNi 钎料的润湿界面组织单一，未出现明显的扩散反应层，母材与钎料之间形成了锯齿状结合界面。PdNi-V 钎料润湿界面中出现了厚度为 5~10μm 的 V-C 扩散反应层(图 5-3 中"1")。Pd-Ni-Cr(4~11)钎料获得的润湿界面未出现明显的扩散反应层，连接界面处钎料与母材呈现网状分布，少量母材纤维游离到钎料基体中，"2"和"4"主要以元素 C 为主，合金元素主要集中在"3"区，即钎料基体区，其中元素 Pd 和 Ni 主要以 Pd-Ni 固溶体形式存在，而 Cr 则与扩散过来的 C 反应生成 Cr-C 相。PdNi-Cr(12~25)钎料的润湿界面类似 PdNi-V 钎料的界面，出现了明显的 Cr-C 扩散反应层("5")，该层的厚度为 5~15μm，区别在于有些区域的反应层灰色组织("6")呈块状向钎料中漂移，说明 Cr 的加入很大程度上增加了钎料的活性，钎料基体区("7")中 Pd 和 Ni 主要以 Pd-Ni 固溶体形式存在。PdNi(Si,B)-Cr(12~25)-V(6.6~14.5)钎料的润湿界面出现了灰色(图 5-3 中"8")和灰黑色(图 5-3 中"9")两个反应层，前者厚度约为 3~5μm，Cr、C 含量相对较高，后者厚度约为 10~15μm，V、C 含量相对较高。PdNi-Cr(22~35)-Si(4~8)钎料的润湿界面中靠近母材的区域出现了明显的扩散反应层(图 5-3 中"10")，该反应层厚度较均匀，在 15~20μm 之间，主要包含 C 和 Cr 两种元素，形成 Cr-C 相，钎料基体区中灰色块状组织(图 5-3 中"11")中除富集较多元素 C 外，还富集了较多元素 Si，其中 Si 与 Pd 和 Ni 分别形成 Pd-Si、Ni-Si 等相，而颜色稍浅的块状组织(图 5-3 中"13")中 Pd 和 Si 含量相对较高，主要形成 Pd-Si 相，钎料基体区(图 5-3 中"12")主要富集 Ni，其中 C 和 Cr 含量也相对较高，形成 Cr-C 相。

活性元素 Cr 或 V 的加入，促进了钎料与母材的反应，使得钎料的润湿性获得很大改善。J. S. Park 等人[20]和 Chou Ting C 等人[21]系统研究了 SiC 中 C 与 Cr 的作用机理，指出 Cr-C 相包括 4 种类型，分别是 $Cr_{23}C_6$、$Cr_4C$、$Cr_7C_3$ 和 $Cr_3C_2$，从热力学角度来看，这四种化合物在 1400K 下的自由能分别为 -460kJ/mol，

$-96kJ/mol$，$-70kJ/mol$，$-12kJ/mol$，所以接头中存在的 Cr – C 相最有可能是 $Cr_{23}C_6$。C/C 复合材料母材与钎料润湿反应中 Cr 元素的作用机理与钎料和 SiC 母材反应类似，结合表 5 – 2 中成分分析，推断在界面的扩散反应层中 Cr – C 相同样以 $Cr_{23}C_6$ 形式存在。作者在钴基及钯镍基钎料对 SiC 陶瓷润湿机理研究中也证实了这一点[22,23]。由于 Pd 和 Ni 无限互溶，所以钎料基体区主要为（Pd，Ni）固溶体。PdNi – Cr（22 ~ 35）– Si（4 ~ 8）钎料中根据 Si 在钎料基体区的分布，Pd 含量与 Si 含量相对应（见表 5 – 2 中 11、12、13 成分），说明 Pd 易与 Si 发生反应生成相应的 $Pd_2Si$ 和 $Pd_3Si$ 等相[22,24]。由于 Pd 优先与 Si 发生反应，使得最初以 Pd – Ni 固溶体形式存在的 Ni 出现富集，Ni 与少量扩散过来的 Si 发生反应生成富 Ni 的 $Ni_3Si$、$Ni_5Si_2$ 等相[20]。

表 5 – 2　图 5 – 3 中各区域的成分

| 区域 | 化学成分/%（原子分数） | | | | | | 可能存在的相 |
| --- | --- | --- | --- | --- | --- | --- | --- |
| | C | V | Cr | Ni | Pd | Si | |
| 1 | 85.78 | 14.06 | — | — | — | — | V – C |
| 2 | 99.67 | — | — | — | 0.10 | — | C |
| 3 | 31.15 | — | 10.22 | 28.06 | 28.08 | — | （Pd，Ni）+ $Cr_{23}C_6$ |
| 4 | 96.89 | — | 0.31 | 0.76 | 1.53 | — | C |
| 5 | 78.74 | — | 20.92 | — | — | — | $Cr_{23}C_6$ |
| 6 | 77.66 | — | 21.93 | 0.15 | — | — | $Cr_{23}C_6$ |
| 7 | 37.05 | — | 11.70 | 24.18 | 25.80 | — | （Pd，Ni）+ $Cr_{23}C_6$ |
| 8 | 65.10 | 8.02 | 22.56 | — | — | — | $Cr_{23}C_6$ |
| 9 | 63.46 | 19.95 | 9.42 | — | — | — | V – C |
| 10 | 68.72 | — | 30.28 | 1.00 | — | — | $Cr_{23}C_6$ |
| 11 | 38.33 | — | 0.93 | 27.32 | 16.51 | 16.11 | （$Pd_3Si$、$Pd_2Si$）+（$Ni_3Si$、$Ni_5Si_2$） |
| 12 | 29.06 | — | 15.54 | 43.06 | 6.26 | 5.30 | （Ni）+ $Cr_{23}C_6$ |
| 13 | 19.91 | — | — | 9.00 | 46.18 | 24.91 | $Pd_3Si$、$Pd_2Si$ |

　　钎料中活性元素含量较高时，钎料与母材能发生充分反应，在界面形成碳化物扩散反应层（V – C、Cr – C），反应层厚度随钎料中活性元素含量的增加而变大。

　　以 Fe、Co、Ni 元素为基础，加入一定量的 Cr、Ti 元素、设计不同成分的钎料（表 5 – 3）进行润湿试验，规范为 1493K/10min。图 5 – 4 润湿照片显示，所有钎料均熔化凝聚成球状，钎料未润湿 C/C 复合材料。原因可能是活性元素 Ti、Cr 的含量不够高（类似于表 5 – 1 中 1#钎料 Co – Ti20、3#钎料 Ni – Ti34），钎料未能与 C 发生充分反应所致。

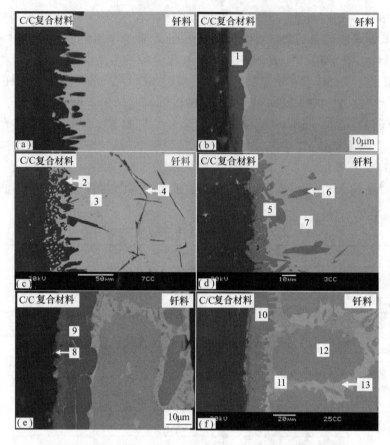

图 5 – 3　几种 PdNi 系钎料与 C/C 复合材料润湿界面组织

(a) Pd – Ni40;(b) PdNi – V(6. 6 ~ 14. 5);(c) PdNi – Cr(4 ~ 11);(d) PdNi – Cr(12 ~ 25);

(e) PdNi(Si,B) – Cr(12 ~ 25) – V(6. 6 ~ 14. 5);(f) PdNi – Cr(22 ~ 35) – Si(4 ~ 8)。

表 5 – 3　Co – Ni – Fe – Cr – Ti 系钎料成分及润湿情况(钎料形式:元素混合粉)

| 钎料编号 | 化学成分/%（质量分数） | 润湿情况 |
|---|---|---|
| 12# | Ni30 – Fe27 – Cr18 – Ti25 | |
| 13# | Ni44 – Co19 – Cr6 – Ti31 | |
| 14# | Ni30 – Fe20 – Co10 – Cr18 – Ti32 | 钎料凝聚成球状,与母材脱离 |
| 15# | Ni26 – Fe24 – Co10 – Cr18 – Ti22 | |
| 16# | Co34 – Fe26 – Ni6 – Cr16 – Ti18 | |
| 17# | Co32 – Fe25 – Ni8 – Cr20 – Ti15 | |

　　以 Cu、Ni、Ti 元素为基础,适当加入一定量的 Co、Cr 元素,设计不同成分的钎料,并与 BΠP16 钎料(表 5 – 4)进行润湿性对比实验,加热条件为 1423K/10min。

128

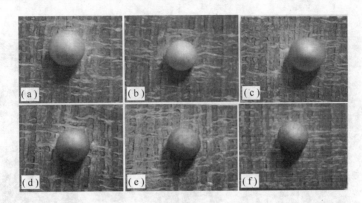

图 5 - 4   Co - Ni - Fe - Cr - Ti 系钎料在 C/C 复合材料上的润湿情况
(a) Ni30 - Fe27 - Cr18 - Ti25；(b) Ni44 - Co19 - Cr6 - Ti31；
(c) Ni30 - Fe20 - Co10 - Cr18 - Ti32；(d) Ni26 - Fe24 - Co10 - Cr18 - Ti22；
(e) Co34 - Fe26 - Ni6 - Cr16 - Ti18；(f) Co32 - Fe25 - Ni8 - Cr20 - Ti15。

表 5 - 4   Cu - Ni - Co - Cr - Ti 系钎料及 ВПР16 钎料成分及润湿情况

| 钎料编号 | 化学成分/%（质量分数） | 润湿情况 | 润湿角/(°) |
|---|---|---|---|
| 18# | Cu57 - Ni20 - Ti23 | 钎料凝聚呈球状 | — |
| 19# | Cu30 - Ni30 - Co14 - Cr4 - Ti22 | 钎料凝聚呈球状，与母材脱离 | — |
| 20# | Cu15 - Ni30 - Co18 - Cr6 - Ti31 | 钎料凝聚呈球状，与母材脱离 | — |
| 21# | Cu39 - Ni28 - Ti33 | 钎料未完全熔化铺展开，呈半球状 | 40 |
| 22# | Cu28 - Ni22 - Ti50 | | 3 |
| 23# | Cu15 - Ni25 - Ti60 | 钎料基本铺展开，渗入 C/C 母材 | 10 |
| 24# | Cu25 - Ni15 - Ti60 | | 3 |
| 25# | Cu21 - Ni9 - Zr13 - Ti57 （ВПР16） | 钎料大部分铺展开并渗入 C/C 母材，中间残留一小部分钎料未铺展 | 78 |

注：除 ВПР16 钎料的使用形式为合金粉末外，其余钎料均为元素混合粉末。

从图 5 - 5 中不同钎料润湿情况对比可以发现，随着钎料中 Ti 元素含量的增加，钎料在 C/C 复合材料上的润湿性逐渐变好，当钎料中 Ti 元素含量超过 50% 时，22# ~ 25# 四种钎料均扩散渗入到 C/C 母材内部。观察 Cu28 - Ni22 - Ti50 钎料和 ВПР16 钎料与 C/C 母材的润湿界面（见图 5 - 6），对界面附近典型区域进行电子探针成分分析（表 5 - 5），可以看出，两种钎料润湿界面均无明显的扩散反应层，界面上存在少量的 TiC 相（表 5 - 5 中"3"、"6"），熔化后凝固的钎料基体中形成两种相：一种可能为固溶入一定量的 Cu 元素的 Ti - Ni 相（表 5 - 5 中"1"、"4"）；另一种为 Ti - Ni - Cu 三元相（表 5 - 5 中"2"、"5"）。ВПР16 钎料润湿界面附近的钎料中还出现少量孔洞缺陷。

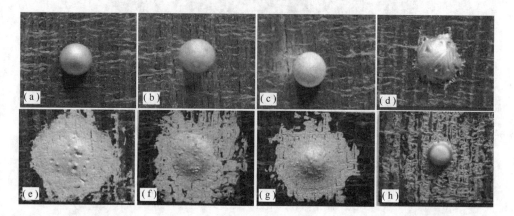

图 5-5　Cu-Ni-Co-Cr-Ti 系钎料及 BΠP16 钎料在 C/C 复合材料上的润湿情况
（a）Cu57-Ni20-Ti23;（b）Cu30-Ni30-Co14-Cr4-Ti22;（c）Cu15-Ni30-Co18-Cr6-Ti31;
（d）Cu39-Ni28-Ti33;（e）Cu28-Ni22-Ti50;（f）Cu25-Ni15-Ti60;（g）Cu15-Ni25-Ti60;
（h）Cu21-Ni9-Zr13-Ti57（BΠP16）。

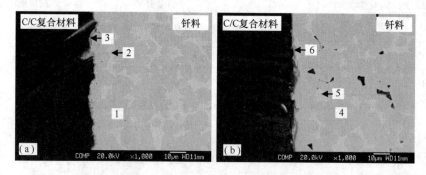

图 5-6　（a）Cu28-Ni22-Ti50 钎料、（b）Cu21-Ni9-Zr13-Ti57 钎料
（BΠP16）与 C/C 复合材料润湿界面

表 5-5　图 5-6 中各区域的成分

| 区域 | 化学成分/%（原子分数） | | | | 可能存在的相 |
| --- | --- | --- | --- | --- | --- |
| | C | Cu | Ni | Ti | |
| 1 | 4.36 | 7.69 | 23.78 | 64.17 | 含有一定 Cu 元素的 Ti-Ni |
| 2 | 3.51 | 23.59 | 23.62 | 49.28 | Ti-Ni-Cu |
| 3 | 49.90 | 0.65 | 1.68 | 47.77 | TiC |
| 4 | 4.16 | 5.31 | 25.86 | 64.66 | 含有一定 Cu 元素的 Ti-Ni |
| 5 | 3.24 | 19.11 | 27.10 | 50.55 | Ti-Ni-Cu |
| 6 | 44.36 | 0.15 | 0.34 | 55.15 | TiC |

# 5.3　V 活性高温钎料在 C/C 复合材料上的润湿性及接头强度

采用 Au、Cu、Pd、Ni、V 元素配制五种成分的粉末钎料,在 1463K/10min 规范下进行了润湿试验。表 5-6 列出了钎料成分及在 C/C 复合材料上的润湿情况。从图 5-7 钎料的润湿照片看,钎料在 C/C 复合材料上展示了较好的润湿性。钎料中加入一定量的 Ni 元素有助于改善润湿性,Ni 含量在 20% 以上时钎料(109#、110#)的润湿角为 2°。另制备了一种 Au-Pd-Co-Ni-V 系急冷态箔带钎料,成分见表 5-6。

表 5-6　Au-Cu-Pd-Co-Ni-V 系钎料成分及润湿情况

| 钎料编号 | 化学成分/%（质量分数） | 钎料形式 | 润湿情况 | 润湿角/(°) |
|---|---|---|---|---|
| 105# | Cu-Au20-Pd35-V(6~12) | 元素混合粉末 | 完全熔化,钎料呈半球状,钎料与基体接触边缘裂开 | 51 |
| 107# | Cu-Au25-(Pd, Ni)32-V(6~12) | 元素混合粉末 | 完全熔化,钎料完全铺展 | 18 |
| 109# | Au-Pd23-Ni22-V(6~12) | 元素混合粉末 | | 2 |
| 110# | Au-Cu8-Pd30-Ni20-V(6~12) | 元素混合粉末 | | 2 |
| 805# | Cu-Pd(22~32)-V(6~12) | 元素混合粉末 | 完全熔化,钎料呈半球状 | 78 |
| 新33# | Au-Pd26-(Co, Ni)25-V(6~12) | 急冷态箔带 | — | |

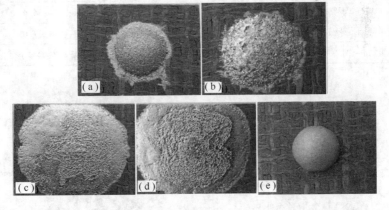

图 5-7　Au-Cu-Pd-Ni-V 系钎料在 C/C 复合材料上润湿情况
(a) Cu-Au20-Pd35-V(6~12);(b) Cu-Au25-(Pd, Ni)32-V(6~12);
(c) Au-Pd23-Ni22-V(6~12);
(d) Au-Cu8-Pd30-Ni20-V(6~12);(e) Cu-Pd(22~32)-V(6~12)。

选择表 5-6 中的后四种钎料进行 C/C 复合材料自身以及与金属 Nb、TZM 合金、W 的钎焊,并测试了接头力学性能,结果见表 5-7。TZM 合金主要成分(质量分数,%):Ti:0.4~0.55;Zr:0.07~0.12;C:0.01~0.04;Mo:余量。

Au – Pd23 – Ni22 – V(6~12)、Au – Cu8 – Pd30 – Ni20 – V(6~12)两种钎料为熔炼成铸锭后切片,再砂纸打磨减薄至0.1mm使用。Cu – Pd(22~32) – V(6~12)钎料为熔炼成铸锭后轧制成带,再砂纸打磨减薄至0.1mm使用。Au – Pd26 – (Co,Ni)25 – V(6~12)钎料为急冷态箔带,多层叠加至0.1mm厚使用。图5-8为性能试样装配示意图及性能试样照片。

表5-7 Au – Cu – Pd – Co – Ni – V系钎料在不同规范下钎焊C/C
复合材料自身及其与金属的接头性能

| 钎料编号 | 钎料成分/%(质量分数) | 钎焊规范 | 接头形式 | 室温剪切强度/MPa | 平均值/MPa |
|---|---|---|---|---|---|
| 109# | Au – Pd23 – Ni22 – V(6~12) | 1463K/20min | C/C自身 | 18.7;20.4 | 19.6 |
| 110# | Au – Cu8 – Pd30 – Ni20 – V(6~12) | | | 25.6;22.0 | 23.8 |
| 805# | Cu – Pd(22~32) – V(6~12) | | | 33.6;27.5 | 30.6 |
| 新33# | Au – Pd26 – (Co,Ni)25 – V(6~12) | | | 6.5;24.5;5.5 | 12.2 |
| 109# | Au – Pd23 – Ni22 – V(6~12) | 1443K/20min | C/C自身 | 23.4;19.2 | 21.3 |
| 110# | Au – Cu8 – Pd30 – Ni20 – V(6~12) | | | 20.2;24.0 | 22.1 |
| 805# | Cu – Pd(22~32) – V(6~12) | | | 20.2;21.3 | 20.8 |
| 805# | Cu – Pd(22~32) – V(6~12) | 1463K/20min | C/C与Nb | 26.3;19.5;19.8 | 21.9 |
| 新33# | Au – Pd26 – (Co,Ni)25 – V(6~12) | | | 11.4;27.7;8.9 | 16.0 |
| 805# | Cu – Pd(22~32) – V(6~12) | | C/C与TZM合金 | 18.0;56;36.6 | 36.9 |
| 新33# | Au – Pd26 – (Co,Ni)25 – V(6~12) | | | 33.4;21.4;34.4 | 29.7 |
| 805# | Cu – Pd(22~32) – V(6~12) | | C/C与W | 58.5;48.3;27.6 | 44.8 |
| 新33# | Au – Pd26 – (Co,Ni)25 – V(6~12) | | | W与C/C未形成连接 | |

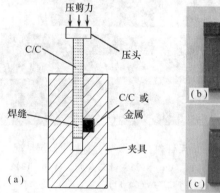

图5-8 接头装配示意图及试样照片
(a)接头装配示意图;(b)C/C自身钎焊试样;(c)C/C与金属钎焊试样。

对于 C/C 复合材料自身钎焊,Au – Pd – Ni – V(109#)、Au – Cu – Pd – Ni – V(110#)两种钎料在两种钎焊温度下接头室温剪切强度变化不大,为 20 ~ 24 MPa。Cu – Pd – V 钎料(805#)接头在 1463K 规范下强度最高,达到 30. 6 MPa,但当钎焊温度下降时,强度明显降低,为 20. 8 MPa。而 Au – Pd – Co – Ni – V 钎料(新 33#)在 1463K /20min 规范下接头强度数据不稳定,平均值较低,小于 20 MPa。

对比 Cu – Pd – V、Au – Pd – Co – Ni – V 钎料钎焊 C/C 与不同金属接头强度发现,Cu – Pd – V 钎料对应接头强度均高于 Au – Pd – Co – Ni – V 钎料对应接头强度。Au – Pd – Co – Ni – V 钎料钎焊 C/C 与 W 时,未能形成连接。两种钎料钎焊的 C/C 复合材料与 TZM 接头的强度总体上较高,基本在 30 MPa 以上。

综合考虑 C/C 复合材料自身及与不同金属的接头强度,Cu – Pd – V 钎料的钎焊性能比其他钎料相对较好。

图 5 – 9 为 Cu – Pd – V 钎料钎焊不同材料的接头强度对比。在 1463K /20min 规范下,C/C 与 W 的接头室温平均剪切强度最高,达到 44. 8 MPa,C/C 与 TZM 合金的接头强度也较高,达到 36. 9 MPa,C/C 复合材料自身连接强度也有 30. 6 MPa,而 C/C 与 Nb 的接头强度最低,为 21. 9 MPa。

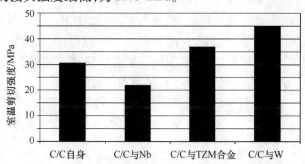

图 5 – 9　采用 Cu – Pd – V 钎料(805#)1463K /20min 钎焊不同材料的接头强度

## 5.4　V 活性高温钎料钎焊 C/C 复合材料自身及与金属的接头组织

### 5.4.1　Cu – Pd – V 钎料(805#)钎焊 C/C 复合材料自身及与金属的接头组织

1463K/20min 钎焊规范下,C/C 复合材料钎焊接头组织连续致密,焊缝与 C/C 复合材料母材界面形成一厚度约 5μm 的深灰色连续反应层,焊缝中靠近界面反应层区域有少量尺寸较小的深灰色块状相(见图 5 – 10)。钎料与母材发生了适度的反应,并且界面处已有部分钎料渗透入 C/C 复合材料母材基体形成嵌合,产生钉扎效应,这种现象对接头性能比较有利[25]。

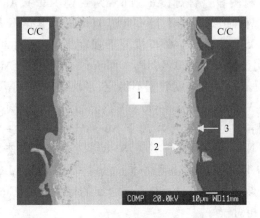

图 5 – 10　Cu – Pd – V 钎料 1463K/20min 钎焊 C/C 复合材料接头微观组织

从接头断口 XRD 图谱（见图 5 – 11）及表 5 – 8 中接头中典型微区成分分析结果可知，焊缝中灰色基体“1”主要为 Cu、Pd 元素，母材中的 C 元素扩散入焊缝基体，V 元素含量极少，推断“1”为（Cu，Pd）固溶体。深灰色小块相“2”与界面深灰色反应层“3”中 V、C 元素含量较高，推断为 $V_4C_3$ 化合物。钎焊过程中，母材中的 C 元素向焊缝扩散，C 元素浓度从界面至焊缝中央逐渐降低。因此在界面处形成了连续的 V – C 化合物反应层，在离界面较远的区域形成了离散分布的小块状 V – C 化合物。由此可见，钎料主要依靠活性元素 V 与母材发生反应，形成有效连接。

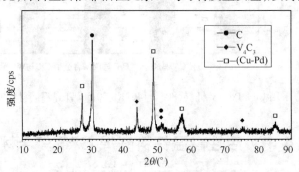

图 5 – 11　Cu – Pd – V 钎料 1463K/20min 钎焊 C/C 复合材料接头断口 XRD 图谱

表 5 – 8　图 5 – 10 中各区域的成分

| 区域 | 化学成分/%（原子分数） | | | | 可能存在的相 |
|---|---|---|---|---|---|
| | C | V | Cu | Pd | |
| 1 | 24. 42 | 0. 99 | 47. 53 | 27. 04 | （Cu，Pd）固溶体 |
| 2 | 47. 41 | 46. 13 | 3. 33 | 3. 14 | $V_4C_3$ |
| 3 | 48. 79 | 50. 28 | 0. 48 | 0. 44 | $V_4C_3$ |

接头断口 XRD 分析中的单质 C 来源于焊缝附近的 C/C 复合材料基体。XRD 中的 C 衍射峰很强,证明接头断裂位置在焊缝与 C/C 复合材料界面靠近 C/C 复合材料侧。

图 5 – 12 为 Cu – Pd – V 钎料 1463K/20min 钎焊 C/C 复合材料与 Nb 接头。接头主要由以下几个部分组成:焊缝与 C/C 复合材料界面的黑色反应层"1",与"1"相邻的灰色反应层"2",焊缝灰色基体"3",焊缝中灰黑色反应层"4",焊缝与 Nb 的界面反应层"5"。

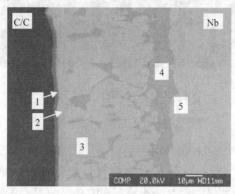

图 5 – 12　Cu – Pd – V 钎料 1463K/20min 钎焊 C/C 复合材料与 Nb 接头微观组织

图 5 – 13 是 C/C 复合材料与 Nb 接头对应的元素面分布图。表 5 – 9 是图 5 – 12 中典型微区的电子探针成分分析。由图 5 – 13 及表 5 – 9 结果可知,界面反应层"1"富 V,焊缝基体"3"与界面反应层"5"也含有一定量的 V。Cu 元素主要富集在灰黑色相"4"中。Pd 元素主要分布在"3"、"4"、"5"中,其中界面反应层"5"中 Pd 元素的含量比"3"、"4"中的高。母材中的 Nb 元素扩散入焊缝,基本分布在"2"、"3"、"5"中,其中靠近界面反应层"1"的灰色反应层"2"中 Nb 元素相对较高。母材中的 C 元素扩散入焊缝,焊缝中 C 元素浓度随着与 C/C 复合材料距离的增加而逐渐降低。在靠近 Nb 母材的反应层"4"和"5"中,C 元素的含量已经很低。

表 5 – 9　图 5 – 12 中各区域的成分

| 区域 | 化学成分/%（原子分数） | | | | | 可能存在的相 |
| --- | --- | --- | --- | --- | --- | --- |
| | C | V | Cu | Nb | Pd | |
| 1 | 28.83 | 62.56 | 1.53 | 6.86 | 0.22 | $VC + V_2C$ |
| 2 | 26.73 | 4.17 | 1.39 | 67.56 | 0.15 | $Nb_2C$ |
| 3 | 15.21 | 17.39 | 7.97 | 44.48 | 14.94 | 溶入钎料元素的富 Nb 相 |
| 4 | 5.04 | 0.36 | 86.34 | 0.01 | 8.24 | (Cu, Pd)固溶体 |
| 5 | 5.20 | 22.29 | 6.99 | 43.50 | 22.02 | 溶入钎料元素的富 Nb 相 |

图 5 – 14 为 C/C 复合材料与 Nb 的接头断口的 XRD 图谱。结合表 5 – 9 结果推断界面反应层"1"可能为 $VC + V_2C$,"2"为 $Nb_2C$,"3"和"5"为溶入钎料元素的

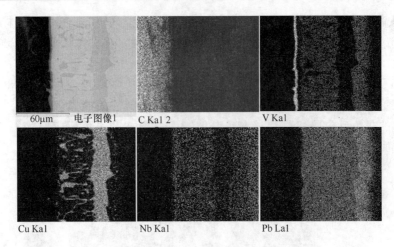

图 5-13　Cu-Pd-V 钎料 1463K/20min 钎焊
C/C 复合材料与 Nb 接头元素面分布

富 Nb 固溶体相,"4"为(Cu,Pd)固溶体。XRD 图谱中测出的单质 C 同样来源于焊缝附近 C/C 复合材料母材。在 C/C 复合材料与 Nb 的接头中,钎焊过程中钎料中的 V 元素向 C/C 复合材料母材侧扩散,在 C/C 复合材料界面与 C 反应形成 VC 和 $V_2C$,焊缝中的 V 元素主要固溶入 Nb-Pd 固溶体相"3"、"5"中。Nb 元素向焊缝中扩散,在焊缝与 C/C 复合材料界面 V-C 化合物层附近形成 $Nb_2C$ 反应层,焊缝中的 Nb 元素主要与钎料元素形成富 Nb 固溶体相。

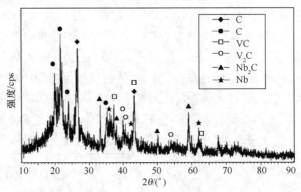

图 5-14　Cu-Pd-V 钎料 1463K/ 20min 钎焊 C/C
复合材料与 Nb 接头断口 XRD 图谱

图 5-15 为 Cu-Pd-V 钎料 1463K/20min 钎焊 C/C 复合材料与 TZM 合金的接头组织。图 5-16 为接头断口 XRD 图谱。表 5-10 为图 5-15 中典型微区对应电子探针成分分析结果。接头主要由以下几个部分组成:焊缝与 C/C 复合材料界面黑色反应层"1",与"1"相邻的深灰色反应层"2"(不规则块状相组成),焊缝灰色基体"3",焊缝与 TZM 合金的界面反应层"4"(圆块相组成)。

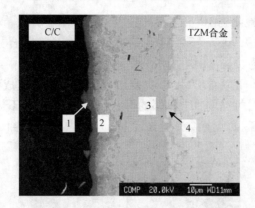

图 5 – 15　Cu – Pd – V 钎料 1463K/20min 钎焊 C/C
复合材料与 TZM 合金接头微观组织

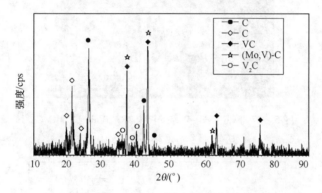

图 5 – 16　Cu – Pd – V 钎料 1463K/20min 钎焊
C/C 复合材料与 TZM 合金接头断口 XRD 图谱

表 5 – 10　图 5 – 15 中各区域电子探针分析结果

| 区域 | 化学成分/% ( 原子分数) | | | | | | | 可能存在的相 |
| --- | --- | --- | --- | --- | --- | --- | --- | --- |
| | C | Ti | V | Cu | Zr | Mo | Pd | |
| 1 | 33. 11 | 0. 24 | 64. 30 | 0. 80 | — | 1. 31 | 0. 24 | VC + V₂C |
| 2 | 28. 86 | 0. 07 | 35. 48 | 4. 03 | 0. 03 | 30. 36 | 1. 17 | (Mo, V) – C |
| 3 | 5. 89 | 0. 15 | 0. 53 | 74. 08 | 0. 02 | — | 19. 33 | (Cu, Pd) 固溶体 |
| 4 | 3. 31 | — | 10. 40 | 1. 63 | 0. 16 | 82. 32 | 2. 17 | 含有 V 的富 Mo 相 |

由电子探针及 XRD 结果推断界面反应层"1"为 $VC + V_2C$。Mo、V 元素为无限互溶,因此反应层"2"可能为(Mo, V) – C 相,焊缝基体"3"为(Cu, Pd)固溶体相,焊缝与 TZM 合金界面圆块状相"4"为含有一定量的 V 元素的富 Mo 相。在高温钎焊过程中,TZM 合金中的 Mo 元素扩散入焊缝与钎料中的 V 元素以及 C/C 复合材料中扩散入焊缝的 C 元素发生反应,生成靠近 C/C 复合材料侧的(Mo, V) – C 复合碳化物相和靠近 TZM 合金侧的含有一定量 V 元素的富 Mo 相。焊缝中

(Cu，Pd)固溶体未检测到 Mo 元素。

图 5 - 17 为 Cu - Pd - V 钎料 1463K/20min 钎焊 C/C 复合材料与 W 的接头微观组织。图 5 - 18 为接头 XRD 图谱。表 5 - 11 为图 5 - 17 中典型微区对应电子探针成分分析结果。可以看出，接头主要由以下几个部分组成：焊缝与 C/C 复合材料界面黑色反应层"1"，与"1"相邻的深灰色反应层"2"（不规则块状相组成），焊缝灰色基体"3"。与其他接头组织不同，焊缝与 W 的界面处未形成明显反应层。

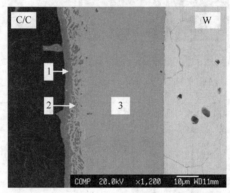

图 5 - 17　Cu - Pd - V 钎料 1463K/20min 钎焊 C/C
复合材料与 W 接头微观组织

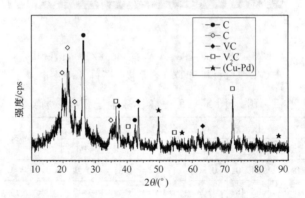

图 5 - 18　Cu - Pd - V 钎料 1463K/20min 钎焊 C/C
复合材料与 W 接头断口 XRD 图谱

表 5 - 11　图 5 - 17 中各区域的成分

| 区域 | 化学成分/%（原子分数） | | | | | 可能存在的相 |
|---|---|---|---|---|---|---|
| | C | W | Cu | Pd | V | |
| 1 | 38.66 | 0.10 | 0.46 | 0.18 | 60.60 | $V_2C$ |
| 2 | 41.54 | — | 4.16 | 1.23 | 53.07 | VC |
| 3 | 10.27 | — | 68.47 | 20.67 | 0.59 | （Cu，Pd）固溶体 |

从成分分析结果可以看出,钎焊过程中,W 元素几乎没有扩散入焊缝中。由 C – W 二元合金相图[26]可知,C 与 W 在 1523K 下发生共析反应:$\beta' – W_2C$(低温型)分解为(W)与 $\delta – WC$。钎焊温度降低至 1463K 以下,C 与 W 则很难发生反应。

由电子探针成分分析以及接头 XRD 结果分析可推断,C/C 复合材料与焊缝的界面反应层"1"为 $V_2C$ 相。不规则块状相"2"为溶入少量 Cu、Pd 元素的 VC 相。焊缝灰色基体"3"为(Cu, Pd)固溶体相。

## 5.4.2 Au – Pd – Co – Ni – V 钎料(新33#)钎焊C/C复合材料自身及与金属的接头组织

图 5 – 19 为 Au – Pd – Co – Ni – V 钎料 1463K/20min 钎焊 C/C 复合材料接头微观组织,表 5 – 12 为图中典型微区的电子探针成分分析结果。焊缝与 C/C 复合材料界面上存在黑色块状化合物相"1",焊缝中央也有少量这种化合物。焊缝主要由浅灰色基体相"2"和深灰色相"3"组成。大部分深灰色相尺寸较小,呈小块状或细条状,局部区域存在较大尺寸的相(如图中"3"箭头所示区域)。

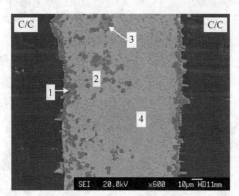

图 5 – 19 Au – Pd – Co – Ni – V 钎料 1463K/20min
钎焊 C/C 复合材料接头微观组织

表 5 – 12 图 5 – 19 中各区域的成分

| 区域 | 化学成分/%（原子分数） | | | | | | 可能存在的相 |
|---|---|---|---|---|---|---|---|
| | C | V | Au | Co | Pd | Ni | |
| 1 | 46.53 | 52.79 | 0.08 | 0.38 | 0.08 | 0.14 | VC |
| 2 | 11.00 | 0.65 | 27.83 | 22.15 | 28.47 | 9.90 | Au(Pd,Co,Ni)固溶体 |
| 3 | 4.32 | 1.75 | 0.95 | 63.90 | 7.80 | 21.27 | (Co,Pd,Ni)固溶体 |
| 4 | 9.52 | 1.78 | 17.30 | 38.14 | 19.46 | 13.81 | Au(Pd,Co,Ni)固溶体 |

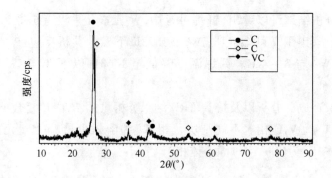

图 5 – 20　Au – Pd – Co – Ni – V 钎料 1463K/20min 钎焊
C/C 复合材料接头断口 XRD 图谱

由二元相图可知[27],Co、Ni、Pd 三种元素无限互溶,Au 与 Co、Pd 元素也具有很强的互溶性。由 Au – Co – Pd 三元相图[28]可知,不同成分的 Au – Co – Pd 三元合金将形成(Co,Pd)、(Au,Pd)、(Au,Co,Pd)等固溶体相。因此,由成分分析及 XRD 结果(图 5 – 20)推断"1"相可能为 VC,灰白色基体相"2"和"4"均为 Au(Pd,Co,Ni)固溶体,成分彼此有所不同,"3"为(Co,Pd,Ni)固溶体。可以看出,钎料中的 V 元素与母材中的 C 发生反应,形成碳化物相分布在界面处,Au、Co、Pd、Ni 元素在碳化物中的含量极少,基本留在焊缝中形成不同的固溶体相,而这些相中的 V 元素含量也很少。此外,母材中的 C 有一部分扩散入焊缝中的固溶体相中。

比较 Cu – Pd – V、Au – Pd – Co – Ni – V 钎料钎焊 C/C 复合材料接头组织,可以发现 Cu – Pd – V 钎料接头组织比较简单,焊缝由界面及附近的 V – C 化合物及焊缝(Cu, Pd)固溶体组成。当钎料中元素增多时,焊缝中的物相也变得复杂,生成了不同的固溶体相。此外,在焊缝中央也出现部分块状 V – C 化合物相。

图 5 – 21 为 Au – Pd – Co – Ni – V 钎料 1463K/20min 钎焊 C/C 复合材料与 Nb 接头组织,图 5 – 22 为接头断口 XRD 图谱。表 5 – 13 为图 5 – 21 中典型微区的电子探针成分分析结果。

表 5 – 13　图 5 – 21 中各区域的成分

| 区域 | 化学成分/%（原子分数） | | | | | | | 可能存在的相 |
|---|---|---|---|---|---|---|---|---|
| | C | V | Au | Co | Pd | Ni | Nb | |
| 1 | 44.59 | 54.70 | 0.04 | 0.10 | 0.03 | 0.02 | 0.52 | VC + V₂C |
| 2 | 37.02 | 4.83 | 0.43 | 0.25 | 0.28 | 0.12 | 57.07 | Nb₂C |
| 3 | 21.49 | 1.37 | 17.25 | 1.25 | 6.09 | 1.16 | 51.37 | Nb₃Au |
| 4 | 12.89 | 1.56 | 4.29 | 15.40 | 4.23 | 7.21 | 54.41 | 溶入钎料元素的富 Nb 相 |
| 5 | 8.93 | 0.30 | 22.59 | 4.06 | 30.53 | 3.43 | 30.15 | 溶有 Nb 的(Au,Pd)固溶体 |
| 6 | 6.23 | 1.19 | 14.39 | 9.50 | 10.29 | 4.16 | 54.25 | 溶有钎料元素的富 Nb 相 |

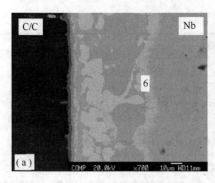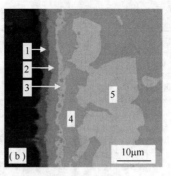

图 5 – 21　Au – Pd – Co – Ni – V 钎料 1463K/20min 钎焊
C/C 复合材料与 Nb 接头微观组织

(a)整体形貌;(b)局部放大。

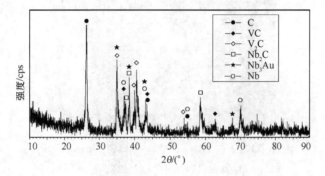

图 5 – 22　1463K/20min 规范下 Au – Pd – Co – Ni – V 钎料钎焊
C/C 复合材料与 Nb 接头断口 XRD 图谱

C/C 复合材料与焊缝的界面形成了多个反应层,包括深灰色界面反应层"1"、紧邻"1"的灰色反应层"2"以及浅灰色反应层"3",焊缝中还存在灰色基体相"4"和浅灰色基体相"5",焊缝与 Nb 的界面还有一浅灰色反应层"6"。

由电子探针及 XRD 结果推断图中各典型微区可能存在的物相分别为:反应层"1"为 $VC + V_2C$,"2"为 $Nb_2C$,"3"为溶入一定 Pd、C 等元素的 $Nb_3Au$ 相。焊缝基体"4"可能为溶入一定钎料元素的富 Nb 固溶体相。由于 Au、Pd 元素无限互溶,因此焊缝中浅灰色基体相"5"可能为溶有一定量 Nb 元素的 Au – Pd 固溶体相。焊缝与 Nb 的界面反应层"6"与"4"相似,为溶入一定钎料元素的富 Nb 相。

Cu – Pd – V、Au – Pd – Co – Ni – V 钎料钎焊 C/C 复合材料与 Nb 的接头组织比较相似,在 C/C 复合材料与焊缝的界面均形成 V – C、Nb – C 化合物反应层。焊缝中均为以钎料元素及 Nb 元素形成的多种固溶体相。不同的是,在 Au – Pd – Co – Ni – V 钎料焊缝中靠近 C/C 复合材料侧还存在一个 $Nb_3Au$ 化合物反应层。

图 5 – 23 为 Au – Pd – Co – Ni – V 钎料 1463K/20min 钎焊 C/C 复合材料与 TZM 合金的接头组织。图 5 – 24 为接头断口 XRD 图谱。表 5 – 14 为图 5 – 23中典

表 5 – 14    图 5 – 23 中各区域的成分

| 区域 | 化学成分/%（原子分数） | | | | | | | | | 可能存在的相 |
|---|---|---|---|---|---|---|---|---|---|---|
| | C | Ni | Au | Co | Pd | V | Mo | Ti | Zr | |
| 1 | 33.69 | 0.02 | 0.04 | 0.13 | 0.04 | 49.58 | 16.02 | 0.46 | — | (Mo, V) – C |
| 2 | 25.90 | 0.06 | 0.03 | 0.21 | 0.14 | 5.68 | 67.97 | — | 0.01 | Mo₂C |
| 3 | 11.01 | 10.78 | 22.92 | 20.17 | 28.55 | 1.37 | 5.10 | 0.11 | — | Au(Pd,Co,Ni)固溶体 |
| 4 | 9.73 | 9.62 | 0.15 | 28.39 | 0.72 | 0.73 | 50.54 | 0.04 | 0.08 | 溶有 Co、Ni 的富 Mo 相 |

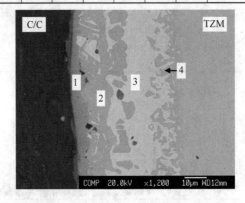

图 5 – 23    Au – Pd – Co – Ni – V 钎料 1463K/20min
钎焊 C/C 复合材料与 TZM 合金接头微观组织

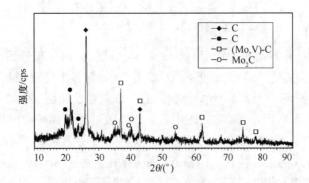

图 5 – 24    Au – Pd – Co – Ni – V 钎料 1463K/20min
钎焊 C/C 复合材料与 TZM 合金接头断口 XRD 图谱

型微区的电子探针成分分析结果。

接头组织由 C/C 复合材料与焊缝的界面深灰色反应层"1"、与"1"相邻的灰色反应层"2"、焊缝浅灰色基体"3"以及焊缝与 TZM 合金的灰色界面反应层"4"（不规则块状相组成）组成。

结合电子探针及 XRD 结果推断各微区物相分别可能为:反应层"1"为( Mo,

V) – C,类似图 5 – 15 的"2"相。结合 Mo – C 二元相图分析,图 5 – 23 中灰色反应层"2"可能为 $Mo_2C$。"3"的成分与表 5 – 12 中"2"类似,物相应为 Au(Pd,Co,Ni)固溶体。由 Mo – Co – Ni 三元相图可知[28],在富 Mo 侧的三元相为 Mo 基固溶体,因此反应层"4"为溶有 Co、Ni 的富 Mo 相。

比较 Cu – Pd – V、Au – Pd – Co – Ni – V 钎料钎焊 C/C 复合材料与 TZM 合金的接头组织,可以发现两者在焊缝与 TZM 合金的界面处形成了不同的反应层。对于 Cu – Pd – V 钎料,形成了(Mo,V)固溶体相,而对于 Au – Pd – Co – Ni – V 钎料,由于其含有 Co、Ni 元素,在高温条件下更易与 Mo 反应生成富 Mo 相,而该相中的 V 元素很少。两种钎料中 V 元素含量基本相同,因此,在焊缝靠近 C/C 复合材料一侧,Au – Pd – Co – Ni – V 钎料焊缝中的 V 元素浓度相对更高。从而在 C/C 复合材料与焊缝界面处更易形成较厚的 V – C 化合物相。图 5 – 23 中界面反应层"1"的厚度为 $5 \sim 7\mu m$。而图 5 – 15 中界面反应层"1"的厚度约为 $3\mu m$。

## 5.5　C/C 复合材料高温钎焊连接研究展望

尽管最近十多年以来针对 C/C 复合材料高温钎料的相关研究报道仍然很少[18, 29, 30],但相信早期的关于石墨材料高温钎料的研究结果[31-37]( 见表 5 – 15)可以为 C/C 复合材料高温新钎料的研制提供参考。

表 5 – 15　国外早期关于石墨材料高温钎焊研究结果[31-37]

| 国别、年份 | 钎料成分、连接工艺 | 被焊基材 | 接头强度 |
|---|---|---|---|
| 英国,1961 年 | $MoSi_2$ | 石墨/石墨<br>(核领域) | 经热循环试验后接头稳定 |
| 英国,1961 年 | Ti、Mo、Si、Zr、Ni – Cu – Mo | 石墨/石墨 | Si、Zr 获得最满意接头 |
| 美国,1962 年 | 石墨表面 TaC – WC – ZrC 涂层,<br>W21 – V79 和 W25 – Re75 钎料 | 石墨/W<br>(火箭喷嘴) | 室温拉伸强度 3.7 MPa,<br>加热到 2713K/10 s 以上并 15 s<br>内冷至红热状态以下接头不破坏 |
| 美国,1962 年 | Au35 – Ni35 – Mo30、Au60 – Ni10 – Ta30 | 石墨/Mo | 接头渗漏试验效果良好 |
| 日本,1964 年 | Ni(30 ~ 50) – Ti(0 ~ 20) – Fe | 石墨/石墨 | 加入 Ti 改善润湿性;<br>经 873K 试验,接头不脆 |
| 美国,1964 年 | Ni48 – Zr48 – Be4、Ti49 – Cu49 – Be2 | 石墨/石墨 | 润湿良好 |
| 美国,1965 年和<br>1966 年 | Au70 – Ni20 – Mo10<br>Au35 – Ni35 – Mo30 | 石墨/W、Mo<br>石墨/INOR – 8 | 得到无裂纹的接头 |

为了获得高温接头,西北工业大学 J. T. Xiong 等[38]采用扩散焊对 2D 型 C/C 复合材料和 Ti64 钛合金进行连接。首先在 C/C 复合材料表面加工出间距 1.05mm、宽和高分别为 0.35mm × 0.3mm 的方形槽,然后在 1953 ~ 1983K 利用

Ti64 对 C/C 复合材料表层进行封孔处理,最后 1173K/4MPa 扩散焊接,得到剪切强度高达 41.63 MPa 的接头。高的接头强度缘自界面处的"钉扎"作用和热膨胀系数的梯度过渡效应。

此外,西北工业大学 J. L. Li 等[39] 利用扩散焊结合瞬态液相扩散连接工艺对 2D 型 C/C 复合材料和 Nb 合金连接进行了研究。试验采用 Ti 箔和多层 Cu 箔作为复合中间层,接头为 C/C – Ti/Cu – Nb 结构。首先在 1053K、4 MPa 压力条件下利用扩散作用实现多层 Cu 箔自身及与 Nb 合金的连接,然后升温到 1323K,0.03 MPa 压力条件下利用瞬态液相扩散连接法使 Cu 与 Ti 反应生成 Ti – Cu 共晶液相,液态 Ti – Cu 在 C/C 复合材料上有很好的润湿性,从而实现 C/C 复合材料与 Nb 合金的连接,接头剪切强度为 28.6 MPa。

对于 C/C 复合材料未来的应用前景,为发挥材料本身优异的高温性能,C/C 复合材料高温连接技术是关键因素之一,这就需要设计适应于更高钎焊温度的高温钎料成分体系,如表 5 – 15 中的 Ni – Ti – Fe、Ni – Zr – Be、Ti – Cu – Be、Si、Zr 等连接 C/C 复合材料自身的高温钎料,以及 Au – Ni – Mo、Au – Ni – Ta、W – V、W – Re 等连接 C/C 复合材料与 Mo、W 等高熔点金属的高温钎料[40]。此外,借鉴文献 [39] 的焊接方法,可考虑复合焊接方法,分步实现 C/C 复合材料与金属的连接。还可考虑设计接头结构形式,通过实现机械钉扎效应,提高接头强度[38]。

## 参 考 文 献

[1] 王林山,熊翔,李江鸿,等. 国内 C/C 复合材料的研究发展现状[J]. 粉末冶金材料科学与工程,2001,6(2):118 – 122.

[2] 高燕,宋怀河,陈晓红. C/C 复合材料的研究进展[J]. 材料导报,2002,16(7):44 – 47.

[3] 丘哲明. 固体火箭发动机材料与工艺[M]. 北京:宇航出版社,1995.

[4] Sola C, Appendino P, Bosco F, et al. Protective glass coating for carbon – carbon composites [J]. Carbon, 1998, 36(7 – 8):1213 – 1218.

[5] Barton J M, Jones J R, Stedman J C, et al. Mechanical propertiesof tough, high temperature carbon fiber composites from novel functionalized aryl cyanate ester polymers [J]. Polymer, 1996, 37(20):4519 – 4528.

[6] 李贺军,罗瑞盈,杨峥. C/C 复合材料在航空领域的应用研究现状[J]. 材料工程,1997,8:8 – 10.

[7] Dadras P, Mehrotra G M. Joining of carbon – carbon composites by graphite formation [J]. Journal of the American Ceramic Society, 1994, 77(6):1419 – 1424.

[8] Dadras P, Mehrotra G M. Solid – state diffusion bonding of carbon – carbon composites with borides and carbide [J]. Journal of the American Ceramic Society, 1993, 76(5):1274 – 1280.

[9] Singh M, Shpargel T P, Morscher G N, et al. Active metal brazing and characterization of brazed joints in titanium to carbon – carbon composites [J]. Materials Science and Engineering, 2005, A 412:123 – 128.

[10] 马文利,毛唯,李晓红,等. 采用银基活性钎料钎焊碳/碳复合材料[J]. 材料工程,2002,(1):9 – 11.

[11] Canonico D A, Cole N C, Slaughter G M. Direct brazing of ceramics, graphite and refractory metals [J]. Welding Journal, 1977,(8):31 – 38.

[12] 陈俊华, 陈广立, 耿浩然, 等. 碳/碳复合材料焊接技术研究进展[J]. 热加工工艺, 2006, 35(11): 75 – 78.

[13] 任家烈, 吴爱萍. 先进材料的连接[M]. 北京: 机械工业出版社, 2000.

[14] Kappalov B K, Veis M M, Kadun Y I, et al. Brazing C/C composite materials with metal – containing brazing alloys[J]. Welding International, 1992, 6(9): 562 – 566.

[15] Appendino P, Ferraris M, Casalegno V. Joining of C/C composites to copper [J]. Fusion Engineering and Design, 2003(68): 225 – 229.

[16] 秦优琼, 冯吉才, 张丽霞. C/C 复合材料与 TC4 合金钎焊接头的组织与性能分析[J]. 稀有金属材料与工程, 2006, 36(7): 1210 – 1214.

[17] 陆善平, 董秀中, 吴庆, 等. Co – Ti, Ti – Zr – Cu 高温钎料在 $Si_3N_4$ 陶瓷上润湿性与界面连接[J]. 材料研究学报, 1998, 12(3): 295 – 298.

[18] 陈波, 熊华平, 毛唯, 等. 几种高温钎料对 C/C 复合材料的润湿性研究[J]. 材料工程, 2008, 1: 25 – 29.

[19] Chen B, Xiong H P, Mao W, et al. Wettability and interfacial reactions of PdNi – based brazing fillers on C – C composite [J]. Trans. Nonferrous Met. Sco. China, 2010, 20(2): 223 – 226.

[20] Park J S, Landry K, Perepezko J H. Kinetic control of silicon carbide/metal reactions [J]. Materials Science and Engineering, 1999, A 259: 279 – 286.

[21] Chou Ting C, Anne Joshi. Selectivity of silicon carbide/stainless steel solid – state reaction and discontinuous decomposition of silicon carbide [J]. Journal of the American Ceramic Society, 1991, 74(6): 1364 – 1372.

[22] Xiong H P, Chen B, Kang Y S, et al. Wettability of Co – V, and PdNi – Cr – V system alloys on SiC ceramic and interfacial reactions [J]. Scripta Materialia, 2007, 56: 173 – 176.

[23] 熊华平, 毛唯, 程耀永, 等. 几种钴基高温钎料对 SiC 陶瓷的润湿与界面结合[J]. 金属学报, 2001, 37(9): 991 – 996.

[24] Bhanumurthy K, Schmid – Fetzer R. Interface reactions between silicon carbide and metals(Ni, Cr, Pd, Zr) [J]. Composites: Part A, 2001; 32: 569 – 574.

[25] 郭琛, 郭领军, 李贺军, 等. C/C 复合材料与金属材料的热压连接[J]. 炭素技术, 2009, 28(5): 27 – 30.

[26] Лякишев Н П. 金属二元系相图手册[M]. 北京: 化学工业出版社, 2009.

[27] 虞觉奇, 易文质, 陈邦迪, 等. 二元合金状态图集[M]. 上海: 上海科学技术出版社, 1987.

[28] 张启运, 庄鸿寿. 三元合金相图手册[M]. 北京: 机械工业出版社, 2011.

[29] 王艳艳, 李树杰, 闫联生. 采用钛基活性钎料高温钎焊高强石墨[J]. 稀有金属材料与工程, 2005, 34(6): 970 – 973.

[30] 徐庆元, 李宁, 熊国刚, 等. 钎焊工艺对钛钎焊石墨与 TZM 合金接头组织性能的影响[J]. 焊接学报, 2006, 27(7): 37 – 40.

[31] Fox C W, Slaughter G M. Brazing of ceramics[J]. Welding Journal, 1964, 43(7): 591 – 595.

[32] Burnett R C, Marengo G. The use of molybdenum disilicide as a brazing medium for fuel boxes[M]. United Kingdom Atomic Energy Authority, D. P. Rept. 67, Nov. 1961.

[33] Lindgren J R. Development of brazed and cemented joints for the HTGR fuel – element assemblies[M]. General Atomic Division of General Dynamics Corp. , GA – 2105, May 1961.

[34] Ando Y, Tobita S, Fujimura T. Development of bonding methods for graphite materials[M]. Japanese Atomic

Energy Research Institute, JAERI – 1071, Oct. 1964.

[35] Fujimura T, Ando Y. Method of bonding graphite articles with iron – base brazing alloys[M]. U. S. Patent 3177577, Apr. 13, 1965.

[36] Donnelly R G, Gilliland R G, Fox C W, et al. The development of alloys and techniques for brazing graphite [M]. Paper presented at Fourth National SAMPE Symposium(Hollywood), Nov. 13 – 15, 1962.

[37] Mcpherson R F. Develop brazing parameters for joining tungsten to graphite[M]. Aerojet Gen. Corp. , Rept. M – 2078, May 3, 1960.

[38] Xiong J T, Li J L, Zhang F S, et al. Direct joining of 2D carbon/carbon composites to Ti – 6Al – 4V alloy with a rectangular wave interface[J]. Materials Science and Engineering A, 2008, 488: 205.

[39] Li J L, Xiong J T, Zhang F S. Transient liquid – phase diffusion bonding of two – dimensional carbon/carbon composites to niobium alloy [J]. Materials Science and Engineering A, 2008, 483 – 484: 698 – 700.

[40] 熊华平,毛唯,陈波,等. 陶瓷及陶瓷基复合材料高温钎料的研究现状与进展[J]. 焊接,2008,11: 19 – 24.

# 第 6 章　含 Ti 的活性钎料对 $C_f/SiC$ 陶瓷基复合材料与铌合金、钛合金的钎焊

碳纤维增强的 SiC 陶瓷基复合材料($C_f/SiC$)是一种新发展的高温结构材料,该材料在断裂过程中通过裂纹偏转、纤维断裂和纤维拔出等机理吸收能量,既增强了材料的强度和韧性(目前 $C_f/SiC$ 典型的性能[1]可达到 $\sigma_{b3}$: 500 MPa,断裂韧性 $K_{IC}$: 20 MPa·$m^{-1/2}$),又保持了 SiC 陶瓷良好的高温性能。总体上看,由于其优异的综合力学性能和机加工性能,$C_f/SiC$ 复合材料甚至相对于 C/C 复合材料都已经体现出更大的应用潜力[2],可用来制造航空发动机的热端部件、航天飞机热防护系统、火箭发动机推力室喷管、卫星反射镜等[3-6]。

然而,$C_f/SiC$ 在实际应用中必然会碰到连接问题,包括自身的连接以及与其他材料的连接,其中钎焊方法与其他焊接方法相比更能有效解决该材料的连接问题。$C_f/SiC$ 与其他陶瓷材料的一个重要差别是它拥有近 10%~16%(体积分数)的气孔率,并且由 C 纤维和 SiC 基体两种材料组成,选用的钎料需对这两种材料均能润湿,因此接头的反应既包括钎料与 C 纤维的反应,还包括钎料与 SiC 的反应,所以连接反应机理更为复杂。

国内在最近几年才开展对 $C_f/SiC$ 复合材料的连接研究,公开报道的有使用 Ni 基钎料钎焊 $C_f/SiC$ 自身以及采用 Ti 箔 - Cu 箔叠层连接 $C_f/SiC$ 与 Nb 合金的研究结果[7-9],其中 Ni 基高温钎料连接 $C_f/SiC$ 自身接头室温四点弯曲强度达到 60 MPa 左右[8]。当前对 $C_f/SiC$ 复合材料自身及其与金属连接的工艺和机理的认识显然是不充分的。

本章主要采用 AgCu - Ti 系、Ti - Zr - Ni - Cu 系活性钎料,系统研究 $C_f/SiC$ 自身及其与钛合金、铌等金属的连接,其中 $C_f/SiC$ 复合材料与钛合金接头中填加了多种缓释层用来缓解接头中的热应力,详细研究了不同材料、不同厚度缓释层对接头强度的影响,以及接头的抗热震循环效果。

## 6.1　AgCu - Ti 钎料钎焊 $C_f/SiC$ 陶瓷基复合材料

选用了两种 AgCu - Ti 轧制箔带钎料,名义成分分别为 Ag - 35.5Cu - 1.8Ti(%(质量分数))和 Ag - 27.4Cu - 4.4Ti(%(质量分数)),钎料厚度均为 50μm。采用机加工方法将 $C_f/SiC$ 母材加工成尺寸为 10mm × 10mm × 2mm 和 3mm ×

4mm×20mm 两种规格试样,分别用于金相试样和焊接性能试样的制备。

采用真空钎焊方法,工艺规范选为 880℃/10min,加热速度为 10℃/min,热态真空度不低于 $5.0 \times 10^{-3}$ Pa。为了缓解接头中的热应力,降温时以 5℃/min 速度进行冷却。

图 6-1 给出了 880℃/10min 规范下采用 Ag-35.5Cu-1.8Ti 钎料获得的 $C_f$/SiC 接头的显微组织和接头中各元素的面分布情况。从图 6-1(a)中的接头显微组织可以看出,钎料与 $C_f$/SiC 母材发生了反应,在两者的界面处生成了灰色的扩散反应层组织(见图 6-1(a)中"1"),该反应层与母材被焊面基本保持平行且连续分布。钎缝基体区主要由亮白色基体组织以及弥散分布其内部的浅灰色块状组织组成,整体呈现共晶组织形貌。接头中各元素面分布的结果表明,Ti 主要分布在扩散反应层"1"区中(见图 6-1(b)),钎缝基体区未检测到 Ti 元素存在,表现为 Ag-Cu 二元共晶组织特征;Ag 主要分布在钎缝基体区的亮白色组织中(见图 6-1(c));与 Ag 相反,Cu 在钎缝中的浅灰色块状组织中分布更为集中;而 C 在钎缝中的分布趋势不明显。

和 Ag-35.5Cu-1.8Ti 相比,采用 Ag-27.4Cu-4.4Ti 钎料获得的 $C_f$/SiC 接头的显微组织更趋于均匀化(见图 6-2(a)),钎缝基体区的浅灰色组织以层片状密集分布在亮白色基体中(见图 6-2(a)中"5"),共晶组织特点更为明显[10]。钎料与 $C_f$/SiC 连接界面平直,在该界面处形成了灰色的扩散反应层(见图 6-2(a)中"4"),结合接头中各元素面分布结果,该反应层中 Ti 富集明显。其他元素分布情况则与 Ag-35.5Cu-1.8Ti 接头的类似。

表 6-1 给出了两种 Ag-Cu-Ti 钎料获得的 $C_f$/SiC 接头特征区域的 XEDS 成分分析结果。从表中可以看出,两种接头钎缝基体区的浅灰色相(分别见图 6-1(a)中"2"和图 6-2(a)中"5")富集了大量的 Cu 和一定量的 Ag,其中还包含少量的 C(见表 6-1 中"2"和"5");钎缝亮白色基体(分别见图 6-1(a)中"3"和图 6-2(a)中"6")主要由含 Cu 的 Ag 基固溶体组成,同样含有少量的 C 分布,但 C 含量较浅灰色相中的低(见表 6-1 中"3"和"6");Ag-35.5Cu-1.8Ti 钎料对应接头的扩散反应层(见图 6-1(a)中"1")主要以 Ti 和 C 含量为主(见表 6-1 中"1"),说明这两种元素在该区发生反应,生成 Ti-C 相。同样,Ag-27.4Cu-4.4Ti 钎料对应接头的扩散反应层(见图 6-2(a)中"4")也出现了 C 和 Ti 的富集,其中还含有超过 30%(原子分数)的 Cu(见表 6-1 中 4)。

在钎焊温度下,Ag-Cu-Ti 钎料熔化,活性元素 Ti 与 $C_f$/SiC 母材中的 C 纤维和 SiC 基体发生反应,其中 Ti 与 C 发生如下反应:

$$Ti + C = TiC \qquad (6-1)$$

但是,关于 Ti 和 SiC 的反应则出现了两种观点:H. K. Lee 等[11]认为,Ti 与 SiC 先后

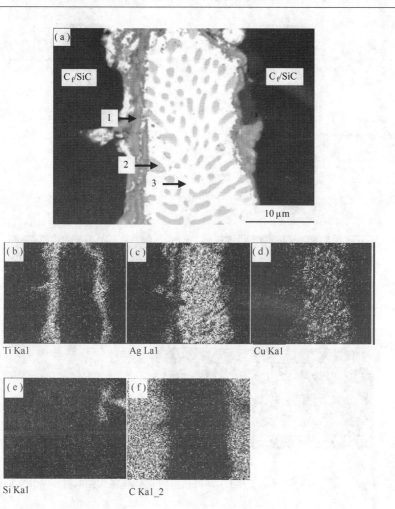

图 6 – 1　采用 Ag – 35.5Cu – 1.8Ti 钎料获得的 $C_f/SiC$ 接头显微组织及元素面分布

表 6 – 1　采用两种 Ag – Cu 基钎料获得的 $C_f/SiC$ 接头

特征区域的 XEDS 成分分析结果

| 微区 | 元素含量/%（原子分数） | | | | |
|---|---|---|---|---|---|
| | C | Si | Ti | Cu | Ag |
| 1 | 24.23 | 0.38 | 64.61 | 5.97 | 4.80 |
| 2 | 24.04 | — | — | 59.70 | 16.26 |
| 3 | 12.29 | — | — | 8.50 | 79.21 |
| 4 | 26.90 | — | 35.81 | 32.84 | 4.45 |
| 5 | 19.31 | — | 0.46 | 46.98 | 33.25 |
| 6 | 14.80 | — | — | 22.45 | 62.75 |

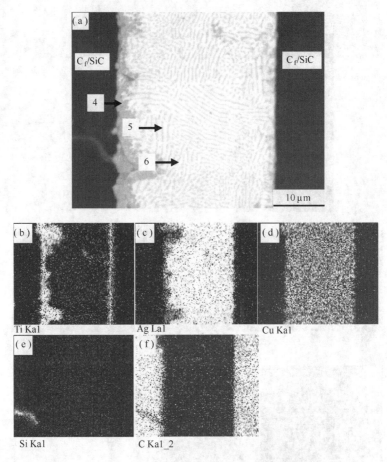

图 6 - 2　采用 Ag - 27.4Cu - 4.4Ti 钎料获得的 $C_f$/SiC 接头显微组织及元素面分布

发生如下两个反应：

$$Ti + SiC = TiC + Si \qquad (6-2)$$
$$5Ti + 3Si = Ti_5Si_3 \qquad (6-3)$$

即 Ti 与 SiC 陶瓷先直接发生反应，生成 TiC 相和单质 Si，随后 Ti 会与 Si 发生反应生成 $Ti_5Si_3$ 相；而 C. Iwamoto 等[12] 研究结果表明，Ti 与 SiC 的反应过程如下：

$$SiC \rightarrow Si + C \qquad (6-4)$$
$$Ti + C \rightarrow TiC \qquad (6-5)$$

即 SiC 母材在液态钎料作用下首先发生分解，分解出的 C 与 Ti 发生反应生成 TiC 相，并且在微观尺度上观察到 TiC 的形核及生长过程。虽然两种观点中反应的顺序不同，但最终产物中都有 TiC 存在。通过图 6 - 1 中(e)和图 6 - 2 中(e)的 Si 的面分布可以看出，视场中的 SiC(对应 Si 的分布)只分布在母材的局部区域，那么，SiC 与 Ti 之间的反应或者 SiC 自身的分解就可以忽略不计(钎缝中几乎未检测到 Si 的存在可以证明这一点)。因此，与钎料接触的母材以 C 为主，钎焊过程中的反应将主要以反应式(6 - 1)进行,接头中扩散反应层区(见图 6 - 1(a)中"1"和图 6 - 2(a)中"4")中的主要物相为 Ti - C 相,且最有可能是 TiC。

为了确定 Ti - C 以何种形式存在,这里针对 Ag - 27.4Cu - 4.4Ti 钎料获得的 $C_f$/SiC 接头扩散反应层区进行了 X 射线衍射分析(XRD)(见图 6 - 3),结果表明,在该区检测到了 TiC 相的存在,同时还存在 Ag、Cu 和石墨态的 C,虽然 Cu 含量相对较多(见表 6 - 1 中"4"),但未检测到 Cu - Ti 相存在。M. Nomura 等[13]通过透射电镜分析证实了在 Ag - Cu - Ti 钎料与 SiC 陶瓷界面之间的反应层确实为 TiC 相。总之,正是因为液态钎料中的活性元素 Ti 与 C 或 SiC 发生反应,并且生成相应的 TiC 相,才使得钎料在 $C_f$/SiC 上润湿铺展,从而达到活性连接的目的。

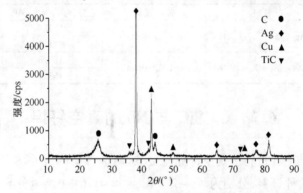

图 6 - 3　Ag - 27.4Cu - 4.4Ti 钎料与 $C_f$/SiC 连接界面的 XRD 图谱

表 6 - 2 给出了分别采用 Ag - 35.5Cu - 1.8Ti 和 Ag - 27.4Cu - 4.4Ti 两种钎料获得的 $C_f$/SiC 接头的三点弯曲强度,可以看出,前者的三点弯曲强度平均值为 132.5MPa,后者平均值为 159.5MPa,可见两者强度水平明显高于 Ni 基钎料对应的 $C_f$/SiC 复合材料的钎焊接头强度(约 60MPa)[8]。

本章中的两种 Ag - Cu - Ti 钎料虽然属于同一体系,但具体成分有所差别,这使得它们对应的 $C_f$/SiC 接头强度产生差异。首先,两种钎料中 Ti 含量相差较大,这将会影响钎料与母材的反应程度,可能成为影响接头性能的原因之一;其次,两种钎料存在的另一差异为 Cu 含量的不同。H. K. Lee 等[11]研究发现,Ag - Cu - Ti 钎料中 Ag 和 Cu 含量比例变化时,接头性能会发生变化。在两种极限条件下,即分别采用不含 Ag 的 Cu - 5Ti(%(原子分数))和不含 Cu 的 Ag - 5Ti(%(原子分数))钎料钎焊 SiC 陶瓷时,前者四点弯曲强度仅为 86 MPa,而后者强度达到了159 ~ 178 MPa,较前者高出一倍左右,这说明了 Cu 在钎料中含量的变化会对接头性能产生影响。

曲仕尧等[14]针对 Ag - Cu - Ti 钎料自身进行了详细的研究,结果表明,Ti 的活性随着 Cu 含量的增加而减小,随着 Ag 含量的增加而增大,Ag 和 Ti 之间存在着较大排斥作用,相互作用参数为 32.8kJ/mol,而 Cu 和 Ti 之间存在强烈的吸引作用,其相互作用参数为 - 16.14kJ/mol,在 Ti 含量相同而 Cu 含量不同的 Ag - Cu - Ti

钎料对于氧化铝复合陶瓷润湿结果中发现,随着钎料中 Cu 含量的降低,润湿角呈现减小的趋势。这里采用的两种钎料中 Cu 含量分别为 35.5% 和 27.4%(质量分数),这种 Cu 含量的差异可能成为接头性能差异的又一重要因素。

综上所述,如果在钎焊过程中 Ti 的活性充分发挥,将会对接头的性能产生有利影响,正是因为这方面原因,Ag – 35.5Cu – 1.8Ti 钎料中 Cu 含量高而 Ti 含量低,显然 Ti 的活性较 Ag – 27.4Cu – 4.4Ti 的弱,从而决定了这两种钎料对应的接头性能差异。最后,除上述两个影响因素外,钎料中随着 Ti 含量的提高,对 Ag – Cu 基钎料本身的强化作用增强,这种增强效果也可使接头强度发生变化。

表 6 – 2  采用两种 Ag – Cu – Ti 钎料获得的 $C_f/SiC$ 接头三点抗弯强度

| 试样编号 | 钎料 | 钎焊规范 | 三点弯曲强度/MPa | 平均值/MPa |
|---|---|---|---|---|
| 1 | Ag – 35.5Cu – 1.8Ti | 880℃/10min | 153.4 | 132.5 |
| 2 | | | 111.6 | |
| 3 | 3Ag – 27.4Cu – 4.4Ti | 880℃/10min | 165.8 | 159.5 |
| 4 | | | 153.1 | |

## 6.2  $C_f/SiC$ 与 Nb 的真空钎焊

对 $C_f/SiC$ 与 Nb 进行了真空钎焊连接,这两种母材的尺寸均为 3mm × 4mm × 20mm,选用了两种钎料,分别为 Ag – 27.4Cu – 4.4Ti(%(质量分数))轧制箔带和 Ti – 13Zr – 21Cu – 9Ni(%(质量分数))急冷态箔带,两种钎料箔带的厚度均约 50μm。AgCuTi 钎料对应的钎焊参数选为 880℃/10min,TiZrCuNi 钎料对应的钎焊参数选为 960℃/10min,真空炉的热态真空度均维持在 $4.0 \times 10^{-3} \sim 6.0 \times 10^{-3}$ Pa。

### 6.2.1  Ag – 27.4Cu – 4.4Ti 钎料对应的 $C_f/SiC$ 与 Nb 接头

图 6 – 4(a)给出了 Ag – 27.4Cu – 4.4Ti 对应 $C_f/SiC$ 与 Nb 接头的微观组织,从中可以看出,接头中未出现熔蚀或裂纹等缺陷。钎焊前钎缝的预置间隙约为 50μm,焊后钎缝厚度变为 35 ~ 40μm,较焊前变窄,说明在钎焊过程中部分钎料流入 $C_f/SiC$ 孔隙中。钎缝组织主要由白色基体和灰色块状相组成,另外,在靠近 Nb 和靠近 $C_f/SiC$ 的区域均出现了连续的反应层。

图 6 – 4(b)、(c)、(d)、(e)、(f)和(g)分别为元素 C、Si、Ti、Cu、Nb 和 Ag 的面分布,从中可以看出,C 和 Si 主要分布在 $C_f/SiC$ 基体中;Ti 主要分布在扩散反应层中(见图 6 – 4(a)中"2"和"4");Ag 和 Cu 的分布趋势相反(见图 6 – 4(g)和(e));Nb 除了在母材中分布外,在"4"区中也有少量分布(见图 6 – 4(f))。

表 6 – 3 给出了接头特征区域的能谱分析结果,从中可以看出,"1"区中含 Ag 量高达 90%(原子分数),Ag 主要以 Ag 基固溶体形式存在;"2"区和"3"区分布情况相似,主要由 Ti 和 Cu 组成,生成 Ti – Cu 相;另外,在靠近 $C_f/SiC$ 的扩散反应层中,Si、C、Ti 和 Nb 出现富集,生成了相应的 Ti – C、Ti – Si、Nb – C 和 Nb – Si 等相[15]。

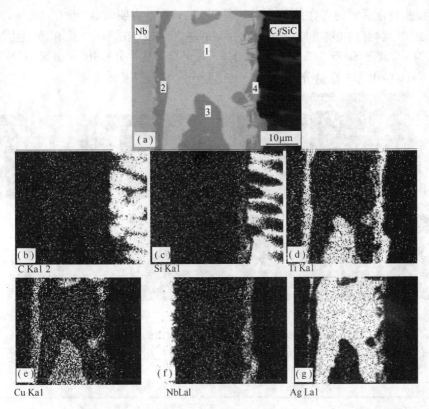

图 6 - 4　Ag - 27.4Cu - 4.4Ti 钎料对应的 $C_f/SiC$ 与 Nb 接头显微组织以及
C(b),Si(c),Ti(d),Cu(e),Nb(f) 和 Ag(g) 元素的面分布

表 6 - 3　图 6 - 4(a) 中特征区域的成分

| 微区 | 元素含量/%（原子分数） | | | | | | |
| --- | --- | --- | --- | --- | --- | --- | --- |
| | C | Si | Al | Ti | Cu | Nb | Ag |
| 1 | — | — | — | — | 9.40 | — | 90.60 |
| 2 | — | — | 4.21 | 49.28 | 39.21 | 5.71 | 1.59 |
| 3 | | | | 49.30 | 43.15 | 3.08 | 4.47 |
| 4 | 39.90 | 20.18 | | 22.27 | 1.18 | 16.47 | — |

## 6.2.2　Ti - 13Zr - 21Cu - 9Ni 钎料对应的 $C_f/SiC$ 与 Nb 接头

选用 Ti - 13Zr - 21Cu - 9Ni 钎料在 960℃/10min 的规范下对 $C_f/SiC$ 与 Nb 进行钎焊连接,图 6 - 5(a) 给出了接头的显微组织。从图中可以看出,钎缝厚度由预置间隙 50μm 变为 30 ~ 35μm。靠近 $C_f/SiC$ 基体附近生成一层薄薄的扩散反应层(见图 6 - 5(a) 中"4")。

接头特征区域的 X 射线能谱分析结果(表 6 – 4)表明,在靠近 $C_f/SiC$ 的扩散反应层状中含有约 14%(原子分数)的 Ti 和 Zr,Ti 和 Zr 在该区与 C 和 Si 发生反应生成 Ti – C、Ti – Si、Zr – C、Zr – Si 等相;Nb 除了在母材中分布外,在微区"3"中(见图 6 – 5(a))也有一定量分布;Ni 和 Cu 主要分布在钎缝基体中。

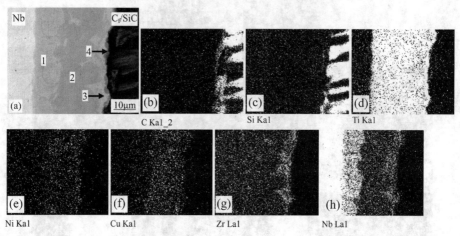

图 6 – 5   Ti – 13Zr – 21Cu – 9Ni 钎料对应的 $C_f/SiC$ 与 Nb
接头显微组织以及 C(b)、Si(c)、Ti(d)、Ni(e)、Cu(f)、Zr(g) 和 Nb(h) 元素的面分布

表 6 – 4   图 6 – 5(a) 中特征区域的成分

| 微区 | 元素含量/%(原子分数) | | | | | | |
|---|---|---|---|---|---|---|---|
| | C | Si | Ti | Ni | Cu | Zr | Nb |
| 1 | — | — | 64.97 | 2.72 | 3.17 | | 29.14 |
| 2 | — | — | 69.06 | 4.11 | 14.67 | 7.32 | 4.85 |
| 3 | — | — | 45.80 | 6.11 | 7.02 | 25.92 | 15.15 |
| 4 | 56.40 | 14.54 | 14.42 | — | 0.30 | 14.34 | |

Ti 作为一种活性元素常用来添加到钎料中以提高钎料的润湿性和流动性。本书研究结果已经证明了 Ti 在 Ag – 27.4Cu – 4.4Ti 和 Ti – 13Zr – 21Cu – 9Ni 两种钎料中的活性作用,两种钎料均表现出了良好的润湿铺展特性。钎焊过程可以简单描述如下[15]:在钎焊过程中,钎料熔化后 Ti 扩散到靠近 $C_f/SiC$ 的界面处,与 C 和 SiC 发生反应生成 Ti – C、Ti – Si 等相。根据文献[16],C – Si – M(金属)三元体系可以分为两种反应类型,SiC/M 的反应可以用下式表示:

式 I:$M + SiC \rightarrow$ 硅化物 $+ C$(石墨)

式 II:$M + SiC \rightarrow$ 硅化物 $+$ 碳化物 $+ (M_xSi_yC_z)$

本研究中,元素 Ti 的反应类型属于第二种,因此反应产物可能为 Ti – C、Ti – Si 和 $Ti_xSi_yC_z$ 等相。另外,在高温下 Ti 还会与 C 纤维发生反应,生成 Ti – C 相,即 $Ti + C \rightarrow TiC$。由于 Ti – C 相只有一种 TiC 的化合物结构[17],因此本研究涉及到

的 Ti – C 相均为 TiC,而确切的 Ti – Si 和 $Ti_xSi_yC_z$ 需要 X 射线衍射等手段来进一步证实。此外,虽然 Zr 和 Nb 的活性没有 Ti 强,但钎缝中或多或少存在 Zr(Nb) – C、Zr(Nb) – Si 相等。

## 6.3　$C_f$/SiC 与钛合金的真空钎焊工艺及接头性能

在 $C_f$/SiC 与钛合金(TC4)的连接过程中,分别以不同厚度的 Nb、W 和 Cu 作为中间层,对接头的显微组织进行了研究,同时测试了接头的弯曲强度和抗热震性能。

### 6.3.1　以 Nb 作为中间层的 $C_f$/SiC 与 TC4 接头的钎焊

金属铌具有塑性好、优良的室高温性能以及低的热膨胀系数($7.31 \times 10^{-6} K^{-1}$),是常用的异种材料接头连接用缓释层材料,对接头应力缓解效果明显。

本节中共选用了 0.2mm、0.5mm 和 1mm 三种厚度的 Nb 作为缓释层,其中 Nb 与 TC4(Ti – 6Al – 4V)之间选用 Ti – 13Zr – 21Cu – 9Ni(%(质量分数))非晶态钎料,钎焊规范为 930℃/20min;Nb 与 $C_f$/SiC 之间选用 Ag – 27.4Cu – 4.4Ti(%(质量分数))轧制箔带钎料,钎焊规范为 880℃/10min。经过两个热循环完成了整个 $C_f$/SiC/Nb/TC4 接头的连接,并对接头强度进行了测试。表 6 – 5 列出了以 Nb 作为中间缓释层的 $C_f$/SiC/TC4 接头强度数据。从中可以看出,0.2mm 厚度 Nb 对应接头的三点弯曲强度最高,平均值达到了 205.0 MPa;随着 Nb 层厚度增加,接头强度呈现下降趋势,即 0.5mm 厚和 1mm 厚接头弯曲强度分别为 155.7 MPa 和 131.3 MPa。

表 6 – 5　以 Nb 作为缓释层的 $C_f$/SiC 与 TC4 接头强度

| 编号 | 接头形式 | 三点弯曲强度/MPa | 平均值/MPa |
|---|---|---|---|
| 1 | TC4/Ti – Zr – Cu – Ni/0.2mmNb/Ag – Cu – Ti/$C_f$/SiC | 211.9；　219.0；176.4；　212.7 | 205.0 |
| 2 | TC4/Ti – Zr – Cu – Ni/0.5mmNb/Ag – Cu – Ti/$C_f$/SiC | 130.2；　181.1 | 155.7 |
| 3 | TC4/Ti – Zr – Cu – Ni/1mmNb/Ag – Cu – Ti/$C_f$/SiC | 153.9；　108.7 | 131.3 |

由于 0.2mm 厚的 Nb 对应的接头强度最高,因此针对该种接头进行了 600℃/5min/10 次/空冷的热震循环试验,图 6 – 6 给出了热震试样照片,从中可以看出,随着热震次数的增加,TC4 的氧化颜色逐渐加深,但试样经过 10 次热震循环后接头依然保持完好。

图 6 – 7 给出了热震前后接头显微组织照片,接头结合完好,未出现缺陷,且钎缝表面光亮,圆角明显。图 6 – 7(a)和(b)为未进行热震试验的接头组织,图 6 – 7(c)和(d)为经过热震试验的接头组织,从这些组织照片中可以看出,除了由于钎

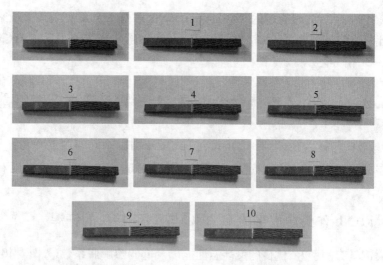

图 6 – 6　TC4/0.2mmNb/C$_f$/SiC 接头热循环试验照片

缝选取的位置不同导致了 AgCuTi 层厚度的不同外,无论是 Ti – Zr – Cu – Ni 一侧的钎缝还是 AgCuTi 一侧的钎缝显微组织形貌差别不大。其中 Ti – Zr – Cu – Ni 一侧的钎缝组织细小,由细碎的白色和灰色组织参杂而成,从 Nb 到 TC4 呈现过渡分布,AgCuTi 一侧的钎缝生成了明显的 AgCu 共晶组织,表现为灰色的块状物较均匀分布在亮白色的基体中且靠近 C$_f$/SiC 的地方出现了较为连续的灰色组织。热震循环试验对接头组织影响不大,且未出现裂纹或开裂等现象。

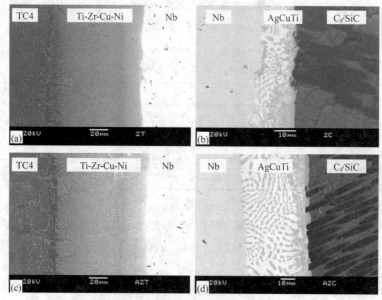

图 6 – 7　TC4/0.2mmNb/C$_f$/SiC 接头显微组织照片

(a)和(b)热震前;(c)和(d)热震后。

图 6-8 给出了经过热循环氧化实验的 Nb 与 Cf/SiC 一侧接头微观区域元素面分布情况。结合图 6-8 中各元素面分布及表 6-6 元素成分含量可以看出,Si 除在 Cf/SiC 母材中分布较多外,在钎缝中靠近 Cf/SiC 母材的灰色区域"3"中分布也较多(含量达到 14.17%),而在其他区域分布很少;Ti 主要分布在靠近 Cf/SiC 母材的扩散反应层中(见表 6-6 中"3"和"4"),与扩散过来的 Si 和 C 等元素发生反应生成相应的化合物相,另外 Ti 在靠近 Nb 层附近的个别区域分布也较多;Cu 主要分布在钎缝的灰色块状组织中(对应图 6-8 中"1"和"3");Nb 在钎缝基体中分布较均匀,在靠近 Cf/SiC 母材扩散反应层中有所集中;Ag 与 Cu 分布情况相反,主要分布在钎缝白色区域中(对应图 6-8 中"2"和"4")。

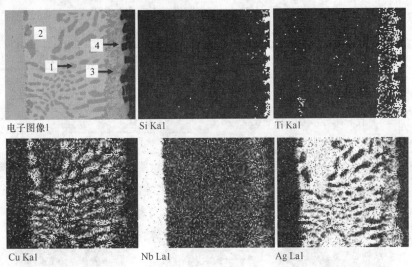

电子图像1 Si Ka1 Ti Ka1

Cu Ka1 Nb La1 Ag La1

图 6-8 经过热循环试验的 0.2mmNb/0.1mmAgCuTi/Cf/SiC 一侧接头元素面分布

表 6-6 经过热循环试验的 Nb/Cf/SiC 一侧接头微区成分

| 微区 | 成分含量/% (原子分数) | | | | |
| --- | --- | --- | --- | --- | --- |
| | Si | Ti | Cu | Nb | Ag |
| 1 | — | 1.25 | 94.85 | — | 3.90 |
| 2 | — | — | 8.87 | — | 91.13 |
| 3 | 14.17 | 30.34 | 24.29 | 18.23 | 12.97 |
| 4 | 1.13 | 43.70 | 3.73 | 11.50 | 39.94 |

另外,还针对 TC4/Nb 一侧的接头进行元素面分布分析,结果发现各元素分布较为均匀,且组织呈现过渡分布,所以很难在元素面分布图上看出各元素的具体分布情况。

## 6.3.2 以 W 作为中间层的 Cf/SiC 与 TC4 接头的钎焊

金属钨属难熔金属,具有熔点高、热强度好、弹性模量高以及抗腐蚀性能优良的特点,在航空、航天、原子能、电子及民用工业中得到应用。另外,钨的热膨胀系数很低(仅为 $4.6 \times 10^{-6} \mathrm{K}^{-1}$),与陶瓷材料的热膨胀系数相近,是较为合适的缓释层材料。

实验中共选用了两种厚度的 W 作为缓释层,分别为 0.5mm 和 2.0mm。采用两步钎焊完成整个钎焊过程,第一步选用 Ti - 13Zr - 21Cu - 9Ni 钎料在 930℃/20min 规范下钎焊 W 与 TC4,第二步选用 Ag - 27.4Cu - 4.4Ti 钎料在 880℃/10min 规范下钎焊 TC4/W 与 $C_f$/SiC。

表6 - 7 给出了以 W 作为缓释层的 $C_f$/SiC/TC4 接头强度,从表中可以看出, 2mm 厚的 W 对应的接头强度明显高于 0.5mm 厚的 W 对应的接头强度,且前者的强度接近后者的 2 倍,说明 W 的厚度对接头性能影响较大[18]。

表6 - 7　以 W 作为缓释层的 $C_f$/SiC/TC4 接头强度

| 编号 | 接头形式 | 三点弯曲强度/MPa | 平均值/MPa |
|---|---|---|---|
| 1 | TC4/Ti - Zr - Cu - Ni/0.5mmW/ Ag - Cu - Ti/$C_f$/SiC | 75.0 70.8 | 72.9 |
| 2 | TC4/Ti - Zr - Cu - Ni/2.0mmW/ Ag - Cu - Ti/$C_f$/SiC | 144.7 144.0 | 144.4 |

针对 TC4/2.0mmW/$C_f$/SiC 接头进行了 600℃/5min/10 次/空冷的热震循环试验,结果表明随着热震次数的增加,TC4 的氧化颜色逐渐加深,但试样经过 10 次热震循环后接头依然保持完好(见图6 - 9)。

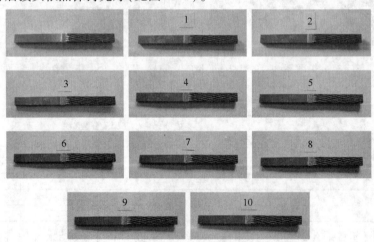

图6 - 9　TC4/2.0mmW/$C_f$/SiC 接头热震循环试验照片

图6 - 10 给出了 880℃/10min 规范下采用 Ag - 27.4Cu - 4.4Ti 钎料获得的 $C_f$/SiC 与 W 接头组织的二次电子像,从图中可以看出,钎料填缝良好,与两种母材的连接界面结合完好,未出现熔蚀或裂纹等缺陷。钎缝的厚度约为 15 ~ 25μm,较

原始厚度($100\mu m$)减薄很多,主要原因是一部分钎料由于毛细作用流入了 $C_f/SiC$ 母材中的空隙,减少了钎缝中钎料的量。钎缝基体主要由灰色(图 6-10 中"1")和灰白色(图 6-10 中"2")块状相组成,中间还分布着少量的尺寸很小的黑色条状和块状组织。

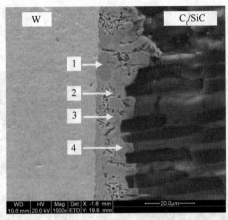

图 6-10　采用 Ag-27.4Cu-4.4Ti 钎料获得的 $C_f/SiC$ 与 W 接头的组织

表 6-8 给出了采用 Ag-27.4Cu-4.4Ti 钎料获得的 $C_f/SiC$ 与 W 接头特征区域的 XEDS 成分分析结果,可以看出,灰色块状相"1"中主要以 Cu 含量为主,其中分布一定含量的 C 元素(虽然 XEDS 对于轻元素的成分含量测量存在较大误差,但含量趋势可供参考);灰白色块状相"2"的成分与原始钎料成分较为接近,只是 Cu 含量略有降低,且含 C 量较"1"区有所下降;随着向 $C_f/SiC$ 母材边缘靠近,Ti 和 C 的含量逐渐升高(见表 6-7 中"3"和"4"),Cu 在"3"区的含量与在"1"区中的含量相近,均达到 40% 以上,但在 4 区含量急剧下降,低于 2% ,而在这两个区域中,Ag 的分布与 Cu 相反,"4"区中的含 Ag 量高于"3"区。

表 6-8　采用 Ag-27.4Cu-4.4Ti 钎料获得的 $C_f/SiC$ 与 W 接头
特征区域的 XEDS 成分分析结果

| 位置 | 成分含量/%（原子分数） | | | | | |
|---|---|---|---|---|---|---|
| | C | Si | Ti | Cu | Ag | W |
| 1 | 51.53 | 0.25 | 0.91 | 45.30 | 1.91 | 0.11 |
| 2 | 32.69 | 0.03 | 0.47 | 13.69 | 52.78 | 0.34 |
| 3 | 45.91 | 0.28 | 7.73 | 40.30 | 5.68 | 0.10 |
| 4 | 64.06 | 0.20 | 16.75 | 1.77 | 17.12 | 0.11 |

为了更好说明接头中各元素的分布情况,图 6-11 给出了接头中各元素的面分布情况。从图中可以看出,C 由于测量精度所限,只是在 $C_f/SiC$ 母材中碳纤维

中分布明显,但在接头中也显示出一定量的分布(见图6-11"b");Ti主要分布在靠近$C_f$/SiC母材的钎缝中,且形成了较为连续的扩散反应层(见图6-11"c");从图6-11"d"中Cu的分布趋势来看,Cu主要分布在靠近W母材一侧的钎缝中,形成连续带状,但个别位置Cu在整个钎缝横截面均有分布;Ag的分布与Cu有所差别,根据图6-11"e"所示,Ag在整个钎缝中形成网络状分布;结合图6-11"f"及表6-7,W向钎缝扩散量较少,与钎缝基体之间形成了较为平直的界面。

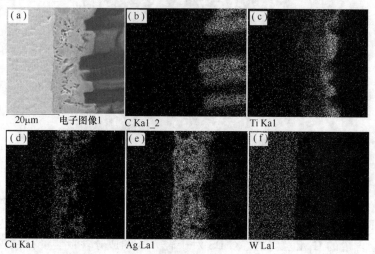

图6-11 采用Ag-27.4Cu-4.4Ti钎料获得的$C_f$/SiC与W接头组织(a)
及元素C(b),Ti(c),Cu(d),Ag(e),W(f)的面分布

AgCu-Ti钎料中添加Ti的目的是为了增加钎料的活性,本节中$C_f$/SiC与W接头能够实现成功连接与Ti的作用密切相关。当钎焊温度加热到钎料熔点时,钎料开始熔化,液态钎料与两边母材发生反应并相互扩散,其中在钎料与$C_f$/SiC的连接界面,Ti与碳纤维中的C以及母材基体材料SiC发生反应,生成相应的Ti-C、Ti-Si等化合物相。根据二元合金相图[17],Ti和C的化合物只有TiC,式(6-6)给出了它们的反应式,根据式(6-7)给出的吉布斯自由能关系,在本实验880℃条件下,形成TiC的自由能$\Delta G$(TiC) = -170.3(kJ/mol),因此推断在靠近$C_f$/SiC母材界面Ti与C相遇形成了TiC化合物。

$$Ti + C \rightarrow TiC \tag{6-6}$$

$$\Delta G(TiC) = -184.8 + 0.01255T(kJ/mol) \tag{6-7}$$

Ti除了与碳纤维中的C相互作用以外,一部分还会与SiC基体发生反应,从而达到润湿目的。Ti与SiC反应生成Ti-Si化合物及TiC,其中常见的Ti-Si化合物主要为$Ti_5Si_3$、$TiSi_2$及TiSi(分别见式(6-8)、式(6-9)和式(6-10))。根据式(6-11),可算出:在1200K的条件下,$\Delta G(Ti_5Si_3) = -911.11$(kJ/mol),

$\Delta G(\mathrm{TiSi}_2) = -340.39(\mathrm{kJ/mol})$，$\Delta G(\mathrm{TiSi}) = -236.41(\mathrm{kJ/mol})$，由此可知，形成 $\mathrm{Ti}_5\mathrm{Si}_3$ 的吉布斯自由能绝对值最大，另外根据靠近 $C_f/SiC$ 母材附近的 Ti 与 Si 的含量比例，可以推断，生成的 Ti – Si 化合物最有可能为 $\mathrm{Ti}_5\mathrm{Si}_3$。

$$8\mathrm{Ti} + 3\mathrm{SiC} \rightarrow \mathrm{Ti}_5\mathrm{Si}_3 + 3\mathrm{TiC} \tag{6-8}$$

$$3\mathrm{Ti} + 2\mathrm{SiC} \rightarrow \mathrm{TiSi}_2 + 2\mathrm{TiC} \tag{6-9}$$

$$2\mathrm{Ti} + \mathrm{SiC} \rightarrow \mathrm{TiSi} + \mathrm{TiC} \tag{6-10}$$

$$\Delta G = \sum_i \nu_i G_i (\mathrm{kJ/mol}) \tag{6-11}$$

　　总之，在采用 AgCuTi 钎料获得的 $C_f/SiC$ 与 W 的接头中，活性元素 Ti 对于界面反应起到了关键性的作用，它与 C 和 SiC 基体发生反应并生成相应的化合物相，促进了润湿。

　　930℃/20min 规范下采用 Ti – 13Zr – 21Cu – 9Ni 钎料获得的 TC4 与 W 接头组织的二次电子像如图 6 – 12 所示，从图中可以看出，钎料与两种母材之间形成了良好的结合，未出现缺陷。钎缝厚度（约 $70 \sim 80\mu m$）较原始间隙（$50\mu m$）增加较多，说明钎料熔化过程中与两种母材发生反应，相互扩散，使得钎缝增宽。钎缝主要由针状组织组成，且具有沿母材边缘形核、生长的特征，随着向钎缝中心靠近，针状组织形貌逐渐消失，转变为灰色基体（如图 6 – 12 中"2"区）。

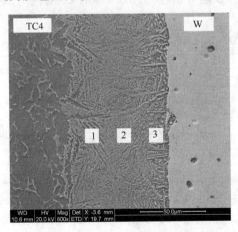

图 6 – 12　采用 Ag – 27.4Cu – 4.4Ti 钎料获得的 TC4 与 W 接头的组织

　　由于 TC4 与 W 的接头组织复杂，针状相细小，所以 XEDS 测试过程中只给出了小区域内元素的成分检测平均值，如表 6 – 9 所列。从表 6 – 9 中可以看出，钎缝主要以 Ti 含量为主，Al 和 V 由"1"区至"3"区逐渐减少，Ni 和 Zr 的含量远低于它们在原始钎料中的含量，含量降低的原因可能是因为两者扩散速度快，扩散较为充分所致；Cu 和 W 的分布情况类似，含量由"1"区至"3"区逐渐增多，Cu 在"3"区的含量与在原始钎料中的含量基本相近。

表 6 - 9　采用 Ti - 13Zr - 21Cu - 9Ni 钎料获得的 TC4 与 W
接头特征区域的 XEDS 成分分析结果

| 位置 | 成分含量/% (原子分数) | | | | | | |
|---|---|---|---|---|---|---|---|
| | Al | Ti | V | Ni | Cu | Zr | W |
| 1 | 7.14 | 77.46 | 2.96 | 1.95 | 9.47 | 0.92 | 0.11 |
| 2 | 4.80 | 75.51 | 2.28 | 2.14 | 13.68 | 1.41 | 0.18 |
| 3 | 3.87 | 72.16 | 1.81 | 2.05 | 17.34 | 1.96 | 0.82 |

### 6.3.3　以 Cu 作为中间层的 $C_f$/SiC 与 TC4 接头的钎焊

铜虽然热膨胀系数高,但高温时可利用其低强度和良好的延展性来缓解接头中残余热应力。本节中分别选用 0.2mm、0.5mm 和 1.0mm 的 Cu 作为缓释层,采用两个钎焊过程完成 $C_f$/SiC 与 TC4 的连接,即首先选用 Ag - 27.4Cu - 4.4Ti 在 880℃/10min 规范下完成 Cu 与 $C_f$/SiC 的连接,之后再选用 Ag - 28Cu 钎料在 830℃/5min 规范下进行 $C_f$/SiC/Cu 与 TC4 的连接。表 6 - 10 给出了以 Cu 作为缓释层的 $C_f$/SiC 与 TC4 接头强度,从室温强度数据可以看出,随着 Cu 缓释层厚度的增加,接头性能呈现升高趋势,其中 1.0mm 厚的 Cu 对应的接头室温三点弯曲强度达到 230.4 MPa。

表 6 - 10　以 Cu 作为缓释层的 $C_f$/SiC 与 TC4 接头强度

| 编号 | 接头形式 | 三点弯曲强度/MPa | 平均值/MPa |
|---|---|---|---|
| 1 | TC4/AgCu/0.2mmCu/AgCuTi/$C_f$/SiC | 178.2;　146.1 | 162.2 |
| 2 | TC4/AgCu/0.5mmCu/AgCuTi/$C_f$/SiC | 209.8;　243.2;　192.6 | 215.2 |
| 3 | TC4/AgCu/1.0mmCu/AgCuTi/$C_f$/SiC | 224.1;　236.7 | 230.4 |

1.0mm 厚的 Cu 对应的接头强度最高,因此针对该接头进行了 600℃/5min/10 次/空冷的热震循环实验,图 6 - 13 给出了热震试样照片,从中可以看出,随着热震次数的增加,TC4 和 Cu 的氧化颜色逐渐加深,并且试样经过第 7 次热震后 $C_f$/SiC - Cu 接头区域出现微裂纹,当试样经过 10 次热震循环后接头并未断开。

图 6 - 14 给出了 TC4 - 1.0mmCu - $C_f$/SiC 接头的微观组织。从照片中可以看出,采用 AgCu 钎焊的 TC4/Cu 钎缝基体主要由灰色基体以及白色长条状组织组成,且白色组织靠近 TC4 母材分布相对较多,紧靠 TC4 母材还出现了颜色稍深的灰色带。AgCuTi 钎料对应的 Cu - $C_f$/SiC 的接头表现为灰色基体上分布着白色块状的组织结构,且白色块状物靠近 $C_f$/SiC 母材分布相对较多。

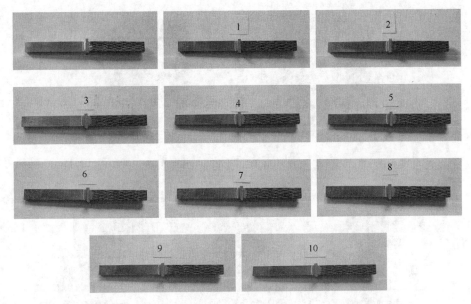

图 6 – 13　TC4 – 1.0mmCu – $C_f/SiC$ 接头热震循环试验照片

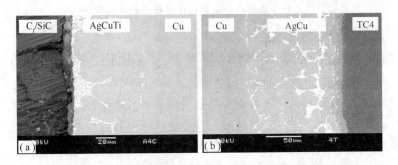

图 6 – 14　TC4/1.0mmCu/$C_f/SiC$ 接头显微组织照片

## 6.4　$C_f/SiC$ 与 TC4 模拟件的钎焊

分别选择 Nb、TZM 钼合金作为缓释层,实现了 $C_f/SiC$ 与 TC4 管状模拟件的钎焊[19],其中 $C_f/SiC$ 管的外径为 30mm,壁厚为 2.6mm,如图 6 – 15 所示。从图中清晰可见,整个钎缝区均被白亮的钎料所包裹,且结合处呈现良好的圆角过渡,说明接头成形良好。另外,通过放大镜下观察未发现接头中有裂纹出现,说明接头质量优良。针对该模拟件进行了热震考核实验,选择的规范为 600℃/5min/10 次/氩气吹,冷却条件较性能试样更为苛刻。模拟件经过 10 次热震考核之后虽然接头带有灰色的氧化色,但依然保持完好,未出现裂纹等缺陷(见图 6 – 16)。

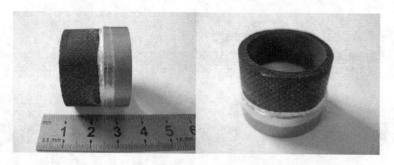

图 6-15 $C_f/SiC$ 复合材料与 TC4 合金连接模拟件热震前的宏观照片

600℃/5min氩气吹(第一次)　　600℃/5min氩气吹(第五次)　　600℃/5min氩气吹(第十次)

图 6-16 模拟件热震过程中及热震后的宏观照片

## 6.5 $C_f/SiC$ 复合材料与金属钎焊研究的其他进展

目前,关于 $C_f/SiC$ 自身连接的文献报道很少,个别研究学者[8,20]采用了 Ni 基钎料进行了 $C_f/SiC$ 自身连接,但结果都不是很理想。针对 $C_f/SiC$ 与金属连接的相关研究较多,大多数报道主要集中在 $C_f/SiC$ 与钛合金、与 Nb 的连接方面。

关于 $C_f/SiC$ 复合材料与钛合金的连接,一些学者[21,22]以 AgCu - Ti 钎料作为基体,其中加入一定量的 1:1 的(Ti 粉、Al 粉),配制成混合钎料进行 $C_f/SiC/TC4$ 的钎焊,结果表明接头中形成了 $Ti_3SiC_2$、$Ti_5Si_3$ 和少量的 TiC 相,其中 Ti 与 C 反应生成的 TiC 微粒均匀分布在接头中,接头剪切强度达到 142 MPa,比单纯采用 AgCu - Ti钎料获得的接头剪切强度高出 42% 。而在 AgCuTi 中添加 TiC 粉可进一步提高 $C_f/SiC$ 与钛合金接头的强度,TiC 含量为 10% (质量分数)时,接头剪切强度达到了 157 MPa。吴永智等[23,24]同样以 AgCu - Ti 钎料作为基体,采用 AgCuTi + SiC 混合粉体对 $C_f/SiC$ 复合材料与 TC4 钛合金进行了钎焊,结果表明,钎焊间隙为 0.55mm + 0.05mm 时,接头平均剪切强度最高,达到 141 MPa,同时还研究了 SiC 含量对钎焊质量的影响,当 SiC 含量由少增多时,接头冶金质量和组织均会发生变化,当含量增加至 18% 时,钎缝中出现了较多孔洞缺陷,接头质量严重下降。

此外,崔冰等[25]采用(Ti - Zr - Cu - Ni) + W 复合钎料真空钎焊 $C_f/SiC$ 复合材料与钛合金,在 $C_f/SiC$ 与钛合金连接层界面生成 $Ti_3SiC_2$、$Ti_5Si_3$ 和少量 TiC

（ZrC）化合物的混合反应层，在连接层与钛合金界面形成 Ti - Cu 化合物扩散层；增强相 W 能有效缓解接头的残余热应力，提高接头力学性能，在连接温度 930℃、保温时间 20min 的工艺条件下，中间层 W 含量为 15%（体积分数）时，接头剪切强度最高值达到 166 MPa。

由于 Nb 合金具有热膨胀系数低以及优良的高温性能，因此一些学者研究了 $C_f/SiC$ 复合材料与 Nb 的钎焊连接。Y. Z. Liu 等[26]采用 TiNiNb 合金成功钎焊了 C/SiC 与 Nb 接头，接头中形成了典型的共晶形貌组织，靠近 C/SiC 附近形成了一层薄薄的灰色扩散反应层，该反应层主要由（Ti，Nb）C 组成，钎焊接头室温剪切强度最大值达到 149 MPa，600℃和 800℃的剪切强度分别为 120 MPa 和 73 MPa。

陆艳杰等[27]用 Ag - Cu - Ti 活性钎料对 C/SiC 复合陶瓷与 Nb 合金进行了真空钎焊，结果表明，钎料中引入 Mo 颗粒后有效缓解了残余应力，实现了陶瓷与金属的气密连接（见图 6 - 17），界面反应产物主要是 TiC、TiSi、$Cu_4Ti$ 和 $Cu_3Ti$。另外，刘玉章等[28]采用等原子比 Ti - Ni 复合箔对 C/SiC 复合材料与 Nb 进行了真空反应钎焊，结果表明，线切割态的 C/SiC 与 Nb 的接头界面（Ti，Nb）C 反应层呈现锯齿状，而抛光和砂纸打磨状态的 C/SiC 接头界面处的反应层平直。锯齿状的界面反应层降低了界面处的应力集中程度，有助于提高接头的力学性能，使得线切割态的 C/SiC 与 Nb 的接头强度明显高于抛光和打磨状态的接头，达到 188 MPa。线切割态的 C/SiC 与 Nb 的接头断裂同时发生在 C/SiC 母材、界面和钎缝中，而抛光和打磨状态的 C/SiC 与 Nb 的接头断裂主要发生在界面处。

C/SiC

金属

图 6 - 17　C/SiC 与 Nb 合金连接的构件[27]

根据上述研究结果可知，目前关于 $C_f/SiC$ 复合材料与金属的连接技术研究才刚刚起步，被连接金属很有局限性，主要集中在钛合金和铌合金等，且采用的钎料多为常规的 Ag 基或 Ti 钎料。由于 $C_f/SiC$ 复合材料具备优良的高温使用性能，在高温应用条件下，常常需要被连接金属也要具备良好的耐温能力，因此研究在更高温度下使用的接头组合以及相应高温钎料的研制必将成为将来的又一研究热点。

# 参 考 文 献

[1] 徐永东, 成来飞, 张立同, 等. 连续纤维增韧碳化硅陶瓷基复合材料研究[J]. 硅酸盐学报, 2002(30): 184 - 188.

[2] 黄烨, 李鸿鹏. C/SiC 的制备及连接性、抗氧化性研究[J]. 宇航材料工艺, 2007(3): 6 - 8.

[3] 王如根, 高坤华. 航空发动机新技术[M]. 北京:航空工业出版社, 2003.

[4] 张建艺. 陶瓷基复合材料在喷管上的应用[J]. 宇航材料工艺, 2000, 4: 14 - 16.

[5] 葛明龙, 田昌义, 孙纪国. 碳纤维增强复合材料在国外液体火箭发动机上的应用[J]. 导弹与航天运载技术, 2003, 4: 22 - 26.

[6] 邹世钦, 张长瑞, 周新贵, 等. 碳纤维增强 SiC 陶瓷复合材料的研究进展[J]. 高科技纤维与应用, 2003, 28: 15 - 20.

[7] Tong Q Y, Cheng L F. Liquid Infiltration Joining of 2D C/SiC Composite [J]. Science and Engineering of Composite Materials, 2006, 13: 31 - 36.

[8] 张勇. $C_f$/SiC 陶瓷复合材料与高温合金的高温钎焊研究[D]. 北京:钢铁研究总院, 2006.

[9] Xiong J T, Li J L, Zhang F S, et al. Joining of 3D C/SiC Composite to Niobium Alloy [J]. Scripta Materialia, 2006, 55: 151 - 154.

[10] 陈波, 熊华平, 程耀永, 等. 采用 Ag - Cu - Ti 钎料钎焊 $C_f$/SiC 接头的组织和强度[J]. 材料工程, 2010(10): 27 - 31.

[11] Lee H K, Hwang S H, Lee J Y. Effects of the relative contents of silver and copper on the interfacial reactions and bond strength in the active brazing of SiC [J]. Journal of Materials Science, 1993, 28(7): 1765 - 1774.

[12] Iwamoto C, Tanaka S I. Reactive wetting of Ag - Cu - Ti on SiC in HRTEM [J]. Acta Materialia, 1998, 46(7): 2381 - 2386.

[13] Nomura M, Ichimori T, Iwamoto C, et al. Structure of wetting front in the Ag - Cu - Ti/SiC reactive system [J]. Journal of Materials Science, 2000, 35(16): 3953 - 3958.

[14] 曲仕尧, 邹增大, 王新洪. Ag - Cu - Ti 活性钎料热力学分析[J]. 焊接学报, 2003, 24(4): 13 - 16.

[15] Chen B, Xiong H P, Mao W, et al. Vacuum brazing of carbon fiber - reinforced SiC ceramic matrix composite to niobium [J]. Rare Metals, 2009, 28(Spec. Issue): 866 - 869.

[16] Park J S, Landry K, Perepezko J H. Kinetic control of silicon carbide/metal reactions [J]. Materials Science and Engineering, 1999, A259: 279 - 286.

[17] 虞觉奇, 易文质, 陈邦迪, 等. 二元合金状态图集[M]. 上海: 上海科学技术出版社, 1987.

[18] 陈波, 熊华平, 程耀永, 等. 以 W 合金作为缓释层的 $C_f$/SiC 与 TC4 真空钎焊研究[J]. 材料科学与工艺, 2009, 17(Sup. 1): 1 - 4.

[19] 熊华平, 陈波, 程耀永, 等. 用于陶瓷基复合材料与钛合金接头的分步钎焊连接工艺(国防发明专利) [P]:中国, 200910120703. 7; 2012 - 11 - 28.

[20] Tong Q Y, Cheng L F. Liquid Infiltration Joining of 2D C/SiC Composite. Science and Engineering of Composite Materials, 2006, 13: 31 - 36.

[21] 熊进辉, 黄继华, 张华, 等. $C_f$/SiC 复合材料与 Ti 合金的 Ag - Cu - Ti - TiC 复合钎焊. 中国有色金属学报, 2009, 19(6): 1038 - 1043.

[22] 薛行雁, 龙伟民, 黄继华, 等. (Ag - Cu - Ti) + (Ti - C)复合钎料钎焊 $C_f$/SiC 复合材料与 TC4 钛合金. 焊接, 2001, (3): 60 - 63.

[23] 吴永智, 李海刚, 毕建勋, 等. 钎焊间隙对 C/SiC 复合材料与 TC4 合金接头组织和性能的影响. 第十九届全国钎焊及特种焊连接技术交流会论文集: 2012: 122 - 124.

[24] 毕建勋, 李海刚, 吴永智, 等. 非金属相含量对 $C_f$/SiC 陶瓷基复合材料与 TC4 钛合金钎焊接头组织形貌的影响研究. 第十九届全国钎焊及特种焊连接技术交流会论文集, 2012: 125 - 128.

[25] 崔冰, 黄继华, 陈树海, 等. $C_f$/SiC 复合材料与钛合金的(Ti - Zr - Cu - Ni) + W 复合钎焊. 第十九届全国钎焊及特种焊连接技术交流会论文集, 2012: 129 - 132.

[26] Liu Y Z, Zhang L X, Liu C B, Yang Z W, Li H W, Feng J C. Brazing C/SiC composites and Nb with TiNiNb active filler metal. Science and Technology of Welding and Joining, 2011, 16(2): 193 - 198.

[27] 陆艳杰, 张小勇, 楚建新, 等. C/SiC 复合陶瓷与铌合金的活性钎焊. 稀有金属, 2008, 32(5): 636 - 640.

[28] 刘玉章, 张丽霞, 杨振文, 等. C/SiC 复合材料表面状态对其与 Nb 钎焊的影响. 焊接学报, 2010, 31(10): 18 - 22.

# 第7章 含 Cr、V 的高温活性钎料对 $C_f$/SiC 复合材料的润湿与连接

基于 $C_f$/SiC 陶瓷基复合材料良好的高温应用优势,研究该材料的高温连接技术具有重要意义。McDermid 等人[1]研究了 Ni – Cr – Si 合金在 SiC 上的润湿性,合金牌号为 BNi – 5,利用该合金还连接了 SiC 与 Inconel 600 高温合金[2],结果发现钎料中的 Ni 与 SiC 反应剧烈,导致 SiC 出现严重溶蚀。在 1573K/45min 规范下采用一种 Ni 基钎料连接 2D $C_f$/SiC 复合材料,接头三点弯曲强度最高值仅为 58 MPa[3]。还有采用 Ti – Cu 叠层中间层来实现 $C_f$/SiC 连接[4]的报道,钎焊过程中 Ti – Cu 形成共晶液相用来充当钎料。一些研究人员[5-7]采用先驱体转化陶瓷法对 $C_f$/SiC 进行了连接实验,结果表明接头中形成了陶瓷相从而实现了 $C_f$/SiC 接头的完好连接,其中转化温度是决定接头性能的关键因素,但是接头的剪切强度只有几兆帕到几十兆帕的水平。

目前,关于 $C_f$/SiC 的钎焊研究较多采用以 AgCu – Ti 钎料为主的中温钎焊连接方法,该体系钎料具备良好的塑性,对缓解接头热应力非常有效,但缺点是熔点低,对应接头的使用温度不高,从而抑制了 $C_f$/SiC 高温下的使用要求。而采用先驱体转化陶瓷法的接头虽然耐高温,但接头强度却很低。可见,关于钎焊 $C_f$/SiC 用高温钎料的研究明显不足。

本章针对上述问题,首先设计及制备了多种不同体系的高温活性钎料,研究了这些钎料的润湿性,研究了钎焊界面的组织及连接机理,并评价了接头室温、高温强度。

## 7.1 Ni – Cr 基钎料对 $C_f$/SiC 复合材料的润湿与连接

BNi – 2 钎料( BNi82CrSiB)是以 NiCr 为基,加入了少量 Si 和 B 作为降熔元素的常规商用钎料,主要用于钎焊高温合金、不锈钢等材料。由于该钎料对应的接头耐温能力好,且熔点合适、制备性能好,目前应用较为广泛。

润湿性试验结果表明,BNi – 2 钎料在 1050℃/10min 真空加热条件下能够较好润湿 $C_f$/SiC 陶瓷复材母材,测试的润湿角为 12°,但钎料铺展并不很充分,钎料整体还大体维持装配前的原始形貌( 见图 7 –1),并且周边局部开裂。

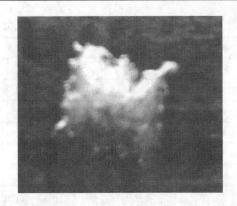

图 7-1　BNi-2 钎料在 $C_f$/SiC 上的润湿照片

图 7-2 分别给出了 $C_f$/SiC/BNi-2 钎料/$C_f$/SiC 接头低倍、高倍以及接头局部显微组织,从图 7-2(a)的低倍组织照片可以看出,靠近钎缝基体的位置形成了连续的缺陷区,说明钎料与被焊母材之间的冶金连接质量较差。结合图 7-2(b) 和(c),钎料基体区中形成了周期性的带状组织,带状组织主要由白色相"1"、灰色相"2"和黑色相"3"组成;钎缝左侧基体则形成了灰色相(见图 7-2(b)中"4")和灰黑色相(见图 7-2(b)中"5")相间的组织。

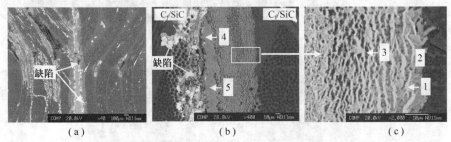

图 7-2　使用 BNi-2 钎料获得的 $C_f$/SiC-$C_f$/SiC 接头的显微组织

(a) 低倍;(b) 高倍;(c) 局部放大。

表 7-1 给出了对应图 7-2 中特征区域的元素含量,可以看出,白色条状相"1"富集了大量的 Ni 和 Si,二者的比例约为 2:1;灰色条状相"2"中出现了 Ni、Si 和 C 的同时富集,其中 Ni 和 C 的含量偏高;黑色块状相"3"中 C 在"2"区成分的基础上进一步富集,Ni 含量有所降低。"1"区、"2"区和"3"区均含有大量的 Si 和 C 元素,说明钎料与复合材料母材之间发生了较为剧烈的反应,这种周期性的带状反应层结构十分类似于 Ni 基钎料与 SiC 陶瓷之间的界面反应特征[2]。灰色相"4"中除了 Si 和 Ni 富集以外,还含有超过 13% 的 B;灰黑色相"5"中主要含 Cr 和 B 两种元素,且原子含量相当。由于试样进行了喷金处理,所以各区成分中均含有少量的 Au。

表7-1 对应图7-2中特征区域的成分

| 微区 | 元素含量/%（原子分数） | | | | | | |
|---|---|---|---|---|---|---|---|
| | Si | Ni | Au | C | Cr | Fe | B |
| 白条1 | 29.8629 | 59.3383 | 3.5135 | 6.1427 | 0.1107 | 1.0320 | — |
| 灰条2 | 19.6913 | 39.4446 | 2.7835 | 34.4104 | 0.1327 | 0.7101 | 2.8274 |
| 黑块3 | 22.1158 | 26.3856 | 2.8892 | 46.5284 | 0.3833 | 0.5048 | 1.1929 |
| 灰色相4 | 20.0923 | 56.8827 | 3.4323 | 3.4423 | 1.9072 | 0.9853 | 13.2578 |
| 灰黑相5 | 1.4066 | 6.6451 | 2.5222 | 2.2739 | 41.7087 | 1.7644 | 43.6792 |

图7-3给出了接头中各元素的面分布情况,可见,Ni主要分布在钎缝基体中,还有少部分扩散到接头左侧的$C_f/SiC$基体中;Cr主要富集在靠近钎缝左侧的灰黑相"5"中;Si除分布在母材中以外,还有一部分分布在钎料基体中;C在母材中分布趋势明显。

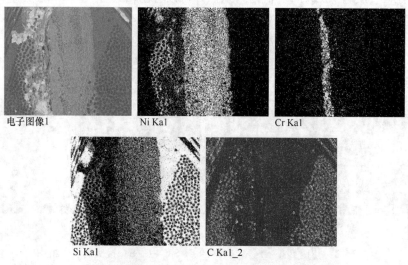

电子图像1  Ni Ka1  Cr Ka1

Si Ka1  C Ka1_2

图7-3 $C_f/SiC/BNi-2/C_f/SiC$接头元素面分布

对1050℃/10min规范下的接头进行了弯曲强度测试,结果见表7-2。可见,接头室温三点弯曲强度很低,平均值仅为29.4 MPa。

表7-2 BNi-2钎料对应的$C_f/SiC-C_f/SiC$接头的室温强度

| 试样编号 | 钎焊规范 | 三点弯曲强度/MPa | 平均值/MPa |
|---|---|---|---|
| CB01 | 1050℃/10min | 35.0 | 29.4 |
| CB02 | | 23.7 | |

接下来先后设计了两种Ni-Cr-Pd-Si体系高温钎料,首先是编号为811[#]的钎料,具体成分为Ni44-Cr20-Pd30-Si5-B1(%(质量分数)),润湿性实验(1250℃/30min真空加热)结果表明,钎料只是局部发生熔化,但熔化部分对$C_f$/

SiC 润湿较好(图 7 – 4)。因此进一步调整了钎料成分,设计了 812# 钎料,具体成分为 Ni39 – Cr33 – Pd24 – Si3.5 – B0.5(%(质量分数)),采用单辊快速凝固法制备了急冷态钎料箔带,并在 1170℃/10min 规范下对 $C_f$/SiC 自身进行了钎焊连接,虽然在接头的钎缝基体中出现微裂纹(见图 7 – 5),但接头总体冶金质量较好。从图 7 – 5 给出的接头显微组织可以看出,靠近 $C_f$/SiC 母材附近生成一层灰黑色扩散反应层组织(见图 7 – 5 中"1"和"2"),靠近该反应层存在少量块状的灰色相(见图 7 – 5 中"3"和"4"),钎缝中心区则由白色基体组织组成。

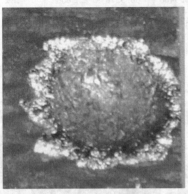

图 7 – 4　Ni44 – Cr20 – Pd30 – Si5 – B1 钎料(811#)在 $C_f$/SiC 上
的润湿形貌(1250℃/30min)

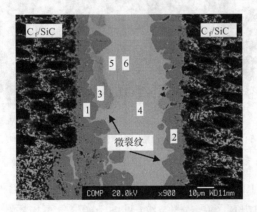

图 7 – 5　采用 Ni39 – Cr33 – Pd24 – Si3.5 – B0.5 钎料(812#)获得的 $C_f$/SiC
自身钎焊接头的显微组织(1170℃/10min)

结合表 7 – 3 中接头特征区域元素含量和图 7 – 6 中接头元素面分布图可见,扩散反应层"1"和"2"中出现了 Cr 和 Si 的富集,其中还含有一定量的 Ni 和 C;灰色块状相"3"和"4"中主要富集 Ni 和 Si,推断生成 Ni – Si 相;钎缝中心的白色基体区主要由 Pd、Ni 和 Si 组成,应为 $Pd_2Si + Ni_2Si$ 相。试样进行了喷金处理,因此在接头中检测到少量的 Au 存在。

表7-3 对应图7-5中特征区域的成分

| 微区 | 元素含量/%（原子分数） | | | | | | | 推断的物相 |
|---|---|---|---|---|---|---|---|---|
| | Si | B | Cr | Ni | C | Pd | Au | |
| 1 | 26.4934 | 1.7466 | 43.6335 | 15.2455 | 12.1611 | 0.0834 | 0.6364 | Cr(Ni)-Si,<br>Cr-C |
| 2 | 25.8117 | 2.0045 | 45.2828 | 14.7792 | 11.3764 | 0.1298 | 0.6156 | |
| 3 | 31.0742 | 2.2444 | 3.8480 | 56.9378 | 2.5888 | 2.4392 | 0.8676 | Ni$_2$Si |
| 4 | 33.8716 | 2.4713 | 3.4186 | 53.9760 | 2.0964 | 3.3487 | 0.8174 | |
| 5 | 29.8318 | 4.0227 | 1.5367 | 35.4774 | 4.6032 | 23.5195 | 1.0087 | Ni$_2$Si + Pd$_2$Si |
| 6 | 31.8736 | 3.2875 | 2.06834 | 34.6912 | 4.4342 | 22.1846 | 0.8455 | |

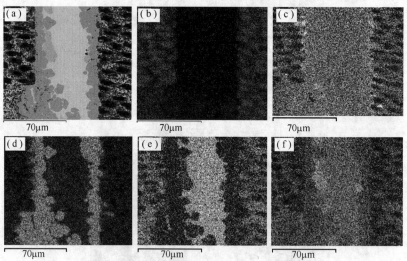

图7-6 812#钎料获得的C$_f$/SiC-C$_f$/SiC接头显微组织(a)及
元素面分布(b)C;(c)Si;(d)Cr;(e)Pd;(f)Ni。

此外,还采用812#钎料在1220℃/10min规范下对C$_f$/SiC自身进行了钎焊连接,发现钎缝基体中出现了更多微裂纹(见图7-7)。可以看出,靠近C$_f$/SiC母材附近生成一层灰黑色扩散反应层组织(见图7-7中"1"),靠近该反应层存在少量块状的灰色相(见图7-7中"3"和4"),钎缝中心区由白色基体组织组成,另外钎缝基体区中还分布着少量的灰黑色块状相"2"。各微区能谱分析结果表明,接头中物相总体上与1170℃/10min钎焊接头类似。

表7-4给出了采用812#钎料在1170℃/10min、1220℃/10min两种规范下获得的C$_f$/SiC自身接头室温下的三点弯曲强度,1170℃/10min规范对应接头强度平均值为55.6 MPa,1220℃/10min规范对应接头强度平均值为37.6 MPa。

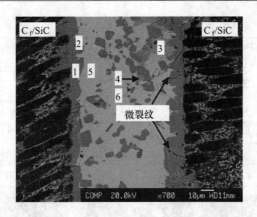

图 7 - 7　采用 Ni39 - Cr33 - Pd24 - Si3. 5 - B0. 5 钎料(812$^{\#}$)获得的 C$_f$/SiC
自身钎焊接头的显微组织(1220℃/10min)

表 7 - 4　1170℃/10min 规范下 C$_f$/SiC/812$^{\#}$/C$_f$/SiC 接头三点弯曲强度

| 试样编号 | 钎焊规范 | 三点弯曲强度/MPa | 平均值/MPa |
|---|---|---|---|
| C812 - 1 | 1170℃/10min | 49. 4 | 55. 6 |
| C812 - 2 | | 61. 7 | |
| C812 - 3 | 1220℃/10min | 47. 1 | 37. 6 |
| C812 - 4 | | 28. 0 | |

上述研究结果表明,Ni - Cr 基钎料不适用于 C$_f$/SiC 复合材料自身的钎焊连接。

# 7.2　Au - Ni - Cr 系钎料对 C$_f$/SiC 复合材料的润湿与连接

在以 V 作为活性元素的研究基础之上,又设计了六种以 Cr 作为活性元素的 Au - Ni - Cr 体系钎料,钎料主要以 Au 为基体,旨在通过其优良的塑性较大程度地缓解接头中母材与钎料之间由于热膨胀系数不匹配而导致的残余热应力。在 1120℃/20min 的规范下测试了这些钎料在 C$_f$/SiC 上的润湿性,润湿照片及润湿角分别见图 7 - 8 和表 7 - 5。结合图 7 - 8 和表 7 - 5 可见,27 - 1$^{\#}$虽然呈现半球状形貌,但润湿角仅为 34°,与母材结合较为牢固,钎料表面呈现白亮色;27 - 2$^{\#}$、27 - 3$^{\#}$和 27 - 4$^{\#}$三种钎料中 Cr 含量都为 10%,均对 C$_f$/SiC 润湿铺展良好,前两种钎料表面白亮,27 - 4$^{\#}$钎料中由于含有 10% 的 Cu,因此表面呈现黄色;当钎料中 Cr 含量继续升高时,钎料的润湿性进一步改善,27 - 5$^{\#}$和 27 - 6$^{\#}$表现出了更加优良的润湿性,钎料基本在母材整个表面铺展,对应的润湿角仅为 2°,由于 27 - 6$^{\#}$含 Cu,因此表面呈现黄色。此外,这六种钎料的固相线均在 1000℃ 以上,固液相线区间较窄。

表 7 - 5    六种 Au – Ni – Cr 系钎料在 $C_f/SiC$ 上的润湿结果

| 钎料编号 | 钎料成分/%（质量分数） | 润湿角/(°) | 固液相线温度/℃ |
|---|---|---|---|
| 27 – 1# | Au72 – Ni22 – Cr6 | 34 | $T_S = 1004.7$；$T_L = 1016.3$ |
| 27 – 2# | Au74 – Ni16 – Cr10 | 7 | $T_S = 1023.9$；$T_L = 1037.8$ |
| 27 – 3# | Au70 – Ni20 – Cr10 | 8 | $T_S = 1021.0$；$T_L = 1039.1$ |
| 27 – 4# | Au70 – Ni10 – Cu10 – Cr10 | 6 | $T_S = 1001.3$；$T_L = 1021.5$ |
| 27 – 5# | Au70 – Ni15 – Cr15 | 2 | $T_S = 1064.0$；$T_L = 1083.0$ |
| 27 – 6# | Au65 – Ni10 – Cu10 – Cr15 | 2 | $T_S = 1010.6$；$T_L = 1032.8$ |

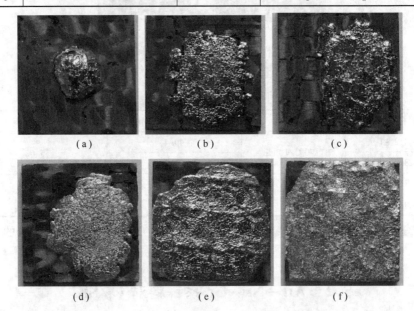

(a)          (b)          (c)

(d)          (e)          (f)

图 7 - 8    六种 Au – Ni – Cr 系钎料在 $C_f/SiC$ 上的润湿形貌

(a)27 – 1#；(b)27 – 2#；(c)27 – 3#；(d)27 – 4#；(e)27 – 5#；(f)27 – 6#。

选用具有代表性的 27 – 4# 钎料,测试了该钎料升温及保温(1120℃)过程中在 $C_f/SiC$ 上的动态润湿性,结果见图 7 - 9。从图中可见,随着温度的升高,钎料逐渐熔化并润湿铺展 $C_f/SiC$ 母材,当达到保温段开始时,润湿角下降至20°左右(见图 7 - 10(a)),随着保温时间的延长,钎料润湿角继续下降,最终达到平衡值12°左右(见图 7 - 10(b))。

先后选用 27 – 3# 和 27 – 4# 两种钎料的急冷态箔带,在 1080℃/10min 的钎焊规范下分别对 $C_f/SiC$ 陶瓷复合材料进行了钎焊连接。可见接头界面结合良好,钎缝基体与 $C_f/SiC$ 母材之间存在明显的扩散区,钎料组分沿着母材纤维向母材基体中扩散,扩散距离约为 $10 \sim 40\mu m$(见图 7 - 11 和图 7 - 13)。

从图 7 - 11 给出的采用 27 – 3# 钎料获得的 $C_f/SiC$ 自身接头显微组织可以看出,钎缝中心主要由白色基体组织组成(见图 7 - 11 中"1"),在钎缝基体靠近扩散

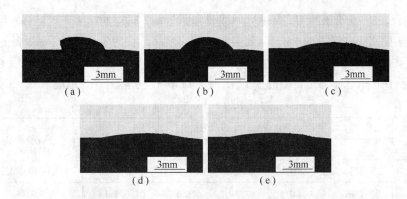

图 7 – 9　Au70 – Ni10 – Cu10 – Cr10 钎料(27 – 4$^\#$)升温及保温过程中的熔滴形貌
(a)1030℃;(b)1050℃;(c)1120℃;(d) 保温 500s;(e) 保温 1400s。

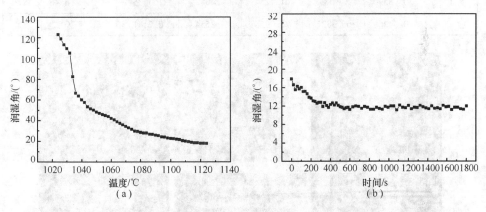

图 7 – 10　Au70 – Ni10 – Cu10 – Cr10 钎料(27 – 4$^\#$)润湿角变化曲线
(a) 升温段;(b)保温段。

区的区域生成了尺寸较大的灰色块状组织(见图 7 – 11 中"2");扩散区属母材与钎料发生反应的主要区域,该区由黑色的 C 纤维和分布其周围的灰色组织组成。

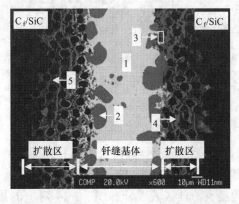

图 7 – 11　采用 Au70 – Ni20 – Cr10 钎料(27 – 3$^\#$)获得的 C$_f$/SiC 自身接头显微组织

　　结合表7-6给出的接头特征区域成分和图7-12对应的接头元素面分布可以看出,Au主要富集在钎缝的中心区域,主要应以固溶体形式存在,其中含有少量的C和Cr;灰色块状组织"2"中出现了Ni和Si的富集,根据二者的比例,推断该区中形成了$Ni_2Si$相;在扩散区中靠近钎缝的一侧,出现了Cr和C的富集,二者形成了Cr-C相。

表7-6　对应图7-11中特征区域的成分

| 位置 | 元素含量/%（原子分数） | | | | | 推断物相 |
| --- | --- | --- | --- | --- | --- | --- |
| | Si | C | Ni | Au | Cr | |
| 1 | 0.183 | 9.2041 | 0.6225 | 81.9951 | 7.9953 | Au基固溶体 |
| 2 | 30.7484 | 3.9007 | 62.9461 | 1.6429 | 0.7618 | Ni-Si |
| 3 | 0.114 | 44.0538 | 0.6073 | 1.3323 | 53.8926 | Cr-C |
| 4 | 30.9859 | 4.58 | 61.7254 | 1.4052 | 1.3035 | Ni-Si |
| 5 | 10.5426 | 65.3821 | 23.0058 | 0.8554 | 0.2141 | 富C区 |

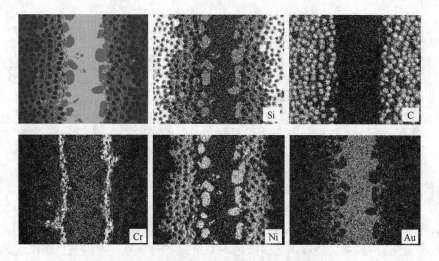

图7-12　采用Au70-Ni20-Cr10钎料(27-3#)
获得的$C_f$/SiC自身接头中各元素面分布图

　　27-4#钎料在27-3#钎料基础上调整了Ni的含量,用10%的Cu替代了部分Ni,目的是缓解扩散区的反应程度,减少Ni对$C_f$/SiC母材的不良作用。图7-13给出了1080℃/10min规范下采用27-4#钎料获得的$C_f$/SiC自身接头显微组织照片,从中可以看出,整个接头的组织与27-3#钎料的相近,微小的区别是钎缝中的灰色块状组织尺寸变大,并且分布不均匀,对于具有相同C纤维方向的$C_f$/SiC母材而言,钎料向其内部的扩散距离变短,即扩散区变窄。

　　从表7-7给出的接头特征区域成分和图7-14对应的接头面分布可以明显看出,27-4#钎料对应的$C_f$/SiC接头与27-3#钎料对应的接头中的各物相成分十

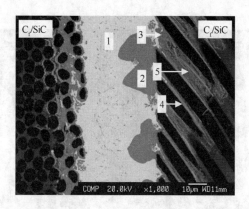

图 7 - 13　采用 Au70 - Ni10 - Cu10 - Cr10 钎料(27 - 4#)
获得的 $C_f$/SiC 自身接头显微组织

分接近,元素的分布情况也非常吻合,只是 27 - 4# 钎料含有 10% 的 Cu,导致钎缝白色基体由(Au,Cu)固溶体组成;另外的一点区别就是组织的尺寸差异导致元素分布上的差异,如接头中扩散区变窄,元素 Ni 的分布区域相应地变窄等。

表 7 - 7　对应图 7 - 13 中特征区域的成分

| 位置 | 元素含量/%（原子分数） | | | | | | 推断物相 |
| --- | --- | --- | --- | --- | --- | --- | --- |
| | Si | C | Ni | Au | Cr | Cu | |
| 1 | 0. 547 | 6. 19 | 0. 8202 | 64. 2047 | 0. 9744 | 27. 2638 | (Au,Cu)固溶体 |
| 2 | 30. 8251 | 4. 1721 | 61. 3589 | 1. 4606 | 1. 0102 | 1. 1731 | Ni - Si |
| 3 | 5. 3721 | 41. 1202 | 1. 8314 | 1. 3089 | 49. 993 | 0. 3744 | Cr - C |
| 4 | 29. 8109 | 2. 4258 | 64. 5397 | 1. 3025 | 1. 241 | 0. 6801 | Ni - Si |
| 5 | 11. 0813 | 67. 8432 | 16. 778 | 2. 2412 | 0. 1058 | 1. 9505 | 富 C 区 |

　　从上述两种接头对应的特征区域成分及元素面分布情况可以看出,Ni 除在钎缝的灰色块状相中分布之外,还有大量分布于界面处母材的纤维空隙之间,而 Cr 只是分布于扩散区与钎缝基体的交界处,即 Ni 的扩散距离要远远大于 Cr 的扩散距离。钎焊过程中钎料中的 Ni 与 Cr 会和 $C_f$/SiC 母材中发生如下反应:

$$Ni + SiC \rightarrow (Ni - Si) + C \qquad\qquad (7 - 1)$$
$$Cr + C \rightarrow Cr - C \qquad\qquad\qquad (7 - 2)$$

　　从 Ni 的扩散距离推断反应式(7 - 1)应优先进行,之后 Cr 会和式(7 - 1)中的反应产物 C 及 C 纤维发生反应,生成 Cr - C 化合物。钎焊过程中的保温时间虽然仅为 10min,但是 Ni 的扩散距离最远达到近 40μm,这说明 Ni 与 SiC 高温下极易发生反应,并且反应程度较为剧烈。

　　对 27 - 3# 和 27 - 4# 两种钎料对应的 $C_f$/SiC 接头进行了室温三点弯曲强度测试(见表 7 - 8),结果表明,两种接头都具有较高的强度水平,分别超过了 150 MPa 和 170 MPa。27 - 3# 对应接头强度略低于 27 - 4#,分析原因包括以下两点:一是

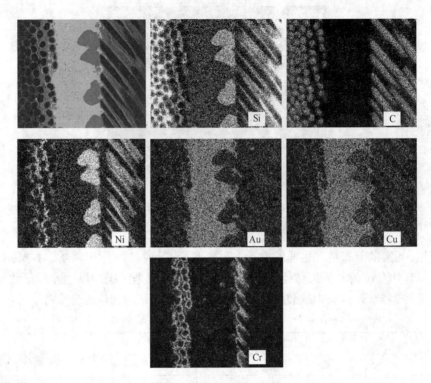

图 7 – 14  采用 27 – 4# 钎料获得的 C_f/SiC 自身接头中各元素面分布图

27 – 4# 钎料中含有 10% 的 Cu,Cu 的添加可增加钎料的塑性,对缓解钎料与陶瓷复合材料之间的残余热应力有效;另一个原因从接头冶金方面来看,27 – 4# 钎料较 27 – 3# 钎料中的 Ni 含量低,使得 Ni 向母材中扩散数量较少,减小了钎料与母材的反应程度,这对接头性能改善是有利的。

表 7 – 8  27 – 3# 和 27 – 4# 两种钎料对应的 C_f/SiC 接头室温三点弯曲强度

| 试样编号 | 钎料 | 钎焊规范 | 三点弯曲强度/MPa | 平均值/MPa |
|---|---|---|---|---|
| CSiC27301 | | | 134.6 | |
| CSiC27302 | 27 – 3# | | 175.0 | 154.5 |
| CSiC27303 | | 1080℃/10min | 153.8 | |
| CSiC27401 | | | 198.8 | |
| CSiC27402 | 27 – 4# | | 115.2 | 171.6 |
| CSiC27403 | | | 200.7 | |

此外,还测试了这两种钎料对应接头的 600℃ 和 700℃ 的高温强度,见图 7 – 15,在这两种测试温度下,27 – 3# 对应的接头强度要优于 27 – 4#,可见 Cu 的添加虽然对接头室温强度有利,但会降低接头的耐温能力。总体而言,这两种钎料对应接头在 600℃ 条件下强度已经不足室温的 50%,而在 700℃ 时下降更为明显。

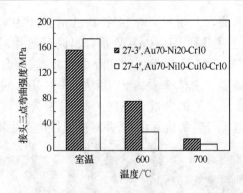

图 7 - 15　27 - 3$^\#$ 和 27 - 4$^\#$ 两种钎料对应的 $C_f/SiC$ 接头室、高温三点弯曲强度

## 7.3　几种含 V 的高温钎料对 $C_f/SiC$ 复合材料的润湿性

设计了几种以 Pd 和(或)Au 为基的高温新钎料,采用座滴法测试了这些钎料在 $C_f/SiC$ 复合材料上的润湿角。这些钎料通过如下方法制得:将各种高纯度( >99.5% )的金属粉按设计的比例进行称重并机械混合,之后将混合粉在精细磨具中压成直径为 4mm 的坯体,坯体的质量约 80 ~ 100 mg。润湿实验在真空炉中进行,升温速度设为 8 ~ 10K/min,炉子热态真空度维持在 $(3.0 ~ 5.0) \times 10^{-3}$ Pa,保温段结束后真空炉以 10K/min 速度冷却。最终待试样冷却至室温后从真空炉中取出,利用光学显微镜测量润湿角大小。

从合金相图上可以看出,Pd 和 Co 之间无限互溶,因此首先设计了 Pd – Co – V 系钎料,其中 Pd 和 Co 的比例设定为 3∶2,该比例下两种金属组成合金的熔点约为 1200℃。以 Pd – Co 合金为基体,在其中分别添加 5% 、6% 、8% 、10% 、15% 和 20% 的活性元素 V,观察随着 V 含量变化钎料在 $C_f/SiC$ 润湿角变化情况。表 7 – 9 给出了 1250℃/30min 真空加热条件下的几种不同 V 含量的 Pd – Co – V 系钎料的成分及润湿情况。可以看出,含 V 量为 5% 的 19$^\#$ 钎料已经对 $C_f/SiC$ 进行润湿,但润湿

表 7 – 9　几种 Pd – Co – V 系钎料的成分及润湿情况

| 钎料编号 | 钎料成分(质量分数% ) | 润湿角/(°) | 备注 |
|---|---|---|---|
| 19$^\#$ | Pd57.0 – Co38.0 – V5.0 | 45 | 润湿铺展不充分,但结合较牢固 |
| 807$^\#$ | Pd56.4 – Co37.6 – V6.0 | 10 | 未全熔,熔化部分润湿铺展较好,中央残留固态钎料保持圆坯形状,表面光亮,边缘开裂,结合强度较低 |
| 806$^\#$ | Pd55.2 – Co36.8 – V8.0 | 5 | 钎料未充分铺展,周围有少量飞溅 |
| 13$^\#$ | Pd54.0 – Co36.0 – V10.0 | 10 | 钎料润湿铺展,液态钎料越过上表面润湿部分侧面,表面较光亮,结合较好 |
| 007$^\#$ | Pd51.0 – Co34.0 – V15.0 | 20 | 钎料润湿铺展,表面较粗糙,结合较好 |
| 14$^\#$ | Pd58.0 – Co32.0 – V20.0 | 2 | 钎料润湿铺展良好,液态钎料越过上表面润湿侧面,表面光亮 |

角相对较大,达到45°,而含 V 量最高的 14# 钎料已完全润湿铺展,润湿角仅为2°。

图 7 – 16 给出了上述几种 Pd – Co – V 系钎料润湿照片,从中可以看出,当 V 含量很低时(对应 19#),钎料对 $C_f/SiC$ 的润湿相对较差,而含 V 量达到 8% 以上时,钎料润湿性明显改善。总体来看,含 V 量为 6% ~ 10% 的钎料润湿角已经很小,如果继续增加活性元素 V 的含量已经意义不大,因为 V 本身的抗氧化能力较差,过多的 V 含量会降低钎料的抗氧化性,并对高温性能产生不利影响。

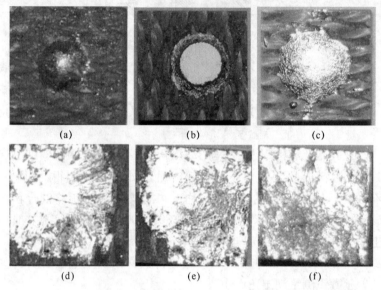

图 7 – 16　几种 Pd – Co – V 系钎料润湿照片
(a) 19#(含 V5.0%);(b) 807#(含 V6.0%);(c) 806#(含 V8.0%);
(d) 13#(含 V10.0%);(e) 007#(含 V15.0%);(f) 14#(含 V20.0%)。

由于 Pd – Co – V 系钎料在 $C_f/SiC$ 上表现出了良好的润湿性,为了进一步提高钎料的塑性,在该体系钎料基础上添加了 Au 和少量的 Ni 或 Cu,共设计了三种 Pd – Co – Au – Ni – V 系钎料和两种 Pd – Co – Au – Cu – V 系钎料。在 1250℃/20min 的规范下测试了这几种钎料对 $C_f/SiC$ 的润湿性。根据表 7 – 10 结果可知,1320# 钎料对应的润湿角为2°,1340# 钎料对应的润湿角为5°,Au 和 Ni 含量进一步提高的 111# 钎料润湿角为8°。总体来看,三种钎料的润湿角均较小,对 $C_f/SiC$ 的润湿性均表现良好。

表 7 – 10　几种 Pd – Co – Au – Ni(Cu) – V 系钎料的成分及润湿情况

| 钎料编号 | 钎料成分/%(质量分数) | 润湿角/(°) | 备注 |
|---|---|---|---|
| 1320# | Pd43.2 – Co28.8 – Au16.4 – Ni3.6 – V8.0 | 2 | 钎料润湿铺展良好 |
| 1340# | Pd32.4 – Co21.6 – Au32.8 – Ni7.2 – V6.0 | 5 | 钎料润湿铺展良好 |
| 111# | Pd27.0 – Co18.0 – Au37.0 – Ni8.0 – V10.0 | 8 | 钎料润湿铺展,局部有裂纹 |

结合图 7 - 17 给出三种 Pd - Co - Au - Ni - V 钎料润湿照片,1320^# 和 1340^# 两种钎料与 C_f/SiC 界面结合良好,界面处未出现开裂等缺陷,而 111^# 对应的试样在钎料与陶瓷复材结合面边缘出现裂纹。

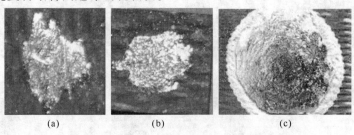

(a)　　　　　　　(b)　　　　　　　(c)

图 7 - 17　三种 Pd - Co - Au - Ni - V 系钎料润湿照片
(a) 1320^#;(b) 1340^#;(c) 111^#。

再者,考虑 Cu 和 Pd 之间无限互溶,并且 Cu 和 Pd 本身又具备良好的塑性,以这两种元素为基体的钎料应具备良好的塑性,可以轧制成钎料箔带使用。因此本章还设计和配制了六种 Cu - Pd - V 钎料,成分及在 C_f/SiC 上的润湿情况详见表 7 - 11,润湿实验中加热条件为 1250℃/30min。

表 7 - 11　几种 Cu - Pd - V 系钎料的成分及润湿情况

| 钎料编号 | 钎料成分/%(质量分数) | 润湿角/(°) | 备注 |
|---|---|---|---|
| 801^# | Cu - Pd(40.0 ~ 50.0) | — | 钎料熔化但凝聚成球 |
| 802^# | Cu - Pd(40.0 ~ 48.0) - V3.0 | 47 | 钎料全部熔化并有一定铺展,表面光亮,边缘出现微裂纹 |
| 005^# | Cu - Pd(40.0 ~ 48.0) - V5.0 | 10 | 钎料润湿铺展良好,表面光亮,边缘出现微裂纹 |
| 006^# | Cu - Pd(35.0 ~ 42.0) - V(6.0 ~ 12.0) | 2 | 钎料润湿铺展良好,表面光亮 |
| 804^# | Cu - Pd(22.0 ~ 32.0) - V2.0 | 9 | 钎料润湿铺展良好,表面光亮,但约有 1/2 圆周边缘出现微裂纹 |
| 805^# | Cu - Pd(22.0 ~ 32.0) - V(6.0 ~ 12.0) | 2 | 钎料熔化铺展良好 |

从实验结果中可以看出,不添加活性元素 V 的 801^# 钎料在 C_f/SiC 上凝集成金属球,未润湿铺展(见图 7 - 18(a)),说明不添加活性元素的 Cu - Pd 合金不会与 C_f/SiC 发生界面反应。当钎料中含 V 量依次增加至 3%、5% 时,钎料的润湿角呈现下降趋势。如表 7 - 11 和图 7 - 18 所示,804^# 钎料对应的润湿角为 9°,805^# 钎料对应的润湿角为 2°,这两种钎料的润湿角与具有相同 V 含量的 005^# 和 006^# 钎料的润湿角相当,说明虽然 Cu 和 Pd 的比例有所调整,但不影响 V 活性作用的发挥。

此外,还以 Au - Cu - Pd 为基,共设计了四种 Au - Cu - Pd - V 系钎料(见表 7 - 12),润湿实验中真空加热规范为 1190℃/10min,母材为 2D - C_f/SiC。实验显示,100^# 和 101^# 钎料未熔化(见图 7 - 19 中(a)和(b)),还保持原始坯体形状,说

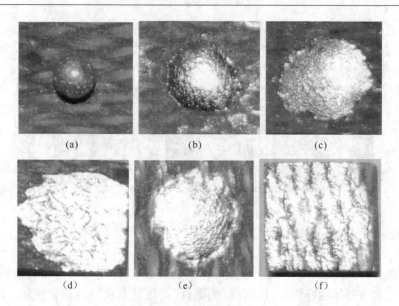

图 7 – 18　几种 Cu – Pd – V 系钎料在 $C_f$/SiC 上的润湿形貌

(a) 801#(无 V);(b) 802#(含 V3.0%);(c) 005#(含 V5.0%);

(d) 006#(含 V6.0% ~ 10.0%);(e) 804#(含 V5.0%);(f) 805#(含 V6.0% ~ 10.0%)。

明这两种钎料熔点要高于 1190℃。102#和 104#钎料均已熔化,而且钎料的边缘略有铺展,润湿角也相对较小。104#含 Au 量最低,润湿情况最好,在该体系钎料中消耗的贵金属成本最低,因此应是这几种钎料中的首选钎料。

表 7 – 12　几种 Au – Cu – Pd – Ni – V 系钎料的成分及润湿情况

| 钎料编号 | 钎料成分/%(质量分数) | 润湿情况备注 |
|---|---|---|
| 100# | Au52 – Cu14 – Pd28 – V6 | 钎料未熔化 |
| 101# | Au48 – Cu12 – Pd25 – V15 | |
| 102# | Au25 – Cu38 – Pd27 – V10 | 钎料熔化呈半球形 |
| 104# | CuAu – Pd(20 ~ 35) – V(6 ~ 12) | |

图 7 – 19　几种 Au – Cu – Pd – V 系钎料润湿照片

(a) 100#;(b) 101#;(c) 102#;(d) 104#。

## 7.4　几种含 V 的高温钎料对 $C_f$/SiC 复合材料的连接

### 7.4.1　Pd – Co – Au – Ni – V 钎料对 $C_f$/SiC 复合材料的连接

首先采用 19# 钎料混合粉（Pd57 – Co38 – V5，%（质量分数）在 1250℃/20min 规范下对 $C_f$/SiC 进行了钎焊。从图 7 – 20（a）对应的接头低倍组织可以看出，整条钎缝中大部分结合良好，靠近图片上端位置存在未焊合缺陷。图 7 – 20（b）给出了高倍接头显微组织照片，从图中可以看出，钎缝中出现了形状复杂的块状组织，其中还有少量黑色纤维状组织分布在钎缝中（见图 7 – 20（b）中"4"）。

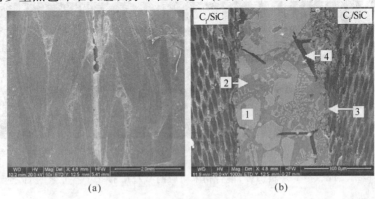

（a）　　　　　　　　　　　　　　　　　（b）

图 7 – 20　PdCo – V 钎料（19#）混合粉末对应的 $C_f$/SiC 接头的显微组织照片

（a）低倍；（b）高倍。

表 7 – 13 给出了 PdCo – V 钎料（19#）粉末对应的 $C_f$/SiC 接头特征区域的元素含量，从表中可以看出，特征区"4"的黑色条状物主要以 C 含量为主，而在其他位置 C 和 Si 的含量分布较为均匀；Co 主要富集在钎缝基体中"2"区，而 Pd 的分布恰恰与 Co 相反，主要分布在"1"中；未观察到富含 V 的区域。

表 7 – 13　19#粉对应的 $C_f$/SiC 接头特征区域的成分

| 微区 | 元素含量/%（原子分数） | | | | | | 推断的物相 |
| --- | --- | --- | --- | --- | --- | --- | --- |
| | C | Si | Pd | Co | V | 总量 | |
| 1 | — | 31.23 | 65.78 | 2.99 | — | 100.00 | $Pd_2Si$ |
| 2 | 2.64 | 31.61 | 2.10 | 63.47 | 0.18 | 100.00 | $Co_2Si$ |
| 3 | 51.06 | 0.01 | 0.06 | 0.29 | 48.58 | 100.00 | V – C |
| 4 | 99.19 | 0.15 | | 0.66 | | 100.00 | C |

图 7 – 21 给出了 $C_f$/SiC 接头中各元素的面分布图，从图中可以看出，C 主要分布在母材及游离到钎缝中的纤维中；Si 在钎缝基体中分布较为均匀；V 主要分布在靠近母材的位置，但并未形成连续的扩散层组织，分析认为可能是因为钎料中本

身 V 含量低的缘故；Co 主要分布在钎缝灰色基体中；Pd 主要分布在钎缝中的块状物中。

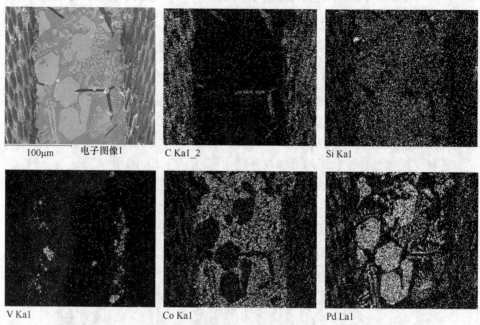

图 7-21　PdCo-V 钎料(19#)混合粉末对应的 $C_f$/SiC 接头中各元素的面分布图

结合 XEDS 分析结果，1250℃条件下的界面反应过程中形成了 $Pd_2Si$(图 7-20(b)中灰色块状相"1")、$Co_2Si$(图 7-20(b)中灰色相"2")和 V-C 相(图 7-20(b)中"3")。PdCo-V 钎料中三种元素均参与了界面反应，钎料与 $C_f$/SiC 的反应可通过下式来表达[8]：

$$C/SiC + Pd + Co + V \rightarrow (V-C) + (Pd-Si) + (Co-Si) \qquad (7-3)$$

从面分布图中可以看出，V 向 $C_f$/SiC 表面扩散，其作为活性元素会优先参与界面反应，并在界面处生成 VC 二元化合物，但是这种 V-C 相并非连续分布，这与钎料中 V 含量低有关，在钎焊过程中没有足够的 V 与 C 反应生成连续的 VC 层。T. Fukai 等人[9]研究了 1473K ~ 1673K 温度范围内 SiC/V/SiC 接头的形成机理，结果表明在 1573K 规范下的接头中心区域检测到了 $V_2C$ 相的存在。但是本实验中 1523K 规范下 V-C 相更接近于 VC。

对于 SiC/Me(Co 或 Pd)反应体系，相应的 Si 化物分别为 $Co_2Si$ 和(或)CoSi (对应于 Co-Si)，$Pd_2Si$ 和 $Pd_3Si$(对应于 Pd-Si)[10-12]。在本研究中的反应条件下，根据表 7-13 中不同元素的原子分数，可以推断 Co-Si 和 Pd-Si 化合物分别为 $Co_2Si$ 和 $Pd_2Si$。从图 7-21 的元素面分布图中还可以看出，$Co_2Si$ 和 $Pd_2Si$ 两种化合物彼此是偏析并独立分布的。

　　另外,在接头中个别区域发现了碳纤维的存在(见图 7 – 20(b)中"4"),但是这些碳纤维究竟是从母材中游离过来还是从 SiC 陶瓷基体中分解出来还无法分辨。经测试,采用 Pd – Co – V 钎料钎焊 $C_f$/SiC 自身接头的室温三点弯曲强度只有27.0 MPa。

　　接下来,分别采用 1320#(Pd43.2 – Co28.8 – Au16.4 – Ni3.6 – V8)和 1340#(Pd32.4 – Co21.6 – Au32.8 – Ni7.2 – V6)两种钎料在 1250℃/20min 规范下对 $C_f$/SiC 进行了钎焊研究,这两种钎料在 Pd – Co – V 钎料的基础上分别添加 20% 和40%(质量分数)的 Au82 – Ni18 配制而成,加入 Au、Ni 元素的目的是为了改善钎料的塑性从而改善其加工性能[13]。

　　图 7 – 22 分别给出了 1320# 和 1340# 两种钎料对应的 $C_f$/SiC 接头显微组织,可见接头界面结合良好,其中 1320# 钎料对应的接头组织较为简单,而 1340# 钎料对应的接头组织相对复杂。两种接头中靠近 $C_f$/SiC 母材的区域出现了连续分布的灰色相组织,并且 1340# 对应的接头钎缝基体区出现了灰白色和灰色相间的块状组织结构。

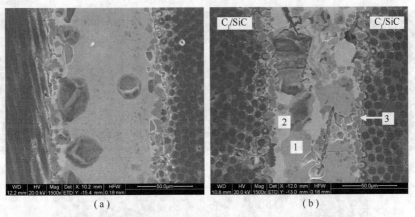

图 7 – 22　两种 Pd – Co – Au – Ni – V 系钎料对应的 $C_f$/SiC 接头的显微组织
(a) 1320#;(b) 1340#。

　　结合 1340# 钎料对应的 $C_f$/SiC 接头特征区域的成分(见表 7 – 14)和接头中的元素面分布(见图 7 – 23)可知,钎缝基体的灰色块状相中富含 Pd,其中还含有几乎相同比例的 C 和 Si,根据 Pd 和 Si 的比例可以推断,这两种元素在该区可能以 $Pd_2Si$ 化合物相形式存在;在钎缝基体区的灰白色块状相中富集了大量的 Au,Au 主要以固溶体形式存在,另外在该区中还测得了大量的 C 存在,但与面分布图中给出的该区 C 的分布相矛盾,因此推断该区中实际 C 的含量并未达到 62.81% ,很可能是点成分测试时出现误差;靠近 $C_f$/SiC 母材的边缘的"3"区中同时出现了 C 和 V 两种元素的富集,并且二者的比例接近 1∶1,推断该区主要由 VC 化合物组成。

表 7 - 14　Pd - Co - Au - Ni - V 系钎料(1340#)对应的 C_f/SiC 接头特征区域的成分

| 微区 | 元素含量/%（原子分数） | | | | | | |
|---|---|---|---|---|---|---|---|
| | C | Si | V | Co | Ni | Pd | Au |
| 1 | 20.31 | 25.40 | — | 2.36 | 3.83 | 47.67 | 0.43 |
| 2 | 62.81 | 0.43 | 0.31 | 2.17 | 0.59 | 3.13 | 30.56 |
| 3 | 50.70 | 0.34 | 47.43 | 0.21 | 0.15 | 0.82 | 0.36 |

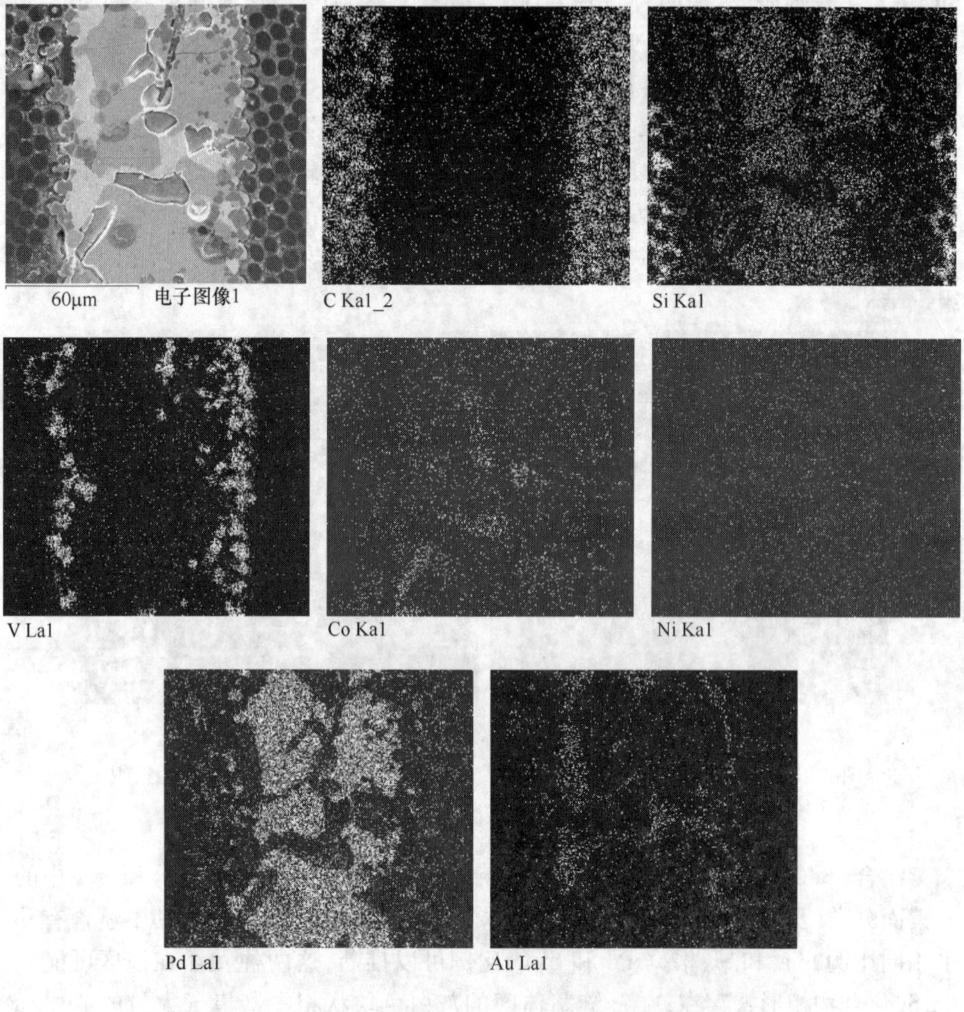

图 7 - 23　1340#钎料对应的 C_f/SiC 接头中的元素面分布

图 7 - 24 给出了 1320#钎料对应的 C_f/SiC 接头的室温和高温下的三点弯曲强度，从接头强度的分布趋势可以看出，室温下接头强度为 109.3 MPa，700℃时接头强度有所下降(81.3 MPa)，而当测试温度升高至 800℃时接头强度又有所回升(91.5 MPa)。接头的高温强度数据还有待进一步的研究积累。

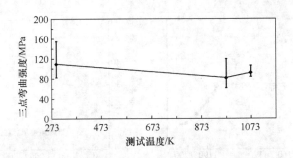

图 7 - 24　1320$^\#$钎料对应的 C$_f$/SiC 接头的三点弯曲强度

## 7.4.2　Cu - Pd - V 钎料对 C$_f$/SiC 复合材料的连接及接头高温强度

在 Cu - Pd - V 体系钎料中选用了 Cu - Pd(35.0 ~ 42.0) - V(6.0 ~ 12.0)钎料(006$^\#$),通过反复的真空退火和室温下轧制可以制得厚度 0.15mm 的薄带钎料(图 7 - 25)。由多层钎料薄带相叠制成约 $\phi$5mm 的钎料坯体(质量约 100mg),观察了 006$^\#$钎料在 C$_f$/SiC 上的动态润湿性。在升温段接近钎料液相线时,圆柱形钎料坯体的棱角处变得圆滑,此时润湿角为 87°(图 7 - 26(a)),意味着已经润湿 C$_f$/SiC 基材。随着温度进一步升高,润湿角逐渐减小,当加热至 1455K,润湿角减小至 65°,进一步提高温度导致钎料熔滴的快速铺展,当加热至 1473K 时润湿角显著减小至 18°,而且经过在 1473K 下 10min 的保温,润湿角达到 6° 的平衡值(图 7 - 26(b))。图 7 - 27 示出了不同加热阶段 006$^\#$钎料熔滴的形貌。

图 7 - 25　轧制的 Cu - Pd - V 钎料薄带

首先是采用 006$^\#$纯金属混合粉末钎料,在 1250℃/20min 对 C$_f$/SiC 进行了钎焊连接研究。从图 7 - 28(a)的接头低倍组织可以看出,接头中心形成了长度约为 12 ~ 15mm 的完好的钎缝,其他部位存在未焊上缺陷,特别是在试样边缘部位。图 7 - 28(b)给出了焊合良好的接头区域的二次电子像,可见,靠近 C$_f$/SiC 母材的区域出现了灰色的扩散反应层(见图 7 - 28(b)中"4"),钎缝主要由灰白基体(见图

187

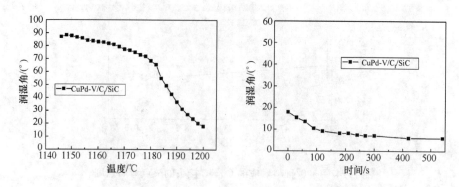

图 7 - 26　Cu - Pd - V 钎料(006#)润湿角随加热温度和保温时间的变化情况

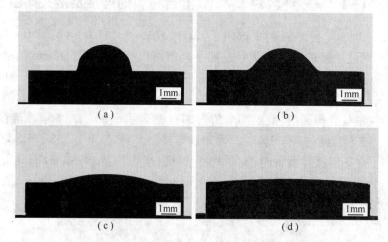

图 7 - 27　Cu - Pd - V 钎料(006#)在 Cf/SiC 上的动态润湿照片

(a) 升温至 1431K；(b) 升温至 1457K；

(c) 刚刚升温至 1473K；(d) 1473K 保温 10min。

7 - 28(b)中"1")和岛状(见图 7 - 28(b)中"2")及碎块状(见图 7 - 28(b)中"3")的白色相组成。

表 7 - 15 给出了 Cu - Pd - V 粉末钎料(006#)对应的 Cf/SiC 接头特征区域的成分，C 在整个接头中均有分布，且靠近母材附近的灰色扩散层"4"及钎缝灰白基体"1"中含量相对较多；Si 主要分布在钎缝基体中的"2"和"3"区域；V 主要集中在靠近母材附近的灰色扩散层"4"中；Cu 在钎缝灰白基体"1"中含量相对较多，而在其他区域分布相对较少；Pd 在钎缝基体中的"2"、"3"两区分布相对较多，而在"1"区分布较少。在"2"区和"3"区中，Pd 含量出现了富集，在这两个区域中与 Si 发生反应生成 Pd - Si 相。另外，在"4"区中同时出现了 C 和 V 的富集，其他元素分布较少，说明该区域中 C 和 V 相互作用生成了 V - C 相。

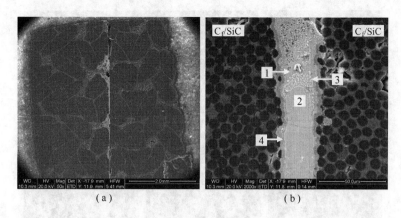

图 7 - 28　Cu - Pd - V 粉末钎料(006#)对应的 $C_f/SiC$ 接头显微组织照片

(a) 低倍;(b) 高倍。

表 7 - 15　Cu - Pd - V 钎料(006#)对应的 $C_f/SiC$ 接头特征区域的成分

| 微区 | 元素含量/%（原子分数） | | | | |
| --- | --- | --- | --- | --- | --- |
| | C | Si | V | Cu | Pd |
| 1 | 45.28 | 9.74 | 0.07 | 32.14 | 12.76 |
| 2 | 29.78 | 22.94 | 0.17 | 5.29 | 41.82 |
| 3 | 30.74 | 22.62 | — | 7.77 | 38.87 |
| 4 | 52.75 | 1.53 | 43.84 | 1.29 | 0.59 |

图 7 - 29 给出了 $C_f/SiC$ 接头中各元素的面分布图,Si 主要集中在母材区域,但也有一部分向钎缝中扩散;C 除了分布在母材以外,还与扩散过来的 V 发生反应,生成由 V - C 相组成的连续的扩散反应层;Cu 和 Pd 主要分布在钎缝基体中。

为了进一步研究 Cu - Pd - V 钎料(006#)的工艺性能,使用该钎料的轧制薄带进行了 $C_f/SiC$ 复合材料的钎焊连接实验。图 7 - 30 给出了采用 006# 轧制薄带钎料在 1170℃/10min 规范下获得的 $C_f/SiC$ 接头显微组织,可见,虽然钎焊规范减弱,但仍然获得了冶金结合良好的接头。

显然,接头中在复合材料的表面已经形成两个薄的界面反应层(图 7 - 30(a)中的"1"和"2"),根据表 7 - 16 给出的 XEDS 分析结果,它们应是 V - C 化合物。接头中央的组织可以分成三种相:首先是灰色的(Cu,Pd)固溶体相(图 7 - 30(a)中的"3"和"4"),其中 Cu 含量高达 62.6% ~63.3%（原子分数）;其次就是灰白色的溶有大约 8.0%（原子分数）Si 的(Cu,Pd)固溶体相(图 7 - 30(a)中的"5"和"6"),其中 Cu 含量为 46.3% ~47.8%（原子分数）;第三就是类似于共晶组织"B"。

通过 SEM 在高倍下仔细观察了图 7 -30(a)中反应层"A"内部的组织,并根据表 7 -14 给出的 XEDS 分析结果,它实际由 V - C 化合物(图 7 -30(b)中的黑色微

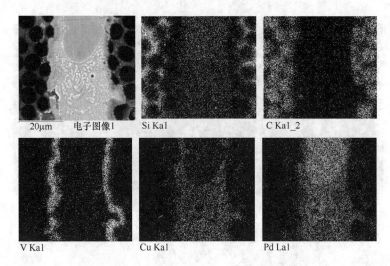

图7-29　Cu-Pd-V混合粉末钎料(006#)对应的$C_f$/SiC接头中各元素的面分布图

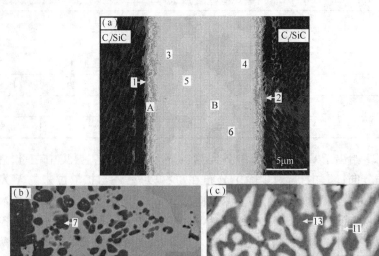

图7-30　Cu-Pd-V钎料(006#)轧制薄带对应的$C_f$/SiC接头(1170℃/10min)背散射
电子像(a)以及"A"区(b)和接头共晶组织(c)高倍下的背散射电子像

区"7"和"8")、溶有Si的(Cu,Pd)固溶体(图7-30(b)中的灰白色微区"9"和
"10")组成。同时也注意到,图7-30(a)中共晶组织"B"基本上是$Pd_2Si$化合物
(图7-30(c)中灰白色微区"11"和"12")和灰黑色$Cu_3Pd$相的均匀混合物
(图7-30(c)中微区"13"和"14")。

表 7 – 16　对应图 7 – 30 中特征点成分

| 微区 | 元素含量/%（原子分数） | | | | | 推断的主要物相 |
|---|---|---|---|---|---|---|
| | C | Si | Cu | Pd | V | |
| 1 | 32.5406 | 0.0773 | 0.5689 | 0.3933 | 66.4198 | V – C |
| 2 | 31.0511 | 0.9958 | 0.4982 | 0.5414 | 66.9135 | |
| 3 | 4.9854 | 1.4473 | 62.6041 | 27.8593 | 3.1038 | (Cu,Pd)固溶体 |
| 4 | 4.9129 | 1.4638 | 63.3476 | 27.7203 | 2.5554 | |
| 5 | 6.0333 | 8.4189 | 47.8474 | 36.1172 | 1.5832 | 溶有 Si 的 |
| 6 | 6.3878 | 7.9935 | 46.2846 | 37.8870 | 1.4471 | (Cu,Pd)固溶体 |
| 7 | 30.8636 | 0.0763 | 0.8236 | 1.1100 | 67.1265 | V – C 化合物 |
| 8 | 28.1639 | 0.1238 | 1.9631 | 1.8788 | 67.8704 | |
| 9 | 7.2162 | 7.0106 | 46.7435 | 37.6858 | 1.3438 | 溶有 Si 的 |
| 10 | 6.2451 | 7.4486 | 49.1616 | 35.9244 | 1.2203 | (Cu,Pd)固溶体 |
| 11 | 16.1381 | 27.8215 | 4.6247 | 51.2816 | 0.1339 | Pd_2Si |
| 12 | 15.3384 | 28.7805 | 4.1198 | 51.6555 | 0.1058 | |
| 13 | 4.7603 | 1.4196 | 67.8518 | 23.0056 | 2.9627 | Cu_3Pd |
| 14 | 4.8802 | 1.4503 | 66.0957 | 24.5510 | 3.0228 | |

图 7 – 31 表明元素 C 和活性元素 V 同时富集在钎料与 C_f/SiC 之间的界面上，再次说明界面有 V – C 化合物生成，但元素 Cu 和 Pd 主要偏析于接头中央，而且分布不十分均匀。从表 7 – 16 还可见，接头中央的 V 含量一直较低（图 7 – 30 中"3"到"6"和"9"到"14"），这也说明 CuPd – V 系钎料中元素 V 的活性极强，通过在界面反应生成 V – C 化合物，钎料中的绝大部分 V 已经被消耗掉了。

XRD 分析图谱（图 7 – 32，其中使用了两个 JCPDS 卡片[14, 15]以检定物相）清楚地示出钎料与 C_f/SiC 之间的反应界面上存在 VC_{0.75} 化合物，XRD 图谱中的 C 显然来自于 C_f/SiC 基体。

有的文献[9, 16]报道 SiC – V 体系在 1200℃/30 ~ 120min 的反应条件下有 V – C 和 V – Si 化合物生成，甚至在经过 1300℃/4 ~ 6h 的反应还有 V_5Si_3C_x 三元相生成。Lee HK 等使用 Cu – 5%（原子分数）V 钎料连接 SiC 陶瓷时，在钎焊界面不仅检测到 V – C 和 V – Si 化合物相，而且钎料中的 Cu 全部转化成 Cu_7Si 和 Cu_5Si 化合物[17]。但是，对于我们研究的 C_f/SiC – CuPdV 反应体系，在接头只检测到 VC_{0.75} 和 Pd_2Si 化合物，没有任何生成 V – Si 或 V – Si – C 化合物的迹象。

正常情况下，在高温下从 SiC 中分解出来的 Si 原子会向钎料中扩散并与钎料中的元素 Cu、Pd、V 反应，生成 Cu – Si，Pd – Si 和 V – Si 化合物。文献[18]给出的热力学数据表明，Si 在 Cu、Pd、V 熔体中的溶解焓依次为 – 37kJ/mol，– 145kJ/mol

和 –128kJ/mol,说明钎料中元素 Pd 与 Si 的结合能力最强,这刚好能够解释在接头中明显生成了 Pd$_2$Si,而另外的 V – Si 或 Cu – Si 化合物并不存在。

因此可以推断,在 1170℃ 的钎焊温度下,接头中的化学反应可以用如下两个式子表达:

$$C/SiC + V \rightarrow Si + (V – C) \tag{7-4}$$

$$Si + 2Pd = Pd_2Si \tag{7-5}$$

那么,CuPd – V 钎料与 C$_f$/SiC 复合材料之间总体反应可以表示如下:

$$C/SiC + Pd + V \rightarrow VC_{0.75} + Pd_2Si \tag{7-6}$$

实际上,在通常情况下单一元素 Pd 在高温下与 SiC 陶瓷之间的化学反应是十分强烈的,而且不可避免地在界面生成由 Pd$_2$Si 和 Pd$_2$Si + C 交替变化的周期性反应层结构[11, 19],这种反应层结构一旦形成将对界面连接及其不利。但是我们的钎料中还有元素 V,在钎焊过程中 V 与 C 结合生成 V – C 化合物,这样就消除了 Pd 与 SiC 之间可能形成的周期性的反应层结构。在前边已叙述过的 PdNi 基合金与 SiC 之间的界面反应研究中[12],已经证实元素 V 对于控制界面反应是十分有效的。因此,不管是从接头的界面反应控制还是钎焊接头的组织优化,用于钎焊 C$_f$/SiC复合材料的 CuPd – V 体系钎料的设计都是很合适的[20]。

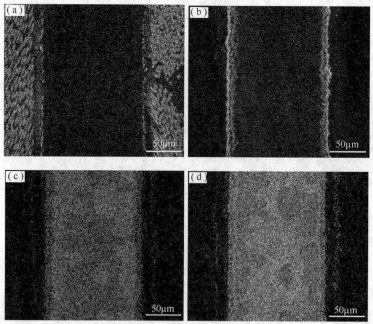

图 7 – 31 C$_f$/SiC – C$_f$/SiC 接头中元素 C(a),V(b),Cu(c) 和 Pd(d) 的面分布

采用 006# 轧制薄带钎料通过 1170℃/10min 钎焊获得的 C$_f$/SiC – C$_f$/SiC 接头的室温、高温下的三点弯曲强度见图 7 – 33。接头在室温下三点弯曲强度平均值

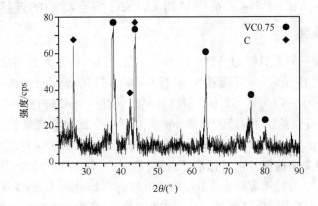

图 7 – 32　Cu – Pd – V 钎料(006#)薄带获得的 $C_f/SiC$ – $C_f/SiC$ 接头界面的 XRD 图谱

为 127.6 MPa,测试温度 600℃时接头强度 131.3 MPa,与室温强度水平相当,当测试温度继续升高至 700℃和 800℃时,接头强度分别提高至 138.1 MPa 和 145.9 MPa,但是测试温度达到 900℃时接头强度急剧下降至 20.6 MPa。

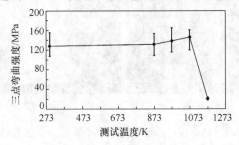

图 7 – 33　Cu – Pd – V 钎料(006#)薄带对应的 $C_f/SiC$ 接头室温和高温强度

　　前已述及,采用 Ni 基钎料进行 $C_f/SiC$ 复合材料的连接,接头三点弯曲强度只有 37 ~ 58 MPa ,所以新研制的 Cu – Pd – V 钎料明显优于 Ni – 基钎料。而前述的结果还表明,采用 AgCu – Ti 钎料获得的 $C_f/SiC$ – $C_f/SiC$ 接头的强度介于 132 ~ 159 MPa 之间[21]。尽管 CuPd – V 钎料对应的接头强度略低于 AgCu – Ti 钎料,但是 AgCu – Ti 钎料在氧化环境下的工作温度通常限定在 400 ~ 500℃[22, 23]。而根据图 7 – 33 的结果,Cu – Pd – V 钎料具有 700 ~ 800℃下工作的潜力,即预计可以比 AgCu – Ti 钎料高出 300℃。

　　根据上述的 $C_f/SiC$ – $C_f/SiC$ 接头组织分析,接头中央由(Cu, Pd) 固溶体和共晶组织 $Cu_3Pd$ + $Pd_2Si$ 所组成。元素 Pd 可以提高 Cu 基固溶体的高温强度,另外,$Pd_2Si$ 是 Pd – Si 体系中具有最高熔点的化合物,1658K[24],因此难熔化合物 $Pd_2Si$ 的生成非常有利于 $C_f/SiC$ – $C_f/SiC$ 接头在 700 ~ 800℃温度下保持稳定的高温性能。

### 7.4.3 Cu – Au – Pd – V 系钎料对 $C_f$/SiC 复合材料的连接及接头高温强度

在 Cu – Pd – V 系钎料的基础上添加一定量的 Au,可改善钎料的塑性、高温强度以及抗氧化性能等。在前述润湿性实验结果的基础上,选用了 CuAu – Pd(20.0 – 35.0) – V(6.0 – 12.0)钎料(104#)[25] 对 $C_f$/SiC 进行连接。

图 7 – 34 分别给出了 1170℃/10min 规范下接头低倍和高倍组织照片。从低倍照片可以看出,钎缝中存在少量的未焊合缺陷,钎缝大部分区域结合良好。从图 7 – 34(b)的接头高倍照片中可以清楚看到,靠近 $C_f$/SiC 母材的界面处生成了连续的扩散反应层"3",其厚度约为 3μm,并呈近似的锯齿状向 $C_f$/SiC 基体生长,钎缝基体区主要由白色组织"1"和灰白色组织"2"组成,整体来看钎缝基体区的组织分布较为简单。

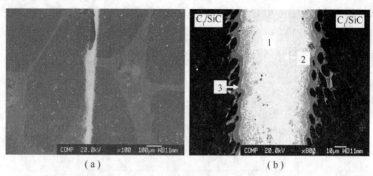

图 7 – 34 104#钎料对应 $C_f$/SiC 接头的显微组织

(a) 低倍;(b) 高倍。

由表 7 – 17 给出的接头特征区域成分可以看出,在靠近 $C_f$/SiC 的扩散反应层"3"中出现了 C 和 V 的富集,而其他元素含量很低,说明这两种元素在该区相互作用生成了 V – C 相,根据比例,推断 V – C 相应为 VC;钎缝基体区中的"2"中主要包含 Pd 和 Si,根据二者比例可知此区应由 $Pd_2Si$ 组成;"1"区中的 Cu 含量较多,Pd 和 Au 也有超过 13% 的含量,推断该区应由 Cu(Pd, Au)固溶体组成。

表 7 – 17 对应图 7 – 34(b)中特征区域的成分

| 位置 | 元素含量/% (原子分数) | | | | | | 推断主要物相 |
| --- | --- | --- | --- | --- | --- | --- | --- |
| | Si | Pd | Au | C | Cu | V | |
| 1 | 0.9092 | 13.9789 | 13.6119 | 4.6637 | 66.8309 | 0.0054 | Cu(Pd, Au)固溶体 |
| 2 | 30.8506 | 58.8646 | 1.3104 | 5.3932 | 3.5489 | 0.0323 | $Pd_2Si$ |
| 3 | 0.4975 | 0.2670 | 0.6672 | 40.5281 | 0.3840 | 57.6562 | VC |

对接头断口进行了 XRD 测试,在断面处检测到了 $VC_{0.75}$ 相、SiC 和 C 基体的存在(见图 7 – 35)[26]。

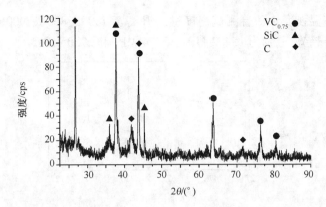

图 7 - 35　104# 钎料对应 C_f/SiC 接头断面的 XRD 分析结果

进一步分析了各元素在接头中的分布(见图 7 - 36),V 向 C_f/SiC 边缘富集明显,说明钎焊过程中钎料中的 V 元素会与复合材料中的 SiC 和 C 纤维发生反应,生成相应的 V - C 相;在钎缝基体区中,Si 与 Pd 的分布情况相似,并且根据上述的分析结果,钎料中的 Pd 会与母材中释放出的 Si 发生反应生成 $Pd_2Si$ 相;Cu 和 Au 总体分布于接头的中央。

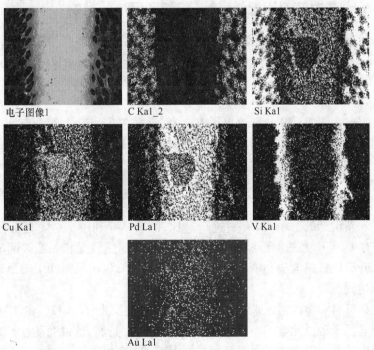

图 7 - 36　104# 钎料对应的 C_f/SiC 接头中的元素面分布

图 7 - 37 给出了 104# 钎料对应的 C_f/SiC 接头的三点弯曲强度,可见接头室温强度为 135.3 MPa,在 600℃(873K)时的三点弯曲强度最高,达到 188.8 MPa,这个

值明显高于室温强度。随着测试温度继续升高至 700℃、800℃、900℃,接头平均强度呈现下降趋势,分别为 159.2 MPa、135.4 MPa 和 27.0 MPa。

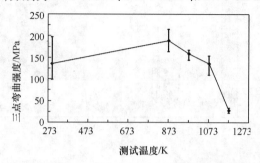

图 7 - 37　104#钎料对应的 $C_f/SiC$ 接头的三点弯曲强度

单单从获得的 $C_f/SiC$ - $C_f/SiC$ 接头的强度进行比较,CuAuPd - V 钎料对应接头在室温和 800℃ 下与 CuPd - V 钎料大体相当,但 600 ~ 700℃ 的强度明显高于 CuPd - V 钎料,也就是说,元素 Au 加入到 CuPd - V 钎料中,有利于提高 $C_f/SiC$ - $C_f/SiC$ 接头 600 ~ 700℃ 的高温强度。

### 7.4.4　V 含量对钎料润湿性、接头组织和强度的影响

由于金属 V 自身的抗氧化性较差,其在钎料中含量过多会导致钎料的整体抗氧化性下降,因此,在 104#钎料(CuAu - Pd(20 ~ 35) - V(6 ~ 12))基础上适当降低 V 的含量,设计了一种新的 CuAu - Pd(20 ~ 35) - V3.5 钎料,对应编号为 104 - 8#。

图 7 - 38 和图 7 - 39 分别给出了 104 - 8#钎料在 $C_f/SiC$ 上的动态润湿照片和润湿角随加热温度和保温时间的变化情况。从中可以看出,钎料在保温温度以下、固相线以上的升温过程中已经发生熔化,并表现为润湿状态。升温至 1200℃,润湿角为 27.2°,再随时间的延长润湿角略有降低,保温 10min 后,润湿角降低至 20.2°。

为了和新设计的 104 - 8#钎料进行对比,图 7 - 40 和图 7 - 41 还分别给出了 104#钎料在 $C_f/SiC$ 上的动态润湿照片和润湿角随加热温度和保温时间的变化情况,可见,升温段钎料润湿角变化很小,当到达 1200℃ 保温段时润湿角迅速变小并趋于平稳达到 5.2°(见图 7 - 41)。

从最终钎料润湿性对比来看,活性元素 V 含量达到 6% ~ 12% 的 104#钎料的润湿性明显优于活性元素 V 含量为 3.5% 的 104 - 8#钎料,这说明活性元素含量在一定范围内随着含量增加对促进钎料的润湿铺展是有利的。

采用 104 - 8#钎料在 1170℃/20min 规范下对 $C_f/SiC$ 自身进行了钎焊连接,结果表明,接头冶金质量较好。从图 7 - 42(a)给出的接头显微组织可以看出,靠近 $C_f/SiC$ 母材附近生成一层薄薄的灰黑色扩散反应层组织(见图 7 - 42(a)中“1”和

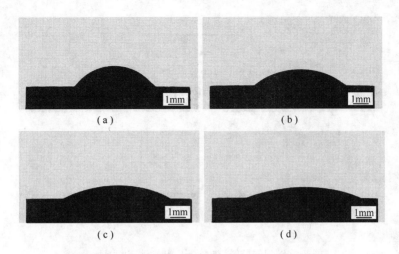

图 7 - 38　104 - 8# 钎料在 $C_f/SiC$ 上的动态润湿照片

（a）升温至 1414K；（b）升温至 1438K；

（c）刚刚升温至 1473K；（d）1473K 保温 10min。

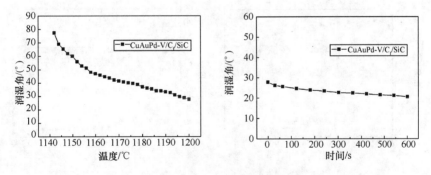

图 7 - 39　104 - 8# 钎料润湿角随加热温度和保温时间的变化情况

"2"），钎缝基体区主要由灰色块状相（见图 7 - 42（a）中"5"和"6"）和白色基体组织（见图 7 - 42（a）中"3"和"4"）组成。V 含量较高的 104# 钎料对应的 $C_f/SiC$ 接头组织（见图 7 - 42（b））与 104 - 8#对应的接头相比，接头组织出现明显差异，不仅两者基体区的组织差异很大，而且 104# 对应接头靠近母材界面的扩散反应层厚度（约 3μm）明显大于 104 - 8# 钎料（约 1μm），且 104# 反应层呈锯齿状向 $C_f/SiC$ 表面生长，对连接界面可起到强化作用，对接头性能会产生有利的影响。再结合表 7 - 18 中接头特征区域成分和图 7 - 43 中接头元素面分布图可见，扩散反应层"1"和"2"中主要富集 V 和 C，生成 V - C 相；钎缝基体区的白色基体组织"3"和"4"中主要富集 Cu 和 Au，二者以（Cu，Au）固溶体形式存在；钎缝基体的灰色块状相主要由 Pd、Si 和 C 组成，生成了含 C 的 $Pd_2Si$ 相。但是对于 104 - 8# 钎料对应接头中 $Pd_2Si$ 相呈块状分布，与 104# 钎料接头中均匀分布的细条状 $Pd_2Si$ 相有明显的不同。

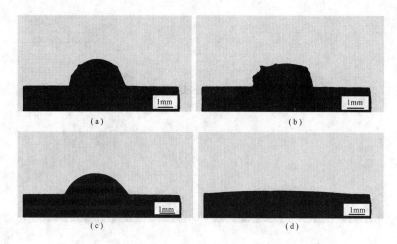

图 7 – 40　104$^{\#}$钎料在 C$_f$/SiC 上的动态润湿照片

（a）升温至 1446K；（b）升温至 1456K；

（c）刚刚升温至 1473K；（d）1473K 保温 10min。

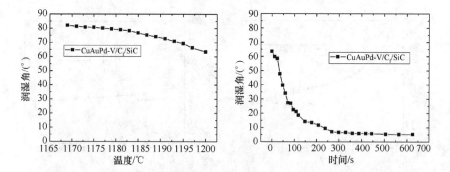

图 7 – 41　104$^{\#}$钎料润湿角随加热温度和保温时间的变化情况

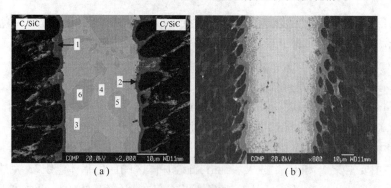

图 7 – 42　两种 Au – Cu – Pd – V 系钎料对应 C$_f$/SiC 接头显微组织

（a）104 – 8$^{\#}$，1170℃/20min；（b）104$^{\#}$，1170℃/10min。

表 7-18　对应图 7-42(a) 中特征区域的成分

| 微区 | 元素含量/%（原子分数） | | | | | | 推断主要物相 |
|---|---|---|---|---|---|---|---|
| | Si | C | Pd | Au | V | Cu | |
| 1 | 0.4818 | 38.4658 | 0.2042 | 0.9216 | 58.2765 | 1.6501 | V-C |
| 2 | 0.8439 | 36.3854 | 0.1287 | 1.1174 | 60.9781 | 1.5465 | V-C |
| 3 | 1.0103 | 3.0132 | 4.7602 | 18.7474 | — | 72.4689 | Cu(Au,Pd)固溶体 |
| 4 | 0.8576 | 2.7581 | 5.8857 | 20.1774 | 0.0142 | 70.3070 | Cu(Au,Pd)固溶体 |
| 5 | 27.4945 | 16.3544 | 52.0574 | 1.1870 | 0.0365 | 2.8702 | $Pd_2Si+C$ |
| 6 | 29.8841 | 14.8895 | 49.4070 | 2.1778 | 0.0442 | 2.4114 | $Pd_2Si+C$ |

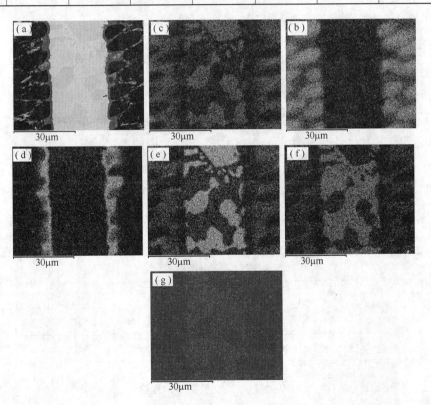

图 7-43　$C_f/SiC/104-8^\#$ 钎料/$C_f/SiC$ 接头背散射电子像(a)及
元素面分布(b)C;(c)Si;(d)V;(e)Pd;(f)Cu;(g)Au。

　　此外,还采用 $104-8^\#$ 钎料在 1170℃/60min 规范下对 $C_f/SiC$ 自身进行了钎焊连接,获得了冶金质量较好的接头。从图 7-44 给出的接头显微组织可以看出,靠近 $C_f/SiC$ 母材附近生成一层薄薄的灰黑色扩散反应层组织(见图 7-44 中"1"和

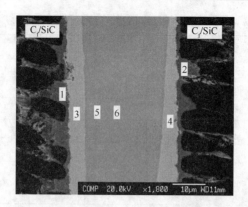

图 7 - 44    104 - 8#钎料在 1170℃/60min 规范下获得的
$C_f$/SiC - $C_f$/SiC 接头的显微组织

"2"),钎缝基体区主要由灰色组织(见图 7 - 44 中"5"和"6")和白色带状组织(见
图 7 - 44 中"3"和"4")组成。

结合表 7 - 19 中接头特征区域元素含量和图 7 - 45 中接头元素面分布图可
见,扩散反应层"1"和"2"中主要富集 V 和 C,生成 V - C 相;钎缝中的白色带状组
织"3"和"4"中主要富集 Cu 和 Au,两者以(Cu,Au)固溶体形式存在;钎缝基体区
的灰色组织主要由 Pd、Si 和 C 组成,生成了富含 C 的 $Pd_2Si$ 相。此时富含 C 的
$Pd_2Si$ 相彼此完全连成片,位于接头中央,与(Cu,Au)固溶体相互呈带状分布,而连
片的 $Pd_2Si$ 相中富含 C,则说明钎料中含 V 量不足,未能充分消耗界面反应中从
SiC 中分解出来的 C 原子。

表 7 - 19    对应图 7 - 44 中特征区域的成分

| 微区 | 元素含量/% (原子分数) | | | | | | 推断主要物相 |
| --- | --- | --- | --- | --- | --- | --- | --- |
| | Si | C | Pd | Au | V | Cu | |
| 1 | 0.8561 | 37.8274 | 0.2908 | 1.1346 | 57.3234 | 2.5677 | V - C |
| 2 | 0.6889 | 35.9987 | 0.4258 | 1.3321 | 58.6651 | 2.8894 | V - C |
| 3 | 4.6682 | 5.2299 | 0.3662 | 30.4575 | 0.2293 | 59.0490 | (Cu,Au)固溶体 |
| 4 | 5.0018 | 4.8241 | 0.3369 | 32.8461 | 0.3398 | 56.6513 | (Cu,Au)固溶体 |
| 5 | 27.9227 | 15.1861 | 51.5189 | 1.8064 | 0.0135 | 3.5525 | $Pd_2Si$ + C |
| 6 | 26.7741 | 17.2856 | 50.5590 | 2.1291 | 0.0228 | 3.2294 | $Pd_2Si$ + C |

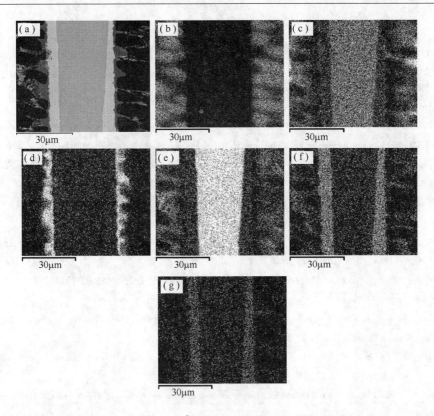

图 7 - 45　$C_f/SiC/104 - 8^\#$ 钎料 $/C_f/SiC$ 接头背散射电子像(a)及
元素面分布(b)C;(c)Si;(d)V;(e)Pd;(f)Cu;(g)Au

　　从图 7 - 46 给出的 $C_f/SiC$ 接头强度可以看出,1170℃/10min 规范下的 104$^\#$ 钎料对应的接头室温三点弯曲强度明显高于 1170℃/20min 和 1170℃/60min 两种规范下 104 - 8$^\#$ 钎料对应接头的强度,这进一步说明了 V 含量对接头性能影响明显。而 104 - 8$^\#$ 钎料中 V 含量不充足,导致界面反应中 V - C 化合物层厚度不足,并引起接头中生成的 $Pd_2Si$ 相中残存 C,而且接头中(Cu,Au)固溶体与 $Pd_2Si + C$ 混合相彼此呈带状分布,这是引起接头性能下降的根本原因。

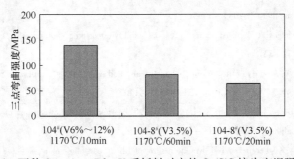

图 7 - 46　两种 Cu - Au - Pd - V 系钎料对应的 $C_f/SiC$ 接头室温强度对比

# 参 考 文 献

[1] McDermid J R, Drew R A L. Thermodynamic brazing alloy design for joining silicon carbide. Journal of the American Ceramic Society, 1991, 74(8): 1855 – 1860.

[2] McDermid J R, Pugh M D, Drew R A L. The interaction of reaction – bonded silicon carbide and Inconel 600 with a nickel – based brazing alloy. Metallurgical Materials Transactions A, 1989, 20(9): 1803 – 1810.

[3] Tong Q, Cheng L. Liquid infiltration joining of 2D C/SiC composite. Science and Engineering of Composite Materials, 2006, 13(1): 31 – 36.

[4] Xiong J, Li J, Zhang F, et al. Joining of 3D C/SiC composites to niobium alloy. Scripta Materialia, 2006, 55 (2): 151 – 154.

[5] 所俊, 陈朝辉, 韩卫敏, 等. 温度、惰性填料对先驱体硅树脂高温连接 $C_f$/SiC 陶瓷基复合材料的影响. 稀有金属材料与工程, 2005, 34(Sup1): 298 – 301.

[6] 所俊, 张凌江, 陈朝辉. 重复浸渍裂解先驱体高温连接 $C_f$/SiC 陶瓷. 稀有金属材料与工程, 2007, 36 (Sup3): 641 – 644.

[7] Liu H L, Li S J, Chen Z J. Joining of $C_f$/SiC ceramic matrix composite using SiC – $Si_3N_4$ preceramic polymer. Materials Science Forum, 2005, 475 – 479: 1267 – 1270.

[8] Xiong H P, Chen B, Mao W, Li X H. Joining of $C_f$/SiC composite with Pd – Co – V brazing filler. Welding in the World, 2012, 56(1 – 2): 76 – 80.

[9] Fukai T, Naka M, Schuster J C. Interfacial structure and reaction mechanism of SiC/V joints. Transactions of JWRI, 1997, 26(1): 93 – 98.

[10] G lpen J H, Kodentsov A A, van Loo F J J. Growth of silicides in Ni – Si and Ni – SiC bulk diffusion couples. Z. Metallkd. , 1995, 86(8): 530 – 539.

[11] Bhanumurthy K, Schmid – Fetzer R. Interface reactions between silicon carbide and metals(Ni, Cr, Pd, Zr). Composites Part A: Applied Science and Manufacturing, 2001, 32(2): 569 – 574.

[12] Xiong H P, Chen B, Kang Y S. et al. Wettability of Co – V, and PdNi – Cr – V system alloys on SiC ceramic and interfacial reactions. Scripta Materialia, 2007, 56(2): 173 – 176.

[13] 熊华平, 陈波, 李晓红, 等. 一种用于 $C_f$/SiC 复合材料钎焊的钯钴金基高温钎料: 中国, 201010266697. 9[P]. 2012 – 06 – 27.

[14] C, JCPDS number 03 – 065 – 6212

[15] $VC_{0.75}$, JCPDS number 01 – 089 – 5055

[16] Gotman I, Gutmanas EY. Microstructure and thermal stability of coated $Si_3N_4$ and SiC. Acta Metall. Mater. 1992, 40(Suppl. ): S121 – 131.

[17] Lee H K, Lee J Y. A study of the wetting, microstructure and bond strength in brazing SiC by Cu – X(X = Ti, V, Nb, Cr) alloys. J. Mater. Sci. 1996, 31: 4133 – 4140.

[18] Miedema A R, Boer FRDE, Boom R, Dorleijn JWF. Tables for the heat of solution of liquid metals in liquid metal solvents. Calphad 1977, 1: 353 – 359.

[19] Park J S, Landry K, Perepezko J H. Kinetic control of silicon carbide/metal reactions. Mater. Sci. Eng. 1999, A259: 279 – 286.

[20] 熊华平，陈波，赵海生，等. 一种用于 $Si_3N_4$ 陶瓷、$C_f$/SiC 复合材料钎焊的铜钯基高温钎料：中国，201010266696.4[P]. 2012 – 06 – 27.

[21] 陈波，熊华平，程耀永，等. 采用 Ag – Cu – Ti 钎料钎焊 $C_f$/SiC 接头的组织和强度. 材料工程，2010，10：27 – 31

[22] Kapoor RR, Eagar TW. Oxidation behavior of silver – and copper – based brazing filler metals for silicon nitride/metal joints. J. Am. Ceram. Soc. 1989，72：448 – 454.

[23] Peteves SD, Ceccone G, Paulasto M, Stamos V, and Yvon P. Joining silicon nitride to itself and to metals. JOM 1996，48：48 – 52.

[24] Du Z, Guo C, Yang X, et al. A thermodynamic description of the Pd – Si – C system. Intermetallics 2006，14：560 – 569.

[25] 熊华平，陈波，李晓红，等. 一种用于 $C_f$/SiC 复合材料钎焊的钯铜金基高温钎料：中国，201010266690.7 [P]. 2012 – 12 – 05.

[26] Xiong H P, Chen B, Pan Y, Zhao H S, Ye L. Joining of $C_f$/SiC composite with a Cu – Au – Pd – V brazing filler and interfacial reactions. J European Ceram. Soc. 2014，34(6)：1481 – 1486.

# 第8章　含 V 的高温钎料对 $C_f/SiC$ 陶瓷基复合材料与金属的连接

目前,鉴于 $C_f/SiC$ 陶瓷基复合材料优异的高温性能,在新一代高速飞行器、超声速冲压发动机、液体和固体火箭发动机等航天装备领域具有广阔的应用前景[1-3]。$C_f/SiC$ 在应用过程中常常需要与金属进行连接,为了更好发挥该材料的高温使用优势,被连接金属需要具有良好的耐高温性能,这些金属可为高温合金、金属间化合物等,但关于这方面连接的报道较少。

C. Jiménez 等[4]采用 AgCu–Ti 钎料进行了 $C_f/SiC$ 与 Ni–Cr–Co 基高温合金的钎焊连接。钎焊前先对复合材料的被连接表面进行金属化处理,即沉积了一层薄薄的 Cr 层,之后将带有 Cr 层的试样进行热处理,使得复合材料与该层发生反应生成 Cr–C 化合物,最后在 980℃ 下对 $C_f/SiC$ 与高温合金进行钎焊。钎焊结果表明,事先在 $C_f/SiC$ 形成的 $Cr_7C_3$ 可有效阻挡钎料中 Ti 的扩散,使得接头不会发生剧烈反应,XRD 结果显示,一部分 Ti 参与了界面反应并生成了 TiC 和 TiSi。由于剪切试样断裂于 $C_f/SiC$ 内部,因此未给出接头的实际强度。Shen Y. X. 等[5]采用 AgCu 钎料对 C/C 复合材料与 Ni 基高温合金进行了钎焊连接,在接头中填加了 $Al_2O_3$ 陶瓷作为中间层(采用 Mo–Mn 法进行了金属化处理),并采用激光对 C/C 表面加工出微孔(孔深约为 $300 \sim 1000\mu m$),接头实现了完好连接,接头四点弯曲强度达到 73MPa。另外,杨振文等[6]对 $C_f/SiC$ 与 TiAl 基合金进行了钎焊连接,选用的钎料为 AgCu 共晶钎料,获得的接头剪切强度为 74MPa。虽然上述这些研究都实现了 $C_f/SiC$ 与耐高温金属材料的连接,但均选用了 AgCu 基钎料,使得整个接头的使用温度难以超过 500℃。因此很有必要开展新型高温钎料的研制以及 $C_f/SiC$ 与高温合金的高温钎焊研究。

但是,就 $C_f/SiC$ 复合材料与高温合金的钎焊连接而言,需要解决两个技术问题:一是设计选取合适的高温钎料,实现钎料与 $C_f/SiC$ 复合材料之间界面的牢固连接;二是 $C_f/SiC$ 复合材料与高温合金两种被焊材料热膨胀系数差异大(前者约 $3 \times 10^{-6}K^{-1}$,后者约 $9 \times 10^{-6} \sim 14 \times 10^{-6}K^{-1}$),即使使用了合适的钎料,直接进行 $C_f/SiC$ 复合材料与高温合金的连接时容易造成接头在焊后冷却过程中开裂[7]。

针对上述问题,本章中选用了自主研制的三个体系共四种新型高温钎料,进行了 $C_f/SiC$ 与金属的连接,所选钎料成分以及接头材料组合见表 8–1。其中,金属分别选用了纯 Nb、TZM 钼合金和变形高温合金 GH783,这三种材料具有热膨胀系数低、高温性能好等特点,其中 GH783 可以在高温条件下使用,而且 Nb、TZM 合金还可用作缓释层材料缓解接头中的残余热应力。

表 8 – 1　$C_f/SiC$ 与金属的异种接头组合情况

| 钎料体系 | 钎料成分 | 编号 | 接头类型 |
|---|---|---|---|
| Cu – Pd – V[8] | Cu – Pd(35 ~ 42) – V(6 ~ 12) | 006# | $C_f/SiC/Nb$ |
| | | | $C_f/SiC/TZM$ |
| | | | $C_f/SiC/GH783$ |
| | Cu – Pd(22 ~ 32) – V(6 ~ 12) | 805# | $C_f/SiC/Nb$ |
| | | | $C_f/SiC/TZM$ |
| Au – Pd – Co – Ni – V[9] | Au – Pd26 – CoNi25 – V(6 ~ 12) | 33# | $C_f/SiC/Nb$ |
| | | | $C_f/SiC/TZM$ |
| | | | $C_f/SiC/GH783$ |
| Cu – Au – Pd – V[10] | CuAu – Pd(20 ~ 35) – V(6 ~ 12) | 104# | $C_f/SiC/Nb$ |
| | | | $C_f/SiC/TZM$ |
| | | | $C_f/SiC/GH783$ |

# 8.1　采用 Cu – Pd – V 系钎料真空钎焊 $C_f/SiC$ 复合材料与金属

## 8.1.1　采用 006# 钎料真空钎焊 $C_f/SiC$ 与金属

采用 006# 钎料在 1170℃/10min 规范下成功实现了 $C_f/SiC$ 与 Nb 的连接,从图 8 – 1 给出的接头低倍和高倍组织可以看出,接头界面结合良好。总体来看,靠近复合材料的界面处未形成明显的扩散反应层结构,钎缝基体区出现了较为明显的共晶组织形貌,主要由白色基体组织和灰色块状组织组成。

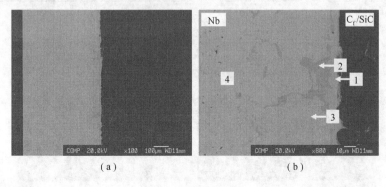

（a）　　　　　　　　　　（b）

图 8 – 1　Cu – Pd – V 钎料（006#）对应的 $C_f/SiC/Nb$ 接头显微组织

（a）低倍;（b）高倍。

从表 8-2 给出的接头特征区域元素含量可以看出,靠近 $C_f/SiC$ 母材附近的 "1"区中出现了 Nb 的富集,同时还含有少量的 Pd、C、Cu 和 V,由于所含元素种类 多,很难判断具体化合物相类型;灰色相"2"中主要含 Cu 以及少量的 Pd,以(Cu, Pd)固溶体形式存在;钎缝基体的白色相中含有较多量的 Pd、Nb、Cu 和 V,推断与 "1"区的化合物相类似;"4"区处于 Nb 母材与钎料的界面处,其中含有少量的 Pd 等元素。

表 8-2　对应图 8-1(b)中特征区域的成分

| 位置 | 元素含量/% (原子分数) | | | | | | | 推断主要物相 |
|------|------|------|------|------|------|------|------|------|
|      | Si | Pd | Au | C | Nb | Cu | V | |
| 1 | 0.6091 | 18.4191 | 0.5887 | 10.5241 | 46.2145 | 8.1119 | 15.5326 | — |
| 2 | 0.0321 | 9.5669 | 0.4587 | 3.9595 | 0.1930 | 85.4341 | 0.3557 | (Cu,Pd)固溶体 |
| 3 | 0.0562 | 35.5437 | 0.5402 | 4.2621 | 24.8230 | 18.7440 | 16.0307 | — |
| 4 | — | 9.6572 | 0.8404 | 3.2944 | 81.5170 | 1.3033 | 3.3876 | Nb |

接头中的元素面分布图更能直观地给出元素在接头中的分布情况,由图 8-2 所示,Cu 和 Pd 的分布趋势相反,前者在"2"区中分布明显,后者在"1"区中出现密 集分布;与 $C_f/SiC$ 自身接头不同的是,该接头中 V 向 $C_f/SiC$ 边缘扩散和富集的现 象并不十分明显,它较为均匀地分布在整个接头区域,而 Nb 却充当着活性元素的 角色,在复合材料母材边缘处富集,说明在该接头中 Nb 的活性要略强于 V。

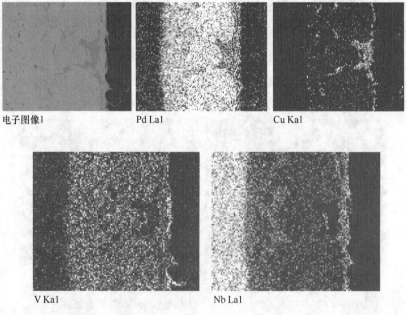

电子图像1　　　　Pd La1　　　　Cu Ka1

V Ka1　　　　Nb La1

图 8-2　Cu-Pd-V 钎料(006#)对应的 $C_f/SiC/Nb$ 接头中的元素面分布

而且,在1170℃/10min的钎焊规范下,采用006#钎料实现了 $C_f$/SiC 与 TZM 钼合金的钎焊连接。TZM 名义成分为 Mo – $(0.4 \sim 0.55)$ Ti – $(0.07 \sim 0.12)$ Zr – $(0.01 \sim 0.04)$ C。从图8–3给出的接头显微组织可以看出,接头区域结合良好,靠近 $C_f$/SiC 的界面处生成了灰黑色扩散反应层组织(见图中8–3中"7")。钎缝基体区的组织相对较为复杂,主要由白色基体区"1"、灰白色块状相"3"、灰色带状相"4"以及灰黑色碎块相"5"共同组成。

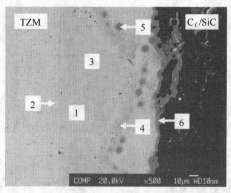

图8–3　Cu – Pd – V 钎料(006#)对应的 $C_f$/SiC/TZM 接头显微组织

从表8–3给出的接头特征区域元素含量可知,钎缝中白色基体区"1"中主要由 Cu 和 Pd 组成,二者主要以(Cu,Pd)固溶体形式存在;灰白色块状相"3"中同样由 Cu 和 Pd 组成,只是这两种元素的比例较"1"区中有所差别,Cu 的含量明显增多,导致了这两个区域颜色出现差异,但包含的物相应仍然是(Cu,Pd)固溶体;灰色带状相"4"中包含了大量的 C、Mo 和 V,根据元素含量的比例关系,推断该区的主要物相应为 $V_2$C 和 Mo;从表中可以清楚观察到,灰黑色碎块相"5"和灰黑色扩散反应层"6"的元素含量相近,这两个区域应该由同种化合物相组成,其中 C 和 V 主要聚集于此,根据二者比例,"5"区和"6"区应由 $V_2$C 相组成;"2"区 TZM 近缝区母材,其中出现了少量的 V 元素,两种元素在该区域应以(Mo,V)固溶体形式存在。

表8–3　对应图8–3中接头特征区域的成分

| 微区 | 元素含量/%（原子分数） | | | | | | | 推断主要物相 |
|------|--------|--------|---------|---------|---------|---------|---------|--------------|
|      | Si | Au | Pd | C | Cu | Mo | V | |
| 1 | 6.4587 | 0.5036 | 41.9207 | 3.8575 | 46.8429 | — | 0.4166 | (Cu,Pd)固溶体 |
| 2 | 0.0057 | 0.3809 | 0.4653 | 3.6268 | 0.8101 | 83.9083 | 10.8027 | (Mo,V)固溶体 |
| 3 | 2.3952 | 0.4288 | 33.2544 | 3.9750 | 56.5769 | 0.1291 | 3.2406 | (Cu,Pd)固溶体 |
| 4 | 0.0886 | 0.2968 | 0.4166 | 23.8134 | 1.1437 | 34.1638 | 40.0770 | $V_2$C,Mo |
| 5 | 0.1585 | 0.2387 | 0.4109 | 32.3832 | 0.6446 | 3.4177 | 62.7464 | $V_2$C |
| 6 | 0.0574 | 0.2627 | 0.0582 | 34.4194 | 0.2386 | 1.3653 | 63.5983 | $V_2$C |

为了进一步表征各元素在接头中的分布情况,对图 8-3 的接头界面进行元素面分布测试。从图 8-4 给出的各元素分布结果来看,Cu 和 Pd 分布的情况类似,主要分布在钎缝基体中颜色较亮的区域,Mo 主要分布在灰色带状相"4"中,而 V 除了在"4"区中分布以外,在扩散反应层"6"中出现富集。上述的元素分布结果可以说明,钎焊过程中,V 作为活性元素会优先向 $C_f/SiC$ 母材边缘扩散,并与其发生反应,生成 $V_2C$ 相,与此同时,TZM 母材中的 Mo 也会向钎缝中扩散,形成"4"区。Cu 和 Pd 将重新排布,从而形成两种不同成分的(Cu,Pd)固溶体。

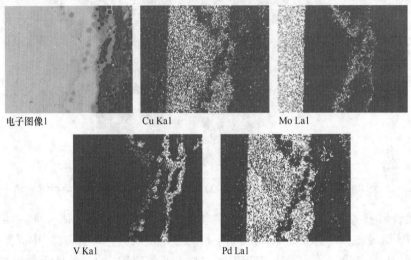

电子图像1      Cu Kα1      Mo Lα1

V Kα1      Pd Lα1

图 8-4 Cu-Pd-V 钎料(006#)对应的 $C_f/SiC/TZM$ 接头中的元素面分布

此外,还使用 Cu-Pd-V 钎料(006#)进行了 $C_f/SiC$ 复合材料与 GH783 合金的连接研究。Inconel783 合金是一种 Fe-Ni-Co 基抗氧化型低膨胀高温合金,与 Incoloy900 系列低膨胀高温合金相比,合金中加入了 5.4%(质量分数)的 Al,形成了 γ、γ′和 β 三相合金。GH783 的成分见表 8-4。该合金既保持了低的膨胀系数,同时改善了材料的断裂韧性,合金的持久寿命好,在 800℃高温下仍具有完全抗氧化能力[11]。国内目前已初步研制出与 Inconel783 合金性能相当的 GH783 合金[12]。GH783 合金在航空航天领域具有广阔的应用前景,比如可用于航空发动机制造压气机机匣、涡轮外环等零件。GH783 较常规的变形高温合金的热膨胀系数略低些,它在各温度下的膨胀系数见表 8-5。

表 8-4 GH783 合金的成分%(质量分数)

| C | Ni | Fe | Al | Ti | Nb | Cr | Y | Co |
|---|---|---|---|---|---|---|---|---|
| 0.003 | 28.10 | 26.60 | 5.42 | 0.15 | 2.89 | 2.83 | 0.003 | 余量 |

图 8-5 给出了 1170℃/10min 的钎焊规范下 006#钎料对应的 $C_f/SiC/GH783$ 接头显微组织。从整个接头结合情况来看,钎料与 $C_f/SiC$ 的界面处存在长裂纹,

表 8 - 5　GH783 合金的膨胀系数

| $\theta/°C$ | 26 ~ 100 | 26 ~ 200 | 26 ~ 300 | 26 ~ 400 | 26 ~ 500 | 26 ~ 600 | 26 ~ 700 | 26 ~ 800 |
|---|---|---|---|---|---|---|---|---|
| $\alpha/10^{-6}°C^{-1}$ | 9.30 | 10.14 | 9.98 | 10.36 | 11.25 | 12.04 | 13.19 | 14.74 |

存在裂纹的主要原因之一应为 GH783 虽然属于低膨胀高温合金,但其热膨胀系数和 $C_f/SiC$ 相比还是过大,导致接头在冷却过程中存在很大的热应力使得结合区开裂。从接头显微组织可以看出,靠近 $C_f/SiC$ 母材位置生成灰色扩散反应层组织"1",钎缝基体区主要由白色组织"3"、灰白色组织"2"和灰色块状区"4"组成。

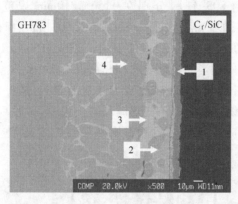

图 8 - 5　006#钎料($Cu - Pd - V$)对应的 $C_f/SiC/GH783$ 接头显微组织

　　根据表 8 - 6 给出的接头特征区域元素含量可知,"1"区中富集了大量的 V 和少量的 C,生成了富 V 的 V - C 相;灰白色相"2"中除了钎料中的原始元素 Cu、Pd、V 以外,还溶入了较多含量的 Fe、Co、Ni 和 C,这些元素在该区生成较为复杂的化合物相;白色组织"3"中主要元素为 Cu、Pd 和 Al,说明从高温合金母材扩散出的 Al 主要富集在该区域,并且与 Cu 和 Pd 相结合生成二元或三元化合物相;灰色块状区"4"中各种元素均有分布,其中含量相对较多的为 Fe、Co 和 Ni 三种元素,说明了 GH783 母材在液态钎料的作用下向钎缝区扩散明显。

表 8 - 6　对应图 8 - 5 中接头特征区域的成分

| 微区 | 元素含量/%(原子分数) | | | | | | | | | |
|---|---|---|---|---|---|---|---|---|---|---|
| | C | Al | V | Cr | Fe | Co | Ni | Cu | Nb | Pd |
| 1 | 15.21 | — | 80.77 | | | | | 0.63 | 3.04 | 0.35 |
| 2 | 13.19 | 2.88 | 13.99 | 1.74 | 13.91 | 20.77 | 16.18 | 9.58 | 0.64 | 7.13 |
| 3 | | 24.78 | | | 1.03 | | 3.33 | 24.74 | | 46.12 |
| 4 | 2.53 | 3.77 | 7.24 | 2.53 | 21.43 | 27.72 | 19.66 | 8.30 | 1.85 | 4.96 |

进一步,采用006<sup>#</sup>钎料并在1170℃/10min 规范下,以 0.2mm 和 0.5mm 两种厚度 TZM 合金作为中间层连接了 $C_f$/SiC 与 GH783 合金,并测试了钎焊接头的强度。结果表明,接头对应的室温三点弯曲强度分别为83.7MPa 和65.8MPa。

### 8.1.2 采用805<sup>#</sup>钎料真空钎焊 $C_f$/SiC 复合材料与金属

虽然805<sup>#</sup>(Cu – Pd(22 ~ 32) – V(6 ~ 12))和006<sup>#</sup>属于相同体系钎料,但 Pd 的含量明显降低,这无论从接头冶金反应角度还是从钎料制备工艺难易程度来说,这两种钎料还存在着一些差异。

实验过程中采用 805<sup>#</sup> 钎料分别在 1150℃/10min 规范和 1150℃/10min + 1150℃/10min 两次热循环规范下对 $C_f$/SiC/Nb 接头进行了钎焊连接。实验发现,两种规范下接头组织形貌发生了很大的变化。经过 1150℃/10min 单次热循环的钎缝基体区主要由比例相当的白色块状相和灰色块状相组成。而经过两次热循环的接头中白色块状相比例明显减少,并且尺寸变得细小,形成了以灰色相为基白色碎块相弥散分布的组织形貌。在单次热循环的接头中,靠近 $C_f$/SiC 的界面处生成了一层明显的灰色反应层组织,而经过两次热循环的接头对应的该区域由颜色较浅的反应层组成。

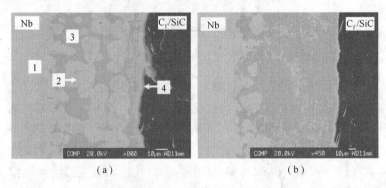

图 8 – 6　两种钎焊热循环作用后 $C_f$/SiC – Nb 接头显微组织(Cu – Pd – V 钎料,805<sup>#</sup>)

(a) 1150℃/10min;(b) 1150℃/10min + 1150℃/10min 两次热循环。

由于经过1150℃/10min 单次热循环的接头组织具有代表性,所以针对该接头进行了能谱分析和元素面分布测试。结合表 8 – 7 和 V 与 Nb 的元素面分布情况(见图8 – 7)可知,"1"区主要为近缝区 Nb 母材,其中溶入了少量的 Pd 和 V,说明Nb 母材在钎焊过程中和液态钎料发生了原子交换,使得一部分钎料中的元素扩散入母材基体中,由于这些元素含量相对较低,所以该区主要以 Nb 基固溶体形式存在。在钎缝基体区中白色块状组织"2"中同时出现了 Nb、Pd 和 V 的富集,相应的结果也可通过面分布图明显看出。灰色块状相"3"中出现了 Cu 的富集,其中还含有少量的 Pd,推断该区主要由(Cu,Pd)固溶体组成。灰色扩散反应层"4"中同时出现了 V 和 C 的富集,这两种元素结合生成了 V – C 相。

表 8 - 7　对应图 8 - 6(a)中特征区域的成分

| 微区 | 元素含量/%（原子分数） | | | | | | | 推断物相 |
|---|---|---|---|---|---|---|---|---|
| | C | Nb | Au | Si | Pd | Cu | V | |
| 1 | 3.5703 | 85.7555 | 0.8206 | — | 5.8863 | 1.1214 | 2.8458 | Nb |
| 2 | 4.9529 | 38.5268 | 0.6400 | 0.2169 | 23.1166 | 7.1629 | 25.3840 | — |
| 3 | 4.6338 | 0.0734 | 0.5809 | 0.0210 | 8.4615 | 85.7366 | 0.4927 | (Cu,Pd)固溶体 |
| 4 | 59.0226 | 5.8215 | 0.2756 | 0.1016 | 0.4214 | 3.9372 | 30.4201 | V - C |

电子图像1　　　　　　　　V Ka1　　　　　　　　Nb La1

图 8 - 7　$C_f$/SiC - Nb 接头中 V 和 Nb 的元素面分布（Cu - Pd - V 钎料,805#,1150℃/10min）

在 1170℃/10min 规范下采用 805# 钎料对 $C_f$/SiC 复合材料和 TZM 合金进行了钎焊连接,得到了界面结合良好的接头。图 8 - 8 给出了 805# 钎料对应的 $C_f$/SiC/TZM 接头显微组织照片。从中可以看出,靠近 $C_f$/SiC 的界面处生成一层厚度约为 10μm 的灰色扩散反应层组织,而钎缝基体区主要由单一的灰白色相组成,靠近 TZM 母材附近出现了和该母材组织颜色类似的碎块状相。

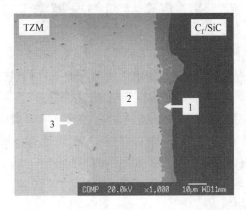

图 8 - 8　Cu - Pd - V 钎料(805#)对应的 $C_f$/SiC/TZM 接头显微组织

为了进一步分析接头特征区域的元素分布情况,对接头各区进行了 XEDS 分析,结果表明(见表 8 - 8),扩散反应层"1"中出现了 C 和 V 的富集,根据这两种元素的比例关系,推断它们在该区形成了 VC 相;另外,图 8 - 9 也明显给出了 V 的分布情况:钎缝基体区"2"中主要以 Cu 和 Pd 为主,同时含有 13.74% 的 V,表现为残余钎料的成分；TZM 近缝区母材"3"中溶入了少量的 V 和 Cu,生成了以 Mo 为基的固溶体。

表8－8　对应图8－8中接头特征区域的成分

| 微区 | 元素含量/%（原子分数） | | | | | | | 推断物相 |
|---|---|---|---|---|---|---|---|---|
| | C | Ti | V | Cu | Zr | Mo | Pd | |
| 1 | 43.15 | — | 54.63 | 0.29 | — | 1.93 | — | VC |
| 2 | | — | 13.74 | 48.51 | — | | 37.75 | Cu－Pd－V 残余钎料 |
| 3 | — | 0.57 | 4.09 | 3.31 | 1.71 | 89.39 | 0.93 | Mo 的固溶体 |

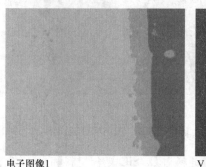 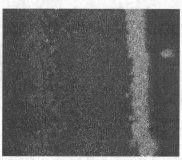

电子图像1　　　　　　　　　　　　　V Ka1

图8－9　Cu－Pd－V 钎料(805#)对应的 $C_f$/SiC/TZM 接头中活性元素 V 的面分布

## 8.2　采用 Au－Pd－Co－Ni－V 系钎料真空钎焊 $C_f$/SiC 复合材料与金属接头

这里选用33#钎料( Au－Pd26－CoNi25－V(6～12))[9]进行 $C_f$/SiC 与 Nb、TZM 和 GH783 的钎焊连接,钎料的使用形式为急冷态钎料箔带。

在1170℃/10min 规范下实现了 $C_f$/SiC/Nb 接头的连接。从低倍组织可以看出(见图8－10),靠近 $C_f$/SiC 的整条钎缝均存在着缺陷。高倍组织中可以清晰看出,靠近 $C_f$/SiC 一侧出现了圆形的碎块状组织,而靠近 Nb 一侧的钎缝完好,出现了白色和灰色相间的组织形貌,靠近 Nb 母材的附近还生成了扩散反应层"1"和"2"。钎缝基体区呈现明显的共晶组织形貌,主要由白色块状组织"4"、"6"和灰色块状组织"5"组成。

表8－9给出了接头特征区域的元素含量,从中可以看出,扩散反应层"1"区中富含 Nb,其中还溶入了少量的 C、Pd、Au、V、Ni 和 Co,说明钎焊过程中 Nb 母材与钎料之间发生原子间的相互扩散,表现为 Nb 母材向钎缝基体中大量溶解,钎缝中元素缓慢向固态 Nb 中扩散,最终形成了以 Nb 为基体的多种化合物相混合的组织。扩散反应层"2"和"1"区相比,Cu、Pd、Nb 的含量有所降低,V、Ni、Co 的含量升

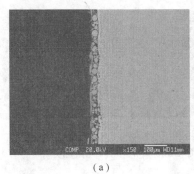 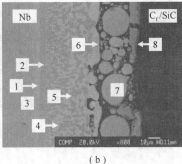

图 8 – 10　$C_f$/SiC/33$^#$钎料/Nb 接头显微组织照片

(a) 低倍；(b) 高倍。

高,推断该区可能形成了 Co – Nb、Ni – Nb 等相。"3"区为近缝区母材,主要由 Nb 组成,其他元素含量很低。钎缝基体区的白色块状相"4"和"6"成分大体相同,主要包含了 C、Pd、Au 和 Nb,生成了较为复杂的化合物相。灰色相"5"中主要包含 Nb、V、Ni 和 Co,Nb 的富集说明了从母材中扩散出的 Nb 主要富集在接头的灰色相中。碎块相"7"中各元素均有所分布。靠近 $C_f$/SiC 母材附近生成了一层薄薄的扩散反应层"8",主要富集了 C 和 Nb,推断生成 Nb – C 相。

表 8 – 9　对应图 8 – 10 中特征区域的成分

| 位置 | 元素含量/%（原子分数） | | | | | | | |
|---|---|---|---|---|---|---|---|---|
| | C | Pd | Au | Si | Nb | V | Ni | Co |
| 1 | 4.4342 | 8.6150 | 13.3318 | 0.0073 | 59.0225 | 2.7067 | 3.9871 | 7.8954 |
| 2 | 4.9889 | 3.4088 | 4.1010 | 0.0424 | 43.8535 | 6.3892 | 11.2353 | 25.9809 |
| 3 | 4.8405 | 0.3321 | 0.8164 | — | 92.7802 | 0.0480 | 0.3041 | 0.8788 |
| 4 | 17.0406 | 25.2768 | 20.3761 | 0.0158 | 24.4282 | 3.1413 | 4.2712 | 5.4502 |
| 5 | 4.2207 | 1.9379 | 3.5663 | 1.0246 | 27.4161 | 12.4640 | 11.1733 | 38.1970 |
| 6 | 11.7293 | 24.8820 | 35.0927 | | 15.4583 | 2.3580 | 4.5417 | 5.9380 |
| 7 | 8.6352 | 14.8920 | 13.8786 | 0.5220 | 30.3426 | 7.0334 | 6.9945 | 17.7016 |
| 8 | 39.5617 | 0.2807 | 0.8166 | 0.0736 | 52.9993 | 5.8179 | 0.1219 | 0.3282 |

从图 8 – 11 给出的接头中两种特征元素 V 和 Nb 面分布图可以看出,V 在靠近 $C_f$/SiC 母材的界面处出现了富集,但该区域的点成分并未显示出 V 的高含量,分析原因可能是由于该区很薄,测试成分时出现误差造成。Nb 在整个接头中均有较高含量的分布,由于与 V 的性质相近,在接头中也充当了活性元素的作用,并且一部分与 C 发生作用生成相应的 Nb – C 等相。

采用 33$^#$钎料在 1170℃/10min 规范下还钎焊了 $C_f$/SiC/TZM 接头。微观分析显示,靠近 $C_f$/SiC 的一侧生成了灰色扩散反应层组织(见图 8 – 12 中"1"),该层中还掺杂有少量白色点状物;钎缝基体区主要由白色组织(见图 8 – 12 中"2")组

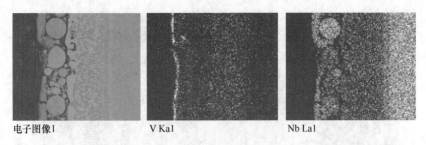

电子图像1        V Ka1        Nb La1

图 8 – 11    33# 钎料对应的 $C_f$/SiC/Nb 接头 V 和 Nb 元素面分布

成,在其靠近"1"区的附近生成了灰白色扩散反应层区"3";靠近 TZM 的一侧形成了由"4"组成的块状组织形貌。总体来看,接头界面结合良好,说明钎料和这两种母材之间相容性较好。

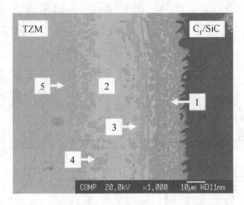

图 8 – 12    $C_f$/SiC/33#/TZM 接头显微组织照片

由接头中特征区域的成分(见表 8 – 10)以及 V 和 Mo 两种元素的面分布(见图 8 – 13)可知,在灰色扩散反应层"1"中主要富集了 C、V 和 Mo,推断这三种元素在该区域形成了 V – C、V – Mo 等相。钎缝基体区中的"2"中同时富集了 Pd、Co、Au、C 和少量的 Ni,主要为残余钎料区。"3"层中出现了 Mo 的富集,说明钎焊过程中 Mo 母材大量向钎缝中溶解,并且扩散过程中整体进行迁移,之后被"2"区阻隔开,扩散出的 Mo 会同 V 一起向 $C_f$/SiC 母材附近扩散,与之发生反应生成相应

电子图像1        Mo La1        V Ka1

图 8 – 13    33# 钎料对应的 $C_f$/SiC/Nb 接头中 V 和 Mo 元素面分布

的化合物相。"4"区中除了 Mo 含量很高以外,还富集了大量的 Co,两种元素在此形成了 Co – Mo 相。"5"区为近缝区母材,主要由 Mo 组成,其中还有少量的材料原始成分 Zr。

表 8 – 10　对应图 8 – 12 中特征区域的成分

| 位置 | 元素含量/%（原子分数） | | | | | | | | | 推断物相 |
|---|---|---|---|---|---|---|---|---|---|---|
| | C | Si | V | Co | Ni | Mo | Pd | Au | Zr | |
| 1 | 60.64 | — | 22.50 | — | | 16.86 | — | — | — | V – C、V – Mo |
| 2 | 25.96 | — | 0.80 | 21.97 | 9.01 | — | 23.80 | 18.47 | — | — |
| 3 | | — | 5.26 | 0.97 | | 92.19 | | | 1.58 | Mo 固溶体 |
| 4 | — | 1.66 | 1.15 | 33.52 | 9.33 | 52.61 | 1.72 | 0.02 | | Co – Mo |
| 5 | — | | — | — | | 98.21 | — | — | 1.79 | Mo 母材 |

　　测试了在 1170℃/10min 规范下采用 33# 钎料获得的 $C_f/SiC/TZM$ 接头的强度,其室温三点弯曲强度达到 165.8MPa,接头强度相对较高。

　　采用 33# 钎料直接进行了 $C_f/SiC$ 与低膨胀高温合金 GH783 真空钎焊连接,图 8 – 14 给出了接头的显微组织。由于 GH783 的热膨胀系数相对较大,导致接头中靠近 $C_f/SiC$ 母材的区域出现了长裂纹。靠近 $C_f/SiC$ 的界面处生成了一层薄薄灰色扩散反应层"1",紧邻该层形成了由白色块状相"4"、灰白色块状相"3"和灰色块状相"2"共同组成的钎缝基体区。靠近 GH783 一侧的钎缝中出现了灰色岛状相"5",其间分布着少量的白色组织。

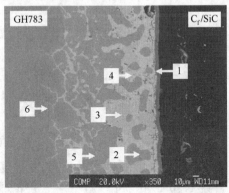

图 8 – 14　$C_f/SiC/33#$钎料/GH783 接头显微组织照片

　　结合接头中特征区域的元素含量(见表 8 – 11)以及 V 元素的面分布(见图 8 – 15)可知,扩散反应层"1"区中富集了大量的 V 和少量的 C,生成了富 V 的 V – C 相;灰色块状相"2"中出现了 C、V、Fe、Co、Ni 的富集,推断这些元素在该区域中形成了复杂的化合物相。灰白色相"3"中主要富集了 Cu 和 Pd,存在形式应为(Cu,Pd)固溶体。白色相"4"中富集了大量的 Cu,Pd 的含量较"3"区减少,Au 的含量明显增多,推断该区域仍以(Cu,Pd)固溶体为主。灰色岛状相"5"的成分与

"2"的成分较为接近,推断应由同种相组成。"6"区为近缝区 GH783 母材,成分接近于基材的成分。

表 8-11   对应图 8-14 中特征区域成分

| 微区 | 元素含量/%(原子分数) | | | | | | | | | | |
|---|---|---|---|---|---|---|---|---|---|---|---|
| | C | Al | V | Cr | Fe | Co | Ni | Cu | Pd | Nb | Au |
| 1 | 18.02 | — | 77.87 | — | — | — | — | 3.26 | 0.84 | — | |
| 2 | 10.53 | — | 18.04 | 1.82 | 15.16 | 24.72 | 18.32 | 4.71 | 4.76 | 0.92 | 1.00 |
| 3 | — | — | — | — | 1.68 | — | 2.54 | 33.59 | 56.88 | — | 5.31 |
| 4 | 8.69 | — | — | — | 2.38 | 1.16 | 2.65 | 49.08 | 21.38 | — | 14.66 |
| 5 | 7.42 | 7.39 | — | 2.73 | 23.86 | 32.28 | 24.57 | — | — | 1.75 | |
| 6 | — | 9.54 | — | 3.03 | 25.83 | 33.25 | 26.32 | — | — | 2.04 | |

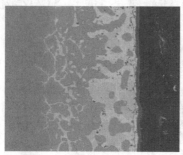

电子图像1                          V Ka1

图 8-15   33#钎料对应的 $C_f/SiC/GH783$ 接头中 V 元素面分布

## 8.3   采用 Cu-Au-Pd-V 系钎料真空钎焊 $C_f/SiC$ 复合材料与金属接头

选用 104#钎料(CuAu-Pd(20~35)-V(6~12))进行 $C_f/SiC$ 与 Nb、TZM 和 GH783 的钎焊连接,钎料的使用形式为轧制薄片,钎料片厚度约为 $100\mu m$。

首先采用 104#钎料在 1170℃/10min 规范下对 $C_f/SiC/Nb$ 进行了钎焊连接。从图 8-16 给出的接头低倍组织可以看出,整个接头界面结合良好,钎缝基体区表现出了明显的共晶组织形貌特征。就整个接头区域而言,主要由三种组织组成,包括灰色块状组织(见图 8-16(b)中"1")、灰色灰白色相间的共晶组织(见图 8-16(b)中"2")和灰白色组织(见图 8-16(b)中"3")组成。

结合接头特征区域成分(见表 8-12)和元素面分布情况(见图 8-17)可知,在钎缝中 V 和 Nb 的分布情况类似,主要分布在"2"区和"3"区中,其中 V 未出现向 $C_f/SiC$ 界面富集情况,说明了钎缝中 Nb 的存在一定程度上抑制了 V 的作用发

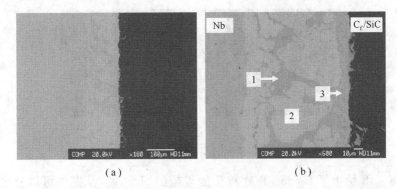

图 8 - 16　Cu - Au - Pd - V 钎料(104$^\#$)获得的 C$_f$/SiC - Nb 接头的显微组织

(a) 低倍;(b) 高倍。

挥,而其自身充当活性元素与 V 一起向 C$_f$/SiC 界面区域扩散。Cu 主要分布在灰色块状相"1"区中,其中含有少量的 Pd 和 Au,推断以 Cu 基固溶体形式存在。Pd 在"2"区和"3"区中分布明显,在"1"区中也有少量分布,而 Au 的分布特征不明显,Pd 和 Au 的存在对提高接头塑性有利。C 和 Si 主要分布在复合材料母材中,在钎缝基体中分布趋势不明显。

表 8 - 12　对应图 8 - 16 中特征区域的成分

| 位置 | 元素含量/%(原子分数) | | | | | | |
|---|---|---|---|---|---|---|---|
| | C | Pd | Au | Si | Nb | V | Cu |
| 1 | 4.5954 | 7.3933 | 7.0250 | 0.1180 | 0.0421 | 0.2753 | 80.5509 |
| 2 | 4.0055 | 30.9431 | 6.6140 | 0.0684 | 24.1542 | 18.0885 | 16.1265 |
| 3 | 13.8883 | 15.0843 | 2.7080 | 0.6691 | 44.7956 | 16.4922 | 6.3626 |

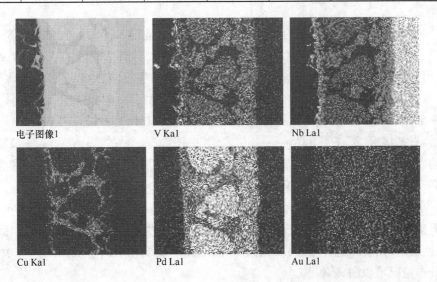

电子图像1　　V Kα1　　Nb Lα1

Cu Kα1　　Pd Lα1　　Au Lα1

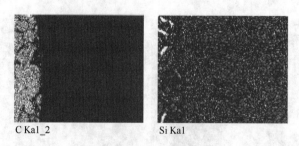

C Ka1_2　　　　　　　　　　　Si Ka1

图 8 – 17　104#钎料对应的 $C_f$/SiC – Nb 接头中元素面分布

图 8 – 18 给出了 $C_f$/SiC/TZM 接头的显微组织照片。从图中可以看出,接头界面结合良好,靠近 $C_f$/SiC 一侧的界面附近生成灰色扩散反应组织,该灰色反应层由连续层"1"和块状层"2"组成;钎缝基体区主要由灰白色基体组织组成,组织单一,未出现块状组织形貌。

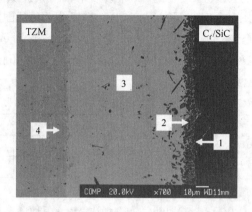

图 8 – 18　Cu – Au – Pd – V 钎料(104#)获得的 $C_f$/SiC – TZM 接头显微组织

为了分析接头中各区域的元素分布情况,对接头进行 XEDS 成分测试,表 8 – 13 给出了对应图 8 – 18 中特征区域的元素含量,从中可以看出,"1"区中出现了 V 的富集,而且富集量超过了 70% ,与 $C_f$/SiC 中的 C 元素发生反应,生成了相应的 V – C 相;紧邻"1"层的灰色块"2"中同样出现了 C 和 V 的富集,但是 V 含量有所降低,被一部分 Mo 所取代,说明该区除了生成 V – C 相以外,还生成了少量的 Mo – C 相;钎缝基体区"3"主要由 Cu 和 Pd 组成,其中还含有少量的 Au、V 和 C,主要物相应为(Cu,Pd)固溶体;"4"区为近缝区 Nb 的母材,其中溶入了一定量的 V 和少量的 Cu、Pd,主要以 Mo 基固溶体形式存在。

从元素 V 和 Mo 的面分布情况来看(见图 8 – 19),两种元素同时向 $C_f$/SiC 母材界面处富集,说明它们在高温下都会与 $C_f$/SiC 发生反应,从而两元素都起到了活性元素作用。但总体来看,Mo 的这种活性作用要弱于 Nb,这从图 8 – 17 中 Nb 的分布情况可以明显看出。

表 8 – 13　对应图 8 – 18 中特征区域的成分

| 位置 | 元素含量/%（原子分数） | | | | | | 推断物相 |
|---|---|---|---|---|---|---|---|
| | C | V | Cu | Mo | Pd | Au | |
| 1 | 25.37 | 70.89 | 0.94 | 2.14 | 0.67 | — | V – C |
| 2 | 29.93 | 49.77 | 4.11 | 13.23 | 2.21 | 0.76 | V – C、Mo – C |
| 3 | 8.36 | 3.15 | 50.43 | — | 26.23 | 11.83 | （Cu,Pd）固溶体 |
| 4 | — | 14.21 | 1.58 | 82.83 | 1.39 | | Mo 基固溶体 |

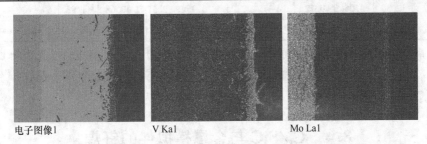

电子图像1　　　　V Ka1　　　　Mo La1

图 8 – 19　104$^#$钎料对应的 C$_f$/SiC – TZM 接头中 V 和 Mo 元素面分布

室温下测试了在 1170℃/10min 钎焊条件下 104$^#$钎料对应的 C$_f$/SiC – TZM 接头的三点弯曲强度,强度值为 129.0MPa。

还尝试采用 104$^#$钎料直接钎焊 C$_f$/SiC/GH783 接头,但界面结合情况不理想,靠近 C$_f$/SiC 的一测出现了贯穿性裂纹。接头的组织形貌（图 8 – 20）与 C$_f$/SiC/33$^#$钎料/GH783 接头类似,主要由灰色块状相"1"和"4"、灰白色相"2"和白色相"3"组成,但靠近 C$_f$/SiC 的界面处未检测到扩散反应层的存在。

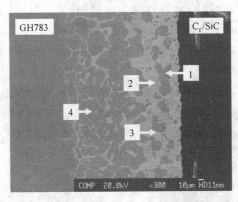

图 8 – 20　Cu – Au – Pd – V 钎料（104$^#$）获得的 C$_f$/SiC – GH783 接头显微组织

从表 8 – 14 给出的接头特征区域元素含量可以看出,靠近 C$_f$/SiC 一侧的灰色块状区"1"中富含 V、Fe、Co、Ni 和少量的 Cu、Pd、C 和 Au,生成了复杂的化合物相;灰白色块状相"2"中富集了大量的 Al、Cu 和 Pd,生成了含 Al 的（Cu,Pd）固溶体;

白色相"3"中出现了 C、Cu、Pd 和 Au 的富集;靠近 GH783 一侧的灰色块状相"4"中 Fe、Co 和 Ni 含量很高,主要由母材溶解造成。

表 8-14　对应图 8-20 中特征区域的成分

| 微区 | 元素含量/%(原子分数) | | | | | | | | | | |
|---|---|---|---|---|---|---|---|---|---|---|---|
| | C | Al | V | Cr | Fe | Co | Ni | Cu | Pd | Nb | Au |
| 1 | 4.91 | — | 17.74 | 1.48 | 17.06 | 25.65 | 19.97 | 5.78 | 5.95 | — | 1.46 |
| 2 | 7.58 | 17.62 | — | — | 1.00 | — | 1.57 | 24.95 | 43.87 | — | 3.40 |
| 3 | 17.30 | 3.06 | 0.72 | — | 2.06 | 0.95 | 2.51 | 47.68 | 11.93 | — | 13.79 |
| 4 | — | 1.88 | 1.95 | 3.44 | 25.56 | 33.37 | 25.34 | 4.31 | 1.66 | 2.49 | — |

最后,采用 104# 钎料在 1170℃/10min 规范下,以 0.2mm 和 0.5mm 两种厚度 TZM 作为中间层进行了 $C_f/SiC$ 与 GH783 的连接,接头的室温三点弯曲强度分别达到 76.8MPa 和 54.8MPa。

## 8.4　$C_f/SiC$ 与金属模拟件的钎焊

目前,关于 $C_f/SiC$ 与金属连接研究的报道陆续增多,但鲜见 $C_f/SiC$ 与金属连接的实际零件的展示与报道,这在一定程度上说明了这种异种材料组合焊接的难度极大,并且对于大尺寸接头的连接难度更大。但是,关于 $C_f/SiC$ 高温连接的应用需求非常明确,针对该材料的连接技术已经成为近几年来钎焊领域的研究热点之一。

针对上述问题,我们采用新研制的高温钎料,成功实现了对 $C_f/SiC$ 与金属接头模拟件的钎焊连接,选择的金属分别为金属 Nb 和 GH783 合金,其中 $C_f/SiC$ 与 Nb 组件的直径为 70mm,初步解决了较大尺寸 $C_f/SiC$ 与金属零件的连接问题。相应的高温钎焊连接技术经过再创新,近期有望在航空、航天等领域获得应用。

(a)　　　　　　　　　　　　　　　(b)

图 8-21　两种 $C_f/SiC$ 与金属的钎焊连接模拟件照片

(a) $C_f/SiC$ 复合材料与 GH783 钎焊组件;(b) $C_f/SiC$ 复合材料与 Nb 钎焊组件。

# 参 考 文 献

[1] 刘志泉,马武军. C/SiC 复合材料推力室应用研究[J]. 火箭推进,2011,37(2):19 - 22.

[2] 邹武,张靡助,张立同. 陶瓷基复合材料在液体火箭发动机上的应用[J]. 固体火箭技术,2000,(2):63 - 67.

[3] 张绪虎,汪翔,贾中华,等. 小推力姿控轨控火箭发动机材料技术研究现状[J]. 导弹与航天运载技术,2005,(6):32 - 37.

[4] Jiménez C,Mergia K,Moutis N V,et al. Joining of C$_f$/SiC ceramics to nimonic alloys. Journal of Materials Engineering and Performance,2012,21:683 - 689.

[5] Shen Y X,Li Z L,Hao C Y,Zhang J S. A novel approach to brazing C/C composite to Ni - based superalloy using alumina interlayer. Journal of the European Ceramic Society,2012,32:1769 - 1774.

[6] 杨振文,张丽霞,刘玉章,等. TiAl 合金与 C/SiC 复合材料钎焊接头界面组织和性能[J]. 焊接学报,2011,32(3):65 - 68.

[7] 熊华平,陈波,程耀永,等. 一种用于 C$_f$/SiC 复合材料与变形高温合金钎焊的方法:中国,201010266689. 4 [P]. 2010 - 8 - 31.

[8] 熊华平,陈波,赵海生,程耀永,等. 一种用于 Si$_3$N$_4$ 陶瓷、C$_f$/SiC 复合材料钎焊的铜钯基高温钎料:中国,201010266696. 4[P]. 2012 - 06 - 27.

[9] 熊华平,陈波,李晓红,等. 一种用于 C$_f$/SiC 复合材料钎焊的钯钴金基高温钎料:中国,201010266697. 9 [P]2012 - 06 - 27.

[10] 熊华平,陈波,李晓红,等. 一种用于 C$_f$/SiC 复合材料钎焊的钯铜金基高温钎料:中国,201010266690. 7 [P]. 2012 - 12 - 5.

[11] Heck K A,Smith J S,Smith R. Inconel alloy 783:an oxidation - resistant,low expansion superalloy for gas turbine application,Journal of Engineering for Gas Turbines and Power,1998,120(2):363 - 369.

[12] 贾新云,赵宇新. 长期时效对低膨胀高温合金 GH783 组织与性能的影响[J]. 航空材料学报,2006,26 (4):14 - 17.

# 第9章  氮化铝陶瓷的高温钎焊

氮化铝陶瓷(AlN)具有高热导率、低介电常数和低介电损耗等优良物理性能，其膨胀系数与 Si 相近，介电性能与 $Al_2O_3$ 陶瓷相近，是高密度和高性能电子封装领域的一种理想基板材料[1]。另外，AlN 由于具有良好的散热性能、高电气绝缘性能，还可用于制备耐磨构件、热交换器、防弹装甲板、火箭发动机燃烧室喉衬和内衬等，因此在航空、航天、电子、通信等领域得到应用[2,3]。

AlN 在各领域的实际应用中，必然会遇到连接问题，包括自身的连接及其与金属的连接。但是，AlN 是一种具有六方纤锌结构的共价晶体，本身化学性质稳定，并且绝缘，因此无法通过常规的焊接方法实现其连接。在众多焊接方法中，钎焊、扩散焊是可实现陶瓷及陶瓷复合材料可靠连接的有效方法。就钎焊而言，钎料的选择及成分设计是陶瓷连接的难点之一。

国内学者鲁燕萍等[4,5]封接微波管输能窗时，在 AlN 表面溅射了不同组合的金属薄膜，之后采用 AgCu 共晶钎料对 AlN 与金属进行了钎焊连接，结果表明，采用 Ti 膜 + Cu 膜 + 电镀 Ni、Ti 膜 + Mo 膜 + 电镀 Ni 及 Ti 膜 + 电镀 Ni 可实现结构的封接，满足气密要求的同时接头强度也较高。一些学者进行了 AlN 陶瓷与金属的连接研究[6-10]，其中朱胜等[6]研究了 AlN 与 Cu 的软钎焊，首先在 AlN 表面射频溅射 Ti 膜，之后采用 SnPb40 软钎料实现了 AlN 与 Cu 的连接，接头剪切强度达到 26MPa，满足了使用要求。此外，朱胜等还采用活性钎料对溅射有 Ti 膜或 Al 膜的 AlN 分别与 Cu、FeNi42 进行了钎焊连接，接头具有较高的强度水平，其中 AlN/Al/AgCuInTi/Cu 和 AlN/Ti/AgCuInTi/Cu 两种接头最高剪切强度分别为 127MPa 和 120MPa，AlN/Al/AgCuInTi/FeNi42 和 AlN/Ti/AgCuInTi/FeNi42 两种接头最高剪切强度分别达到 176MPa 和 135MPa[7]。从现有文献报道来看，国内关于 AlN 陶瓷连接的研究还不充分。

相比而言，国外关于 AlN 的连接研究开展的相对较早。A. Kara – slimane 等[11]分别以 Cu、Al 作为中间层成功对 AlN 自身及其与不锈钢进行了扩散焊连接，另外还采用 AgCu、AgCuTi 钎料对 AlN/不锈钢进行了钎焊连接，详细研究了焊接工艺对接头组织及性能的影响。J. Jarrige 等[12]和 M. Barlak 等[13,14]首先对被焊的 AlN、Cu 表面进行氧化处理，两种材料表面分别生成 $Al_2O_3$ 和 $Cu_2O$，之后对它们进行连接，结果表明母材表面生成的氧化物可有效促进 Cu 在 AlN 表面的润湿，并形成牢固接头。为了获得更高强度的接头，M. H. El – sayed 等[15]采用厚度为 $20\mu m$

和 50μm 的纯 Ti 箔作为中间层对 AlN 自身进行了扩散焊研究,连接规范为 1050℃ ~ 1200℃/7. 2ks ~ 72ks/7. 26MPa,其中在 1200℃/28. 8ks 规范下的接头强度最高,达到 120MPa,随着保温时间延长接头强度呈现下降趋势。另外,一些学者[16,17]分别针对单晶 Si 与 AlN、SiC 与 AlN 进行了连接,分析了接头界面组织,但未给出接头强度报道。

综上所述,国内外针对 AlN 陶瓷开展了有限的研究工作,而且研究大多集中在中低温的钎焊扩散焊上,而对于高温钎焊的连接研究报道极少。本章选用几种自主研发的高温钎料,开展了 AlN 陶瓷的高温钎焊研究,为该陶瓷的工程应用提供高温钎焊技术储备。

## 9.1　几种高温钎料对 AlN 陶瓷的润湿性研究

由于 AlN 陶瓷中 Al 与 N 通过共价键结合,本身化学性质十分稳定,很难与常规钎料发生相互作用。为了有效连接该材料,通常可以通过两种途径解决钎料的润湿难题:一种是对 AlN 表面进行金属化处理,如在其表面溅射一层 Ti、Ag、Ni 等金属薄膜,之后采用常规钎料进行连接;另一种途径是采用含有活性元素的钎料直接进行 AlN 自身或其与金属的连接。

本章中选用了几种含有活性元素 V 的高温钎料,通过高温下 V 与 AlN 的反应来达到钎料润湿的目的。

表 9 – 1 中给出了几种钎料的具体成分,这些钎料基体成分包含有 Au、Pd、Cu、Co、Ni 中的两种或多种元素,其中 Au、Cu、Pd 等具有优良的塑性,以它们作为基体可以增加钎料的塑性,对缓解接头残余热应力有利。另外,在钎料中添加少量的Co 和 Ni,可一定程度上提高接头的耐温能力。

采用座滴法[18]测试了几种高温活性钎料在 AlN 陶瓷上的润湿性,加热条件为1200℃/20min,钎料成分及润湿角度见表 9 – 1,润湿试样照片见图 9 – 1。从润湿

表 9 – 1　几种高温钎料在 AlN 陶瓷上的润湿情况

| 钎料编号 | 钎料名义成分/%(质量分数) | 润湿角/(°) |
|---|---|---|
| 006# | Cu – Pd(35 ~ 45) – V(6 ~ 12) | 101 |
| 805# | Cu – Pd(22 ~ 32) – V(6 ~ 12) | 92 |
| 13# | Pd – Co33. 7 – Ni4 – Si2 – B0. 7 – V9. 6 | 44 |
| 104# | Cu Au – Pd(20 ~ 35) – V(6 ~ 12) | 58 |
| 33# | Au – Pd26 – CoNi25 – V(6 ~ 10) | 87 |
| 1320# | Pd – Co28. 8 – Au16. 5 – Ni3. 5 – V8. 0 | — |
| 1340# | Au – Pd32. 4 – Co21. 6 – Ni7. 0 – V6. 0 | 72 |

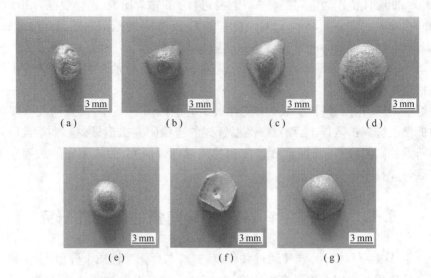

图 9 - 1　几种高温钎料在 AlN 陶瓷上的润湿照片

(a) 006#;(b) 805#;(c) 13#;(d) 104#;(e) 33#;(f) 1320#;(g) 1340#。

结果看,虽然这些钎料对应的润湿角度相对较大,但钎料并未凝聚成球体,均与 AlN 母材发生了反应,连接界面处形成了冶金结合,所以认为这些钎料能够作为连接 AlN 陶瓷的候选钎料。

选取了一种 Cu – Pd – V 系钎料(006#)和一种 Au – Pd – Co – Ni – V 系钎料 (33#),观察了钎料在加热及后续保温过程中在 AlN 陶瓷上润湿角的动态变化情况。图 9 – 2 和图 9 – 3 分别给出了升温过程中两种钎料润湿角随温度变化的曲线以及保温过程中润湿角随时间变化的曲线。可见,Cu – Pd – V 钎料(006#)在开始熔化至保温开始阶段随着温度的升高润湿角先增大再减小,保温段随着时间的延长

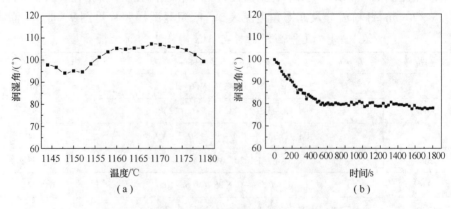

图 9 - 2　Cu – Pd – V 钎料(006#)在 AlN 上的动态润湿性

(a) 润湿角随温度变化;(b) 润湿角随时间变化。

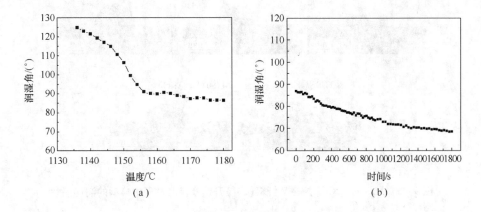

图 9 - 3　Au - Pd - Co - Ni - V 钎料(33#)在 AlN 上的动态润湿性

(a) 润湿角随温度变化;(b) 润湿角随时间变化。

润湿角度进一步减小,最后达到稳定值 77.5°。而 Au - Pd - Co - Ni - V 钎料(33#)在加热过程及保温过程中润湿角一直呈现持续减小的趋势,当 1180℃保温 30min 后,润湿角减小至 67.5°,并呈现继续减小的趋势。

图 9 - 4 和图 9 - 5 分别给出了 Cu - Pd - V 钎料(006#)和 Au - Pd - Co - Ni - V 钎料(33#)升温及保温过程中典型的润湿照片,可明显观察到,两种钎料在升温阶段原始的尖角逐渐钝化,钎料中心向上隆起;保温阶段随着保温时间的延长钎料表面变得圆滑,同时润湿角呈现下降趋势。

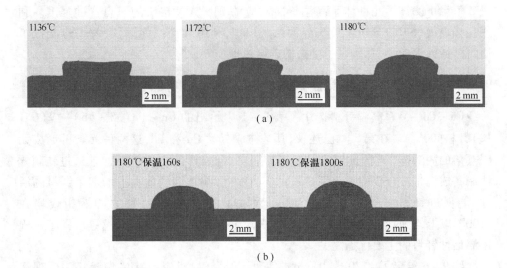

图 9 - 4　Cu - Pd - V 钎料(006#)升温及保温过程中典型的润湿形貌

(a)升温段;(b)保温段。

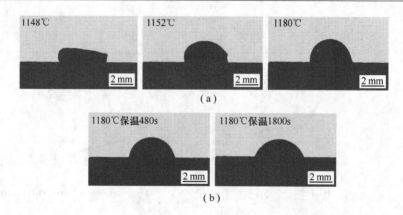

图 9 - 5　Au - Pd - Co - Ni - V 钎料(33#)升温及保温过程中典型的润湿照片
(a)升温段；(b)保温段。

## 9.2　AlN 陶瓷自身的高温钎焊连接

选用对应表 9 - 1 中的 Cu - Pd(35 ~ 45) - V(6 ~ 10)(006#)、CuAu - Pd(20 ~ 35) - V(6 ~12)(104#)、Au - Pd26 - CoNi25 - V(6 ~10)(33#)和 Au - Pd32. 4 - Co21. 6 - Ni7. 0 - V6. 0(1340#)四种钎料对 AlN 自身进行了钎焊连接。将 AlN 陶瓷加工成 3mm × 4mm × 20mm 的条形试样,性能试样采用对接形式,其中 3mm × 4mm 的面为被焊面,钎焊时选用了上述的006#、104#、33#和1340#四种钎料,对应的钎焊规范为 1170℃/10min。

室温下测试了几种体系高温钎料对应的 AlN/AlN 接头的三点弯曲强度。利用扫描电镜(SEM)分析了接头界面微观组织,利用 X 射线能谱仪(XEDS)测试了微观区域元素含量,并研究了接头的连接机理。

### 9.2.1　Cu - Pd - V 系高温钎料对 AlN 陶瓷自身的钎焊连接

Cu - Pd - V 系高温钎料选用了表 9 - 1 中给出的 Cu - Pd(35 ~ 45) - V(6 ~ 12)钎料(006#)。在第 3 章已述及,其基体成分为 Cu 和 Pd,这两种元素可形成无限互溶的固溶体[19],因此以 Cu - Pd 为基体的合金具有优良的塑性,能通过轧制方法制备成箔带。合金中加入了少量的 V,在不影响塑性的前提下增加了钎料的活性,能促进钎料润湿陶瓷母材及填充焊缝。另外,006#钎料的固液相线均在 1100℃以上,高的熔点可保证钎料在中高温下仍具有较高的强度,这是区别于常规中温活性钎料的主要优点之一。

图 9 - 6 给出了 1170℃/10min 规范下 006#钎料对应的 AlN 陶瓷接头微观组织,可明显观察到,钎缝基体区主要由白色基体组织“1”以及灰色相“2”、灰黑色碎块相“3”组成,在 AlN 与钎料的界面处生成了一层灰色扩散反应层“4”,该层的形

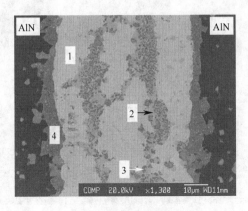

图 9 – 6　采用 Cu – Pd – V 钎料(006#)获得的 AlN/AlN 接头显微组织

成说明钎料与陶瓷母材发生了反应,形成了冶金结合。

根据表 9 – 2 中给出的接头特征区域成分可知,钎缝基体区的白色组织"1"中含有大量的 Al、Cu 和 Pd,推断该区域生成了(Cu,Pd)固溶体等相;灰色相"2"中出现了 Cu 的富集,并且含有少量的 Pd,主要以 Cu 基固溶体形式存在;灰黑色碎块相"3"与扩散反应层"4"均由 V 的 N 组成,根据二者含量比例推断应形成 $V_2N$ 相。

表 9 – 2　对应图 9 – 6 中特征区域的成分

| 微区 | 元素含量/%（原子分数） | | | | | | 推断物相 |
| --- | --- | --- | --- | --- | --- | --- | --- |
| | Al | N | Au | Cu | V | Pd | |
| 1 | 20.4117 | — | 1.9985 | 33.9365 | 0.1533 | 43.4999 | (Cu,Pd)固溶体 |
| 2 | 1.3023 | — | 1.9429 | 84.6232 | 1.6062 | 9.5253 | Cu 基固溶体 |
| 3 | 1.6255 | 30.6877 | 0.9351 | 6.1161 | 56.7454 | 3.8902 | $V_2N$ |
| 4 | 0.5305 | 36.9317 | 0.3437 | 1.9436 | 59.0972 | 1.1532 | $V_2N$ |

分析了接头中各元素的面分布情况,见图 9 – 7。Al 在接头中的白色区域分布明显,同时该区域也集中了大量的 Pd;V 和 N 在钎缝中的分布趋势相一致,这更加证实了两者形成二元化合物的可能性;Cu 在整个钎缝中分布相对均匀,但在灰色相中略有富集。

目前关于 AlN 与活性元素 Ti 的作用机理研究相对较多,还缺乏 AlN 与 V 的作用机理分析[20,21]。为了进一步确定 AlN/Cu – Pd – V 钎料(006#)/AlN 接头中的确切物相,采用 X 射线衍射仪对接头断口进行了 X 射线衍射分析。结果表明,在接头断面区域检测到了 AlN、$V_2N$ 和 $Cu_3Pd$ 相的存在,该结果基本与能谱中推断的物相结果相吻合,进一步验证了元素 V 的活性作用。

从表 9 – 3 给出的 Cu – Pd – V 钎料(006#)对应的 AlN/AlN 接头室温三点弯曲强度可见,强度平均值达到了 146.3MPa,具备了较高性能水平。

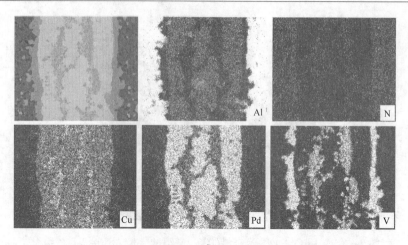

图 9 - 7　采用 Cu - Pd - V 钎料(006#)获得的 AlN/AlN 接头元素面分布

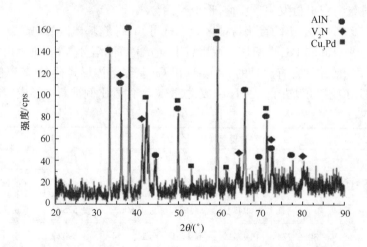

图 9 - 8　AlN/Cu - Pd - V 钎料(006#)/AlN 接头断口的 XRD 结果

表 9 - 3　Cu - Pd - V 钎料(006#)对应的 AlN/AlN 接头室温三点弯曲强度

| 试样编号 | 三点弯曲强度/MPa | 平均值/MPa |
|---|---|---|
| AlN006 - 02 | 121.3 | |
| AlN006 - 03 | 175.0 | 146.3 |
| AlN006 - 04 | 142.5 | |

## 9.2.2　CuAu - Pd - V 系高温钎料对 AlN 陶瓷自身的钎焊连接

在 Cu - Pd - V 钎料的基础上,加入一定量的 Au 可提高钎料的抗氧化性,同时增加钎料的塑性。本章中选用的 CuAu - Pd - V 系钎料对应编号为 104#,名义成分为 CuAu - Pd(20 ~ 35) - V(6 ~ 12)(见表 9 - 1)。

图 9-9 给出了 1170℃/10min 规范下 104# 钎料对应的 AlN 陶瓷接头微观组织,可以明显看出,钎缝基体区主要由白色相"1"以及灰色基体组织"2"组成,在 AlN 母材与钎料的界面处生成了连续的灰色扩散反应层"3",说明钎料与陶瓷母材发生了适度的界面反应。与 Cu-Pd-V 对应的接头组织相比,钎缝基体区未形成带状组织,这对接头性能可能有一定的影响。

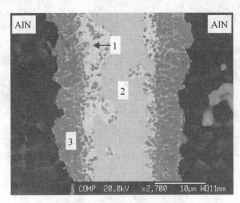

图 9-9　采用 CuAu-Pd-V 钎料(104#)获得的 AlN/AlN 接头显微组织

结合接头中特征区域成分(见表 9-4)及元素面分布(见图 9-10),靠近 AlN 母材界面处的灰色扩散反应层中主要富集了 V 和 N,二者形成了 V-N 化合物,根据元素含量比例,推断 V-N 应为 $V_2N$;钎缝基体区的白色相"1"以 Cu 含量为主,并含有约 20% 的 Au,主要以(Cu,Au)基固溶体形式存在;Pd 主要富集在灰色基体组织"2"中,同时该区还含有较多的 Al 和 Cu,主要生成了(Cu,Pd)固溶体。

表 9-4　对应图 9-9 中特征区域的成分

| 微区 | 元素含量/%（原子分数） | | | | | | 推断物相 |
| --- | --- | --- | --- | --- | --- | --- | --- |
| | Al | N | Au | Cu | V | Pd | |
| 1 | 1.6463 | — | 19.8642 | 72.2506 | 1.2603 | 3.7568 | (Cu,Au)基固溶体 |
| 2 | 26.8668 | — | 4.9877 | 25.4785 | 0.4144 | 40.9446 | (Cu,Pd)固溶体 |
| 3 | 1.7752 | 34.6258 | 1.5742 | 2.3586 | 59.4144 | 0.2518 | $V_2N$ |

对 AlN/CuAu-Pd-V 钎料(104#)/AlN 接头断口进行了 X 射线衍射分析,结果表明,与 AlN/006#/AlN 接头类似,同样在接头断面区域检测到了 AlN、$V_2N$ 和 $Cu_3Pd$ 相的存在。

表 9-5 给出了 CuAu-Pd-V 钎料(104#)对应的 AlN/AlN 接头室温三点弯曲强度,接头数据较为稳定,弯曲强度平均值达到 164.0MPa,略高于 Cu-Pd-V 钎料(006#)对应的接头强度。从接头断裂情况(图 9-12)来看,接头的开裂位置位于靠近焊缝附近的 AlN 陶瓷母材内部,呈现内聚型开裂特征。

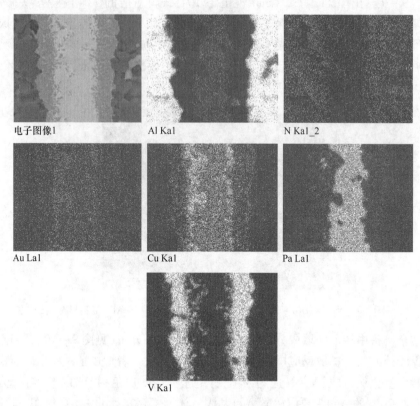

图 9 - 10 采用 CuAu - Pd - V 钎料(104#)获得的 AlN/AlN 接头元素面分布

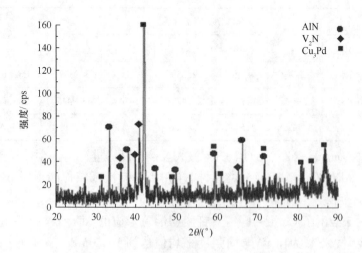

图 9 - 11 AlN/CuAu - Pd - V 钎料(104#)/AlN 接头断口的 XRD 结果

表 9 - 5　CuAu - Pd - V 钎料(104#)钎料对应的 AlN/AlN 接头室温三点弯曲强度

| 试样编号 | 三点弯曲强度/MPa | 平均值/MPa |
|---|---|---|
| AlN104 - 01 | 166.3 | |
| AlN104 - 02 | 138.6 | 164.0 |
| AlN104 - 05 | 187.0 | |

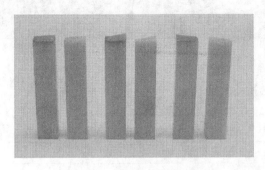

图 9 - 12　AlN/CuAu - Pd - V 钎料(104#)/AlN 接头断裂形貌

## 9.2.3　Au - Pd - Co - Ni - V 系高温钎料对 AlN 陶瓷自身的钎焊连接

我们还选用了两种 Au - Pd - Co - Ni - V 系高温钎料,编号分别为 33# 和 1340#,钎料名义成分分别为 Au - Pd26 - CoNi25 - V(6 ~10) 和 Au - Pd32.4 - Co21.6 - Ni7.0 - V6.0(见表 9 - 1)。钎料中 Au、Pd、Co 的含量相对较高,目的是为了提高钎料的塑性及高温性能,在此基础上添加一定含量的 Ni 和 V,保证必要的界面反应。该体系钎料可以通过轧制和急冷两种方法制备成箔带。

图 9 - 13 给出了 1170℃/10min 规范下两种 Au - Pd - Co - Ni - V 系高温钎料对应的 AlN/AlN 接头显微组织,可见两种接头界面均结合良好,并且都在靠近陶瓷母材的界面处生成灰黑色的块状反应层,分别见图 9 - 13(a)中"4"和(b)中"8";钎缝中心区均由灰色块状相(图 9 - 13(a)中"3"和(b)中"7")和灰白色相(图 9 - 13(2)中"4"和(b)中"6")组成;另外,靠近灰黑色扩散反应层附近还生成了少量的白色相(图 9 - 13(2)中"1"和(b)中"5")。

测试了 AlN/Au - Pd - Co - Ni - V 钎料(33#)/AlN 接头的特征区域成分及元素面分布,分别见表 9 - 6 和图 9 - 14,从中可以看出,界面处灰黑色扩散反应层中主要富集了 V 和 N,根据二者比例推断生成了 $V_2N$ 相;钎缝中心的灰色块状相中出现 Co 与 Ni 的富集,这两种元素以固溶体形式存在;灰白色相中 Pd 的含量超过 50%(原子分数),另外还含有较大量的 Al 和 Au;分布在界面扩散反应层附近的白色相中富集了大量的 Au,以 Au 基固溶体形式存在。

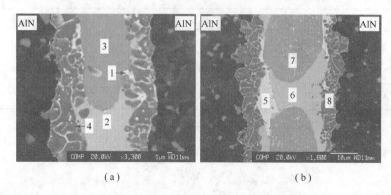

图 9 – 13　两种 Au – Pd – Co – Ni – V 系高温钎料对应的 AlN/AlN 接头显微组织
(a) AlN/33$^{\#}$/AlN 接头；(b) AlN/1340$^{\#}$/AlN 接头。

表 9 – 6　AlN/Au – Pd – Co – Ni – V 钎料(33$^{\#}$)/AlN 接头中特征区域的成分

| 微区 | 元素含量/%（原子分数） | | | | | | | 推断物相 |
| --- | --- | --- | --- | --- | --- | --- | --- | --- |
| | Al | N | Au | V | Pd | Co | Ni | |
| 1 | 2.2357 | — | 76.9326 | 5.9478 | 3.8634 | 4.2968 | 6.7237 | Au 基固溶体 |
| 2 | 31.4663 | — | 14.2524 | 0.3204 | 50.6477 | 1.3738 | 1.9393 | 富 Pd 区 |
| 3 | 0.5513 | — | 4.6162 | 6.5988 | 1.7969 | 66.083 | 20.3538 | CoNi 固溶体 |
| 4 | 0.4167 | 30.2264 | 1.9964 | 67.1005 | 0.074 | 0.1231 | 0.063 | V$_2$N |

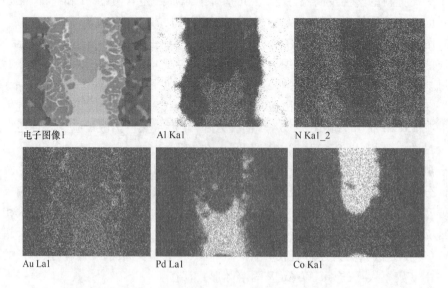

电子图像1　　Al Ka1　　N Ka1_2

Au La1　　Pd La1　　Co Ka1

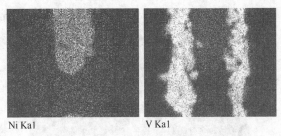

Ni Ka1　　　　　V Ka1

图 9 – 14　采用 Au – Pd26 – CoNi25 – V(6 ~ 10)

钎料(33#)获得的 AlN/AlN 接头元素面分布

从表 9 – 7 给出的两种 Au – Pd – Co – Ni – V 高温钎料对应的 AlN/AlN 接头室温强度可见,两种钎料对应接头三点弯曲强度均超过了 160MPa。

表 9 – 7　两种 Au – Pd – Co – Ni – V 高温钎料对应的

AlN/AlN 接头室温三点弯曲强度

| 试样编号 | 对应钎料 | 三点弯曲强度/MPa | 平均值/MPa |
|---|---|---|---|
| AlN33 – 02 | 33# | 170.0 | 162.7 |
| AlN33 – 04 | | 169.0 | |
| AlN33 – 05 | | 149.0 | |
| AlN1340 – 01 | 1340# | 165.8 | 170.0 |
| AlN1340 – 02 | | 168.2 | |
| AlN1340 – 03 | | 168.8 | |

## 9.3　AlN 陶瓷与 Mo 合金的高温钎焊探索研究

在本书的前面章节中重点研究过以 Mo 合金作为中间层来缓解陶瓷或陶瓷复合材料与金属接头中的残余热应力,并取得了较好的缓解效果,因此本章中同样选用 Mo 合金(牌号:TZM)作为被连接材料,探索研究 AlN 陶瓷与 TZM 的钎焊界面冶金行为。钎料分别选为 Cu – Pd – V 钎料(006#)、Cu – Au – Pd – V 钎料(104#)和两种 Au – Pd – Co – Ni – V 钎料(33# 和 1340#),对应的钎焊规范均为1170℃/10min。

### 9.3.1　Cu – Pd – V 系高温钎料对 AlN/TZM 的钎焊连接

图 9 – 15 给出了 1170℃/10min 钎焊规范下采用 Cu – Pd – V 系 006#钎料获得的 AlN/TZM 接头显微组织,从中可见,由 AlN 到 TZM 之间出现明显的分层组织(分别见图 9 – 15 中"1""2"和"3"),靠近 AlN 母材附近生成了灰黑色扩散反应层

"1",该层的形成说明了钎料中的活性元素 V 发挥了作用,与陶瓷母材反应并促进钎料润湿。

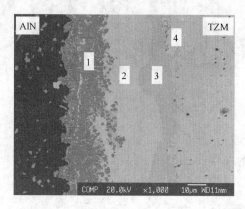

图 9-15　采用 Cu-Pd-V 钎料(006#)获得的 AlN/TZM 接头显微组织

测试了接头中特征区域元素含量以及元素面分布,表 9-8 和图 9-16 分别给出了 AlN/Cu-Pd-V 钎料(006#)/TZM 接头中特征区域成分以及元素面分布。从中可见,靠近 AlN 母材附近的灰黑色扩散反应层"1"中出现了 V 和 N 的富集,两者相互作用生成 $V_2N$ 相;另外,还有少量的 V 向 TZM 母材中扩散,生成了(Mo,V)固溶体。钎缝基体区域主要由 Cu 和 Pd 组成,其中白色区域"2"中 Cu 和 Pd 的比例相当,灰色区域中 Cu 和 Pd 的比例接近 3:1,推断生成了 $Cu_3Pd$ 相。同时,母材中的 Al 和 Mo 也部分向钎缝中扩散。

表 9-8　AlN/Cu-Pd-V 钎料(006#)/TZM 接头中特征区域的成分

| 位置 | 元素含量/%(原子分数) | | | | | | | 推断物相 |
|---|---|---|---|---|---|---|---|---|
| | N | Al | V | Cu | Mo | Pd | Au | |
| 1 | 27.96 | — | 69.10 | 0.42 | 1.34 | 0.39 | 0.79 | $V_2N$ |
| 2 | — | 9.74 | 0.65 | 40.47 | — | 46.26 | 1.88 | Cu-Pd |
| 3 | — | 1.42 | 1.40 | 70.41 | — | 24.92 | 1.85 | $Cu_3Pd$ |
| 4 | — | 0.69 | 17.52 | 4.39 | 70.75 | 4.87 | 1.79 | (Mo,V)固溶体 |

## 9.3.2　CuAu-Pd-V 系高温钎料对 AlN/TZM 的钎焊连接

图 9-17 给出了 1170℃/10min 钎焊规范下采用 CuAu-Pd-V 系 104# 钎料获得的 AlN/TZM 接头显微组织。从图中可以看出,靠近 AlN 母材附近生成了灰黑色扩散反应层"1",钎缝基体中主要由灰黑色块状相、灰色块状相"2"和灰白色块状相"3"组成。

结合表 9-9 给出的 AlN/CuAu-Pd-V 钎料(104#)/TZM 接头中特征区域成分及图 9-18 给出的元素面分布可见,靠近 AlN 母材附近的灰黑色扩散反应层

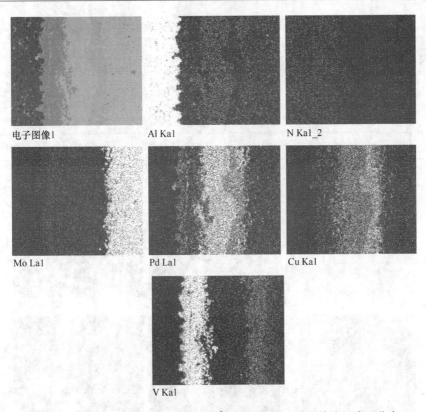

电子图像1　　　　　Al Ka1　　　　　N Ka1_2

Mo La1　　　　　Pd La1　　　　　Cu Ka1

V Ka1

图 9 - 16　采用 Cu – Pd – V 钎料(006#)获得的 AlN/TZM 接头元素面分布

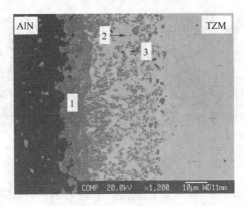

图 9 - 17　采用 CuAu – Pd – V 钎料(104#)获得的 AlN/TZM 接头显微组织

"1"中富集了 N 和 V,二者在此生成 V – N 化合物,根据 V 的面分布情况,该元素除了在"1"区中富集外,在钎料基体区的灰黑色块状相中同样富集,说明 V – N 化合物在陶瓷母材呈现集中分布,而在钎缝基体中呈现弥散分布;在钎缝基体的灰色相"2"中出现了 Cu 和 Pd 的富集,其中还含有一定量的 Al;白色块状相"3"中主要含有 Cu 和 Au,两种元素以(Cu,Au)固溶体形式存在。

表9-9　AlN/CuAu-Pd-V钎料(104#)/TZM接头中特征区域的成分

| 位置 | 元素含量/%（原子分数） | | | | | | | 推断物相 |
|---|---|---|---|---|---|---|---|---|
| | N | Al | V | Cu | Mo | Pd | Au | |
| 1 | 38.50 | — | 57.7 | 1.14 | 0.42 | 0.36 | 2.30 | V-N |
| 2 | — | 15.13 | 1.15 | 32.05 | — | 42.34 | 9.33 | Cu-Pd |
| 3 | — | 0.68 | 1.69 | 62.67 | — | 11.30 | 23.66 | (Cu,Au)固溶体 |

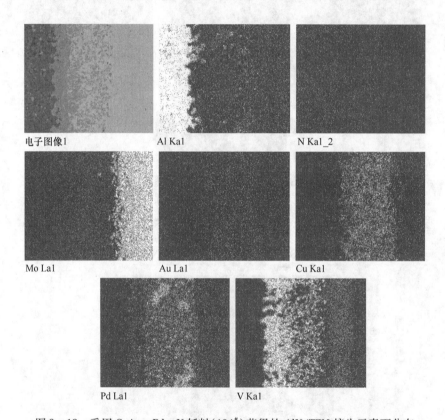

电子图像1　　Al Ka1　　N Ka1_2

Mo La1　　Au La1　　Cu Ka1

Pd La1　　V Ka1

图9-18　采用CuAu-Pd-V钎料(104#)获得的AlN/TZM接头元素面分布

### 9.3.3　Au-Pd-Co-Ni-V系高温钎料对AlN/TZM的钎焊连接

采用两种Au-Pd-Co-Ni-V系高温钎料对AlN/TZM进行了钎焊连接,这两种钎料成分分别为Au-Pd26-CoNi25-V(6~10)(33#)和Au-Pd32.4-Co21.6-7Ni-V6(1340#)(见表9-1),钎焊规范为1170℃/10min。接头微观组织见图9-19,两种接头靠近AlN母材的界面处均形成了黑色扩散反应层,其中还含有少量的白色点状化合物。接头中心区主要由不同颜色的块状组织组成,但两种接头的块状组织形貌及分布有所区别。

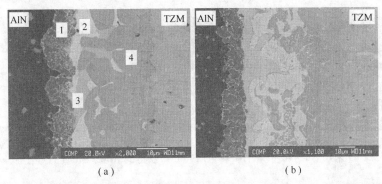

(a)　　　　　　　　　　　　(b)

图 9-19　两种 Au-Pd-Co-Ni-V 系高温钎料对应的 AlN/TZM 接头显微组织

(a) AlN/33#钎料/TZM 接头；(b) AlN/1340#钎料/TZM 接头。

对 AlN/Au-Pd-Co-Ni-V 钎料(33#)/TZM 接头进行了分析。表 9-10 和图 9-20 分别给出了 AlN/33#/TZM 接头中特征区域元素含量及元素面分布,从中可见,扩散反应层"1"区中主要富集 V 和 N,生成 V-N 相;Au 主要分布在钎缝白色块状相"2"中,以 Au 基固溶体形式存在;Pd 集中分布在钎缝的灰色相"3"中,在此与 Al 相互作用生成 Al-Pd 相;在钎缝灰色基体区"4"中出现了 Co 和 Mo 的同时富集,且二者比例相当,推断生成了 Co-Mo 相。

表 9-10　AlN/Au-Pd-Co-Ni-V 钎料(33#)/TZM 接头中特征区域的成分

| 位置 | 元素含量/%（原子分数） | | | | | | | | 推断物相 |
|---|---|---|---|---|---|---|---|---|---|
| | N | Al | V | Co | Ni | Mo | Pd | Au | |
| 1 | 44.27 | 0.46 | 45.49 | 1.05 | | 1.02 | 1.87 | 5.86 | V-N |
| 2 | — | 3.44 | 0.68 | 7.14 | 0.07 | 7.28 | 16.20 | 65.19 | Au 基固溶体 |
| 3 | — | 28.79 | 0.25 | 1.68 | 1.23 | 0.13 | 54.96 | 12.96 | Al-Pd |
| 4 | — | 0.01 | 4.1 | 41.19 | 9.76 | 39.02 | 1.72 | 4.2 | Co-Mo |

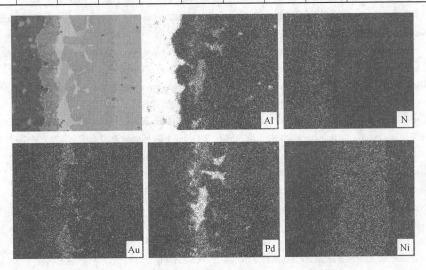

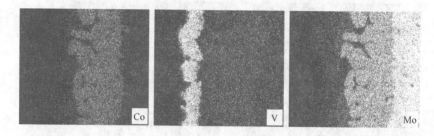

图 9 - 20　采用 Au - Pd - Co - Ni - V 钎料(33#)获得的 AlN/TZM 接头元素面分布

# 参 考 文 献

[1] 张兆生,卢振亚,陈志武.电子封装用陶瓷基片材料的研究进展[J].材料导报,2008,22(11):16 - 20.

[2] 李清涛,吴清仁,孙创奇,等.高热导率 AlN 陶瓷材料制备与应用进展[J].陶瓷学报,2007,28(1):57 - 64.

[3] 秦明礼,曲选辉,林健凉,等.氮化铝陶瓷研究和发展[J].稀有金属材料与工程,2002,31(1):8 - 12.

[4] 鲁燕萍,高陇桥.AlN 陶瓷的薄膜金属化及其与金属的焊接研究[J].真空科学与技术,2000,20(3):190 - 193.

[5] 鲁燕萍.AlN 陶瓷的 Ti - Ag - Cu 活性封接工艺[J].真空科学与技术,2002,22(4):293 - 295.

[6] 朱胜,徐滨士.氮化铝陶瓷与铜的软钎焊接头的研究.第九届全国高速分析学术年会论文集,2004,98 - 101.

[7] Zhu S,Wlosinski W. Joining of AlN ceramic to metals using sputtered Al or Ti film [J]. Journal of Materials Processing Technology,2001,109(3):277 - 282.

[8] 李子曦,秦明礼,曲选辉.Ag20 - Cu28 - Ti2 活性钎料真空钎焊 AlN - Cu 的研究[J].真空电子技术,2008,(1):40 - 44.

[9] 张玲艳,秦明礼,曲选辉,等.AlN/Mo - Ni - Cu 的活性封接研究[J].稀有金属材料与工程,2009,38(12):2159 - 2162.

[10] 张玲艳,秦明礼,曲选辉,等.AlN 陶瓷与可伐合金的封接[J].真空电子技术,2009,(4):4 - 7.

[11] Kara - slimane A,Juve D,Lebland E,et al. Joining of AlN with metals and alloys [J]. Journal of the European Ceramic Society,2000,20(11):1829 - 1836.

[12] Jarrige J,Joyeux T,Lecompte J P,et al. Comparison between two processes using oxygen in the Cu/AlN bonding [J]. Journal of the European Ceramic Society,2007,27(2 - 3):855 - 860.

[13] Barlak M,Olesinska W,Piekoszewski J,et al. Ion implantation as a pre - treatment method of AlN substrate for direct bonding with Copper [J]. Vacuum,2005,78(2 - 4):205 - 209.

[14] Barlak M,Olesinska W,Piekoszewski J,et al. Ion beam modification of ceramic component prior to formation of AlN - Cu joints by direct bonding process [J]. Surface & Coatings Technology,2007,201(19 - 20):8317 - 8321.

[15] El - sayed M H,Naka M,Schuster J C. Interfacial structure and reaction mechanism of AlN/Ti joints [J]. Journal of Materials Science,1997,32(10):2715 - 2721.

[16] Connolley T,Hanks S,Drakopoulos M,et al. Bonding of single crystal silicon to Cu and AlN:trial results [J]. Science and Technology of Welding and Joining,2009,14(1):1 - 3.

[17] Koltsov A,Hodaj F,Eustathopoulos N. Brazing of AlN to SiC by a Pr silicide:Physicochemical aspects [J]. Materials Science and Engineering A,2008,495(1 - 2):259 - 264.

[18] Mortemen A,Drevet B,Eustathopoulos N. Kinetics of diffusion - limited spreading of sessile drops in reactive

wetting [J]. Scripta Materialia,1997,36(6):645 - 651.

[19] 长崎诚三,平林真,刘安生. 二元合金状态图集[M]. 北京:冶金工业出版社,2004.

[20] 陈建,潘复生,顾明元. 活性金属/陶瓷润湿机理研究[J]. 上海交通大学学报,2001,35(3):364 - 367.

[21] Koltsov A,Dumont M,Hodaj F,et al. Influence of Ti on wetting of AlN by Ni - base alloys [J]. Materials Science and Engineering A,2006,415(1 - 2):171 - 176.

# 第 10 章　$SiO_{2f}/SiO_2$ 复合陶瓷材料与金属的钎焊研究

## 10.1　$SiO_{2f}/SiO_2$ 复合陶瓷材料的性能特点及其连接技术研究进展

　　3D $SiO_{2f}/SiO_2$ 复合陶瓷材料(又称三向石英纤维增强石英)采用石英纤维编织体增强石英,将纤维编织技术和溶胶 – 凝胶(Sol – gel)技术有机的结合起来,在毛细现象和布朗运动的共同作用下,将 $SiO_2$ 颗粒填充到石英纤维编织体内部,形成 $Si – O$ 键连接的立体网状结构,通过多次浸渍复合,使其致密程度不断提高,直至达到规定的密度要求,再通过机械加工方法制成产品。

　　3D $SiO_{2f}/SiO_2$ 采用石英纤维编织体增强石英材料,石英纤维编织体是增强材料,石英(以水的分散液的形式存在)是基体,同传统的料浆浇铸、烧结成形的石英陶瓷相比具有强度高(高出 80% ~ 100%)、在继承了传统石英陶瓷天线罩电性能好、抗热冲击性能强的特点之外,还具有韧性好、可靠性高和对裂纹等缺陷不敏感等的优点,可以避免传统石英陶瓷天线罩瞬间脆性断裂带来的灾难性后果。美国 Philco – Ford 公司和 General Electric 公司采用无机先驱体浸渍烧结工艺,将硅溶胶浸渍入石英织物内并在一定温度下烧结,制备了三维石英纤维织物增强二氧化硅复合材料($SiO_{2f}/SiO_2$)AS – 3DX 和 Markite 3DQ,其中 AS – 3DX 材料的介电常数为 2.88,损耗角正切为 0.00612(5.841GHz,25℃)。$SiO_{2f}/SiO_2$ 复合材料的表面熔融温度与石英玻璃接近(约 1735℃),是高速再入型天线罩材料的理想选择之一[1,2]。

　　3D $SiO_{2f}/SiO_2$ 材料应用范围广阔,它不仅仅局限于天线罩产品,还可制成其他多种制件,在高温结构材料、防热材料、战斗部材料、透波材料、电子信息功能材料等领域具有广阔的应用空间。通过测试,3D $SiO_{2f}/SiO_2$ 材料在厘米波和毫米波均具有较好的宽频透波性能,其应用前景十分广阔。

　　$SiO_{2f}/SiO_2$ 复合陶瓷材料在实际应用中为了满足结构或功能的需求,常常需要自身连接或者与金属的连接,其中机械连接、粘接和焊接等是较为常用的连接方法。机械方法虽然原理简单,但会给系统增加多余的重量,又难以保证气密性要求。对于 $SiO_{2f}/SiO_2$ 复合陶瓷天线罩而言,在与导弹弹体连接时,一般通过一个连接环与弹体连接在一起,连接环通常选用热膨胀系数与陶瓷天线罩体接近的金属材料,而连接环与罩体的连接通常选用粘接方式[3-5]。但是粘接方法有一个最大

240

缺点,就是接头耐温能力差,如某天线罩设计方案在静热强度试验时,在连接环的胶接区域温度达到 215℃ 左右时,连接环与陶瓷罩体发生脱胶,导致试验未通过。由此可见,粘接方法虽然可以满足复杂结构设计的要求,而且接头强度较高,但接头耐温能力较差,无法满足陶瓷复合材料更高温度、更长时间的使用要求。因此,研究耐高温的连接技术是必然的发展趋势。

从保证连接接头耐热性的角度讲,采用钎焊方法是连接 SiO$_{2f}$/SiO$_2$复合陶瓷材料的有效技术途径。采用钎焊方法不但可以大幅度提高接头使用温度,而且只要采取合理的工艺措施,一般能够保证接头强度、满足复杂结构设计要求。

然而,对于大尺寸的 SiO$_{2f}$/SiO$_2$复合陶瓷材料与金属的连接,采用钎焊方法仍会面临很大的困难,即 SiO$_{2f}$/SiO$_2$复合陶瓷材料自身的热膨胀系数极端的低,只有 $0.33 \times 10^{-6} K^{-1}$,而一般金属材料的热膨胀系数介于 $4.6 \times 10^{-6} \sim 23.5 \times 10^{-6} K^{-1}$。也就是说,SiO$_2$复合陶瓷材料与金属之间的热膨胀系数至少相差十几倍,甚至几十倍,这种异种材料组合的连接接头在钎焊连接后的冷却阶段,将不可避免地产生巨大的残余热应力[6],应力幅值高和应力梯度大在这种陶瓷/金属组合接头中将体现得更加明显,因此焊后很容易在接头处开裂,而且工件的尺寸越大,越难实现有效的连接。

最近几年,国内极少数研究单位如哈尔滨工业大学、北京航空材料研究院对 SiO$_2$陶瓷或 SiO$_{2f}$/SiO$_2$复合陶瓷材料的钎焊连接进行了相关探索研究,初步认为可采用 Ag 基、Ti 基钎料作为主成分的连接焊料合金体系,进行了小试片的钎焊连接实验,分析了接头的界面组织,研究了界面形成机理。通过这些探索性试验研究,完成了对 SiO$_2$陶瓷或 SiO$_{2f}$/SiO$_2$复合陶瓷材料基本的可焊性研究[7-9]。但是,较大尺寸的 SiO$_{2f}$/SiO$_2$复合陶瓷材料与金属的连接,仍是一个极大的技术难题。

本章在系统分析陶瓷与金属连接接头残余热应力的缓解方法研究进展[10]的基础上,提出了几种具有自主知识产权的 SiO$_{2f}$/SiO$_2$与金属接头残余应力缓解方法,并选择以 Ti 作为活性元素的 AgCu 基活性钎料进行了 SiO$_{2f}$/SiO$_2$复合陶瓷自身及其与金属的钎焊连接研究。

## 10.2　SiO$_{2f}$/SiO$_2$材料表面开窄槽再填入钎焊料缓解残余应力的方法

目前,关于较大尺寸、具有大热膨胀系数差的 SiO$_{2f}$/SiO$_2$复合陶瓷与金属材料组合的连接技术报道几乎是空白。随着被连接面积增大,SiO$_{2f}$/SiO$_2$复合陶瓷材料与金属连接时接头中的残余热应力增高;使连接难度更大。因此,本节从接头结构设计入手,提出了一种缓解 SiO$_{2f}$/SiO$_2$复合陶瓷与金属接头残余应力的工艺方法。

SiO$_{2f}$/SiO$_2$具备良好的机加工性能,通过机加工方法在待焊母材表面加工出窄

的沟槽,沟槽的宽度为 0.2 ~ 1.5mm,深度为 0.6 ~ 5.0mm,槽与槽之间的间隔为
1.0 ~ 5.5mm。钎焊前将 AgCu - Ti 活性钎料置于 $SiO_{2f}/SiO_2$ 待焊表面的沟槽内,再
在被焊的 $SiO_{2f}/SiO_2$ 与金属材料之间的待焊界面上铺置 AgCu - Ti 钎料。通过真空
钎焊加热方式,将填充了 AgCu - Ti 活性钎料的 $SiO_{2f}/SiO_2$ 复合陶瓷与金属材料真
空加热至 820 ~ 910℃,真空度不低于 $3 \times 10^{-2}$Pa,保温 5 ~ 40min 后,随炉冷却至室
温,即可实现 $SiO_{2f}/SiO_2$ 与金属材料的连接[11]。

在 $SiO_{2f}/SiO_2$ 复合陶瓷的待焊表面开的沟槽,其形状为 V 形、U 形、T 形或矩
形(见图 10 - 1),每个沟槽彼此平行地分布在待焊的 $SiO_{2f}/SiO_2$ 复合陶瓷材料表
面,或相互垂直呈网格状分布在待焊的 $SiO_{2f}/SiO_2$ 复合陶瓷材料表面。被焊的
$SiO_{2f}/SiO_2$ 与金属接头可以是平面结构(见图 10 - 1),也可以是空间的曲面结构
(见图 10 - 2)。

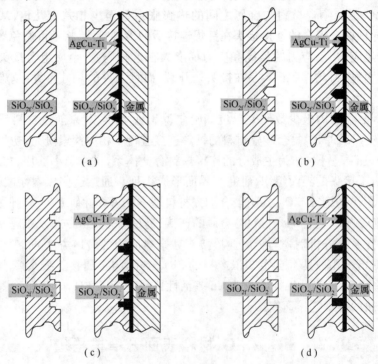

图 10 - 1  带有沟槽结构的 $SiO_{2f}/SiO_2$ 与金属平面接头示意图

(a) V 形槽结构;(b) U 形槽结构;(c) T 形槽结构;(d) 矩形槽结构。

在该工艺方法中,通过在被焊 $SiO_{2f}/SiO_2$ 复合陶瓷表面预加工出沟槽并使用
AgCu - Ti 活性钎料加热润湿填满沟槽,使 $SiO_{2f}/SiO_2$ 的被焊表层形成宏观上由
AgCu - Ti 金属焊料和复合陶瓷交替混合的新的复合材料层,即在被焊的 $SiO_{2f}/$
$SiO_2$ 与被焊金属材料之间构造了复合材料中间过渡层,这样的复合材料中间过渡
层其热膨胀系数介于被焊的 $SiO_{2f}/SiO_2$ 复合陶瓷和被焊的金属材料之间,使得在连

接区域内热膨胀系数从小到大逐渐过渡,从而大大减小了该复合陶瓷直接与金属材料钎焊连接后形成的接头焊后残余热应力。

还需要指出,上述方法中,AgCu – Ti 金属钎料对复合陶瓷表层窄槽的填充,除起到调节表层热膨胀系数的作用外,金属钎料沿着垂直于主体钎缝方向的填入,还会因为"钉扎"作用而强化主体钎焊界面。

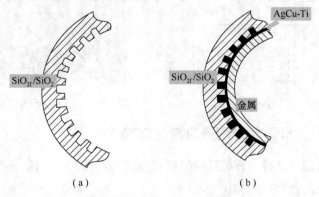

图 10 – 2　带有沟槽结构的 SiO$_{2f}$/SiO$_2$ 与金属曲面接头示意图

（a）焊前加工状态；（b）焊后状态。

## 10.3　SiO$_{2f}$/SiO$_2$材料自身及其与金属的钎焊连接界面的冶金行为

连接陶瓷或陶瓷复合材料时,由于这些材料含有离子键或共价键,表现出非常稳定的电子配位,因而较难被具有金属键特性的金属钎料润湿,因此在钎焊时需要对陶瓷表面预金属化使陶瓷表面的性质发生改变;或者采用含有活性元素的活性钎料,通过钎料与陶瓷之间反应达到润湿的目的。本章中采用的钎料均为商用的 AgCuTi 箔带钎料,钎料自身具备较强的活性,因此可以解决润湿问题。

本节系统地研究了 SiO$_{2f}$/SiO$_2$ 复合陶瓷自身及其与多种金属的钎焊连接,其中被焊金属包括纯铜、不锈钢、Invar 钢、纯铌、钼合金、钛合金、Ti$_3$Al 基合金和 TiAl 基合金。选用的钎焊规范为 880℃/10min。对接头连接机理进行了详细分析,测试了有关 SiO$_{2f}$/SiO$_2$ 与金属接头的强度,实验中涉及到的异种材料接头利用到了 10.2 节中提到的开槽缓解残余热应力技术。

本节涉及的性能试样采用搭接。为了缓解接头中的热应力,在 SiO$_{2f}$/SiO$_2$ 的被连接面上加工一条 0.6mm × 1mm 的槽,钎焊时槽中填满钎料（见图 10 – 3 和图 10 – 4）,其作用可以总结如下:槽的存在增加了接头区域的钎焊面积,提高了接头的可靠性;从宏观角度来看,填满钎料的槽在接头中可以起到被焊金属与复合材料之间的机械嵌合作用;可以把沿沟槽深度方向直至到达沟槽底部的接头区域看作为 AgCu 基钎料与 $SiO_{2f}/SiO_2$ 共同组成的复合材料结构,因此其热膨胀系数会介于金属与 $SiO_{2f}/SiO_2$ 之间,减小了热应力梯度,对接头强度有利。

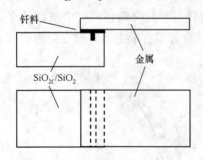

图 10 - 3　剪切接头示意图

图 10 - 4　$SiO_{2f}/SiO_2$ 带槽试样照片

## 10.3.1　$SiO_{2f}/SiO_2$ 复合陶瓷自身的连接

实验中选用的母材为石英纤维编织体增强石英,即 3D $SiO_{2f}/SiO_2$ 复合陶瓷材料,该材料的显微组织如图 10 - 5 所示。

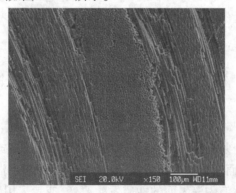

图 10 - 5　$SiO_{2f}/SiO_2$ 陶瓷基复合材料的显微组织照片

图 10 - 6 分别给出了 880℃/10min 规范下的 $SiO_{2f}/SiO_2$ 自身钎焊接头的低倍和高倍显微组织。从低倍照片中可以观察到,结合面中间区域的钎缝厚度很小,靠近两端边缘的位置有钎料富集。从图 10 - 6(b)中可以看出,钎料与陶瓷复合材料之间结合良好,并且形成了灰色扩散反应层组织,见图 10 - 6(b)中"1",在该组织中可明显观察到母材纤维的形貌特征。钎缝基体区组织表现为灰色块状物(图 10 - 6(b)中"3")较均匀地分布在白色基体(图 10 - 6(b)中"2")中,该区域为典型的共晶组织形貌,主要由 Ag - Cu 共晶组成。

结合钎缝特征区域元素含量(见表 10 - 1)和接头元素面分布情况(见图 10 - 7)可以看出,扩散反应层中出现了 Ti、O 和 Ag 的富集(见表 10 - 1 中"1"),根据 Ti 和 O 的原子百分比比例大致推断,两者在该区域中应该形成了 $TiO_2$ 相,而 Ag 以 Ag 基固溶体形式存在。Cu 在钎缝基体区的灰色块状相中出现富集,并以 Cu 基固溶

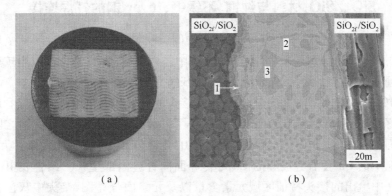

（a）　　　　　　　　　　（b）

图 10－6　880℃/10min 规范下的 SiO$_{2f}$/SiO$_2$自身钎焊接头显微组织

（a）低倍；（b）高倍。

体形式存在。钎缝中白色基体区主要以 Ag 含量为主，其中分布了少量的 Cu 和 O，Ag 以 Ag 基固溶体形式存在。陶瓷复合材料中的 Si 和 O 主要分布在母材中，但在"1"区中检测到了 O 的存在，而面分布图并未明显显示出 O 的分布，其原因推断为受到测试方法精度的局限所致。

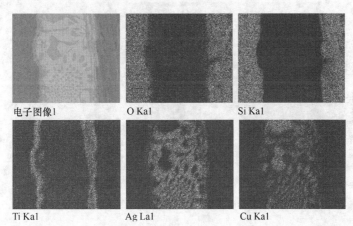

图 10－7　SiO$_{2f}$/SiO$_2$自身钎焊接头中元素 O、Si、Ti、Ag 和 Cu 的面分布

表 10－1　SiO$_{2f}$/SiO$_2$自身钎焊接头中特征区域的成分及推断的物相

| 微区 | 元素含量/%（原子分数） | | | | | 推断物相 |
|---|---|---|---|---|---|---|
| | O | Si | Ti | Cu | Ag | |
| 1 | 55.99 | 0.63 | 24.11 | 2.16 | 17.11 | TiO$_2$ 和 Ag 基固溶体 |
| 2 | 17.38 | 1.10 | — | 7.93 | 73.59 | Ag 基固溶体 |
| 3 | 4.95 | 5.16 | | 88.32 | 1.58 | Cu 基固溶体 |

## 10.3.2 $SiO_{2f}/SiO_2$ 材料与纯铜、不锈钢、Invar 钢的钎焊连接

由于纯 Cu 质地软、塑性好,可以充当中间层材料通过在高温时塑性变形来缓解异种材料接头(特别是陶瓷与金属接头)中的残余热应力,是目前应用较广泛的中间缓释层材料。因此,首先研究了 $SiO_{2f}/SiO_2$ 复合陶瓷与纯铜的钎焊。

图 10 - 8 分别给出了 $SiO_{2f}/SiO_2$ 与 Cu 接头的低倍和高倍组织。可以看出界面结合良好,陶瓷复合材料上的两道沟槽保证了钎缝致密结合。Cu 和钎料之间已无明显界面(见图 10 - 8(b)),说明钎焊过程中钎料与 Cu 母材中的元素相互扩散,其中钎料中的 Cu 会沿着被焊的 Cu 母材界面向钎缝内部生长。结合表 10 - 2 和图 10 - 9 中给出的接头特征区域元素含量以及元素面分布图,接头中灰色相主要以含 Cu 元素为主,其中分布少量的 Ag,形成了以 Cu 为基的固溶体;钎缝白色基体中富含 Ag,其含量达到 88.42%(见表 10 - 2 中"2"),其中含有少量的 Cu,其物相主要为 Ag 基固溶体;Ti 主要富集在靠近 $SiO_{2f}/SiO_2$ 母材的扩散反应层"1"中,同时该层中还含有大量的 O 和 Ag,根据 Ti 和 O 的原子百分比可以推断,这两种元素在该区域中形成了 $TiO_2$ 相,Ag 则以 Ag 基固溶体形式存在。Si 和 O 主要分布在 $SiO_{2f}/SiO_2$ 复合材料基材中。

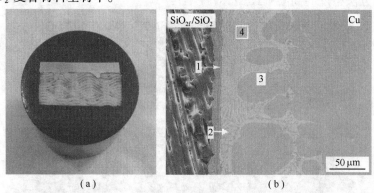

(a)                    (b)

图 10 - 8　880℃/10min 规范下 $SiO_{2f}/SiO_2$ 与纯 Cu 接头的显微组织

(a) 低倍;(b) 高倍。

表 10 - 2　$SiO_{2f}/SiO_2$ 与 Cu 接头中特征区域的成分及推断的物相

| 微区 | 元素含量/%(原子分数) | | | | | 推断物相 |
|---|---|---|---|---|---|---|
| | O | Si | Ti | Cu | Ag | |
| 1 | 59.00 | 0.45 | 30.31 | 1.13 | 9.10 | $TiO_2$ 和 Ag 基固溶体 |
| 2 | — | — | — | 11.58 | 88.42 | Ag 基固溶体 |
| 3 | — | — | — | 94.85 | 5.15 | Cu 基固溶体 |
| 4 | — | — | — | 41.50 | 58.50 | Ag - Cu 共晶 |

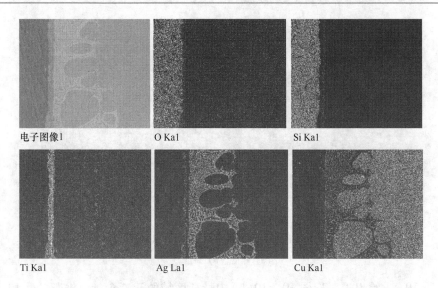

图 10 – 9　SiO₂f/SiO₂ 与纯 Cu 接头中元素 O、Si、Ti、Ag 和 Cu 的面分布

钎焊过程中,被焊母材参与反应以及钎料成分的重新分配,会导致熔点高的物相率先形核凝固。由于 Ti 会与 SiO₂f/SiO₂ 母材发生反应生成稳定的 Ti – O 相,其熔点高于 1700℃,因此会最先在界面处富集形成 Ti – O 薄层,随着反应的持续进行,该层的厚度会不断增加,直至钎料中的 Ti 基本全部参与反应。与此同时,由于钎料与 Cu 母材之间存在 Cu 的浓度梯度,母材中的 Cu 会不断向钎缝中溶解、扩散,扩散过程中会溶入少量的 Ag,使其熔点降低,形成 Cu 基固溶体。当钎缝处于等温凝固阶段或保温结束降温阶段时,该 Cu 基固溶体会沿着母材形核长大,最终长成与母材相连的大块状组织。区域成分测试表明,接头中的"4"区主要由 Ag 和 Cu 组成,根据两种元素质量百分比可知,该区中形成了 Ag – Cu 共晶组织,Ag – Cu 共晶的熔点很低(共晶点温度:780℃),因此该区域为最后凝固区域,并且凝固发生在降温阶段。整体来看,接头中从 SiO₂f/SiO₂ 母材至 Cu 母材的组织分布为 SiO₂f/SiO₂→TiO₂ + Ag 基固溶体→Ag – Cu 共晶→Cu 基固溶体→Cu,其中 Cu 基固溶体和 Ag – Cu 共晶具有良好的塑韧性,在一定程度上可缓解接头中的热应力,而 TiO₂虽然为陶瓷相,但是可以起到热膨胀系数过渡的作用,从而同样达到缓解接头应力的目的。

另外,我们还尝试进行 SiO₂f/SiO₂ 与不锈钢的连接,钎焊规范仍为 880℃/10min,其中不锈钢选用了商用的 1Cr18Ni9Ti。由图 10 – 10(a)给出的接头低倍组织可以看出,由于未对复合材料进行开槽处理,导致结合界面仅有局部完好。图 10 – 10(b)给出的结合好的接头区域显微组织可见,在靠近两种母材的边缘均形成了扩散反应层组织(见图 10 – 10(b)中"1"和"3"),其中层"1"的厚度约为 5 ~ 6μm,层"3"的厚度为 2 ~ 3μm。钎缝基体区主要由 Ag – Cu 共晶组成,其中灰色的 Cu 基固溶体相尺寸及分布较为均匀。

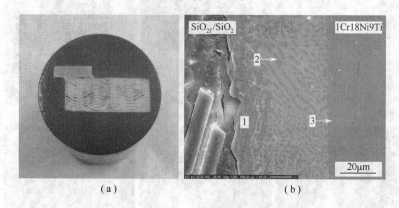

图 10 – 10　880℃/10min 规范下 $SiO_{2f}/SiO_2$ 与 1Cr18Ni9Ti 接头的显微组织

(a) 低倍;(b) 高倍。

表 10 – 3 给出了对应图 10 – 10(b)中特征区域的元素含量及推断的物相,结合表 10 – 3 与 Ti 的元素面分布图(见图 10 – 11),扩散反应层"1"主要由 O、Ti 和 Ag 组成,说明钎焊过程中 Ti 与 $SiO_2$ 发生反应生成了 Ti – O 相,促进了钎料与陶瓷复合材料之间的冶金结合。根据 Ti 和 O 的原子百分比,推断二者形成了 $Ti_2O$ 相,同时该相内还分布着少量的 Ag 基固溶体。在靠近反应层"1"的附近生成了灰黑色块状相"2",该相中 Cu、Fe、Ti、Ag 的含量较多,生成了复杂的化合物相。靠近 1Cr18Ni9Ti 一侧的扩散层"3"中同样出现了 Ti 的富集,同时还含有大量的 Fe、Cr 等母材中的原始成分,它们与 Ti 相互作用生成了相应的化合物相。由于 1Cr18Ni9Ti 中 Ti 的含量仅为 0.5% ~0.8%(质量分数),在钎焊过程的短时间内不会有太多的 Ti 向钎缝中扩散,所以反应层"3"中 Ti 应主要为钎料中的 Ti,说明该层的形成消耗掉了钎料中部分 Ti 的含量,一定程度上削弱了钎料的活性,如果该界面消耗 Ti 的含量过多,将会导致钎料与陶瓷或陶瓷复合材料界面的活性作用减弱,活性元素少到一定程度后钎料的活性作用基本消失,将使得钎料无法润湿连接母材。因此,对于与陶瓷或陶瓷复合材料相连接的材料而言,如果其中个别元素与 Ti 更易结合将会导致 AgCuTi 的活性作用减弱或消失,最终接头无法实现连接。

另外,根据元素面分布还可以看出,O 和 Si 在复合材料母材中分布明显,在扩散反应层"1"中也可看出较明显分布;Ag 和 Cu 主要分布在钎缝中心区,其中灰色组织为 Cu 基固溶体,白色组织为 Ag 基固溶体;Ni、Fe、Cr 为不锈钢中的成分,Fe 在"2"区中出现了少量的富集,另外两种元素从不锈钢到复合材料母材的钎缝厚度范围内分布逐渐减少。L. X. Zhang 等人[12]采用 AgCuTi 钎料钎焊了 $SiO_2$ 陶瓷与 30Cr3 钢的接头,获得了与本实验中相似的接头组织形貌。

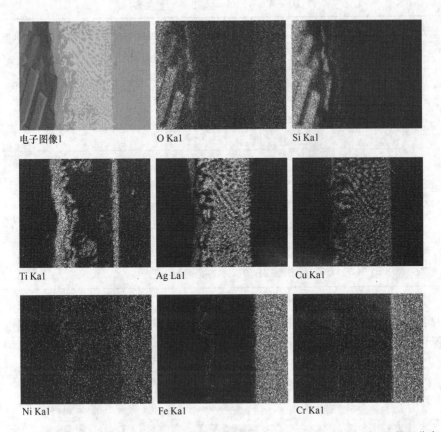

图 10 – 11　SiO$_{2f}$/SiO$_2$ 与 1Cr18Ni9Ti 接头中元素 O、Si、Ti、Ag、Cu、Ni、Fe、和 Cr 的面分布

表 10 – 3　SiO$_{2f}$/SiO$_2$ 与 1Cr18Ni9Ti 接头中特征区域的成分及推断的物相

| 微区 | 元素含量/%（原子分数） | | | | | | | | | 推断物相 |
|---|---|---|---|---|---|---|---|---|---|---|
| | O | Si | Ti | Cr | Mn | Fe | Ni | Cu | Ag | |
| 1 | 53.42 | 0.78 | 25.23 | — | — | — | — | 1.08 | 19.49 | TiO$_2$ 和 Ag 基固溶体 |
| 2 | — | 12.83 | 40.30 | 1.09 | — | 16.24 | 3.80 | 17.57 | 8.18 | 富 Ti 区 |
| 3 | — | 0.92 | 11.86 | 21.90 | 0.99 | 55.13 | 2.68 | 5.43 | 1.09 | — |

　　减小陶瓷与金属接头热应力的一项有效措施为采用与陶瓷热膨胀系数相近的金属作为中间层。目前，Invar 合金与陶瓷的组件常被用于电子真空器件中，由于这种材料热膨胀系数低，对缓解接头中由于热膨胀系数不匹配而产生的热应力非常有效。本节选用的 Invar 合金牌号为 4J36，名义成分为 Fe – (35 ~ 37)Ni – (0.2 ~ 0.6)Mn，该合金是一种具有超低膨胀系数的特殊的低膨胀铁镍合金，其中对碳、锰成分的控制非常重要，冷变形能降低热膨胀系数，在特定温度范围内的热处理能使热膨胀系数稳定化。4J36 典型的物理性能见表 10 – 4。

表 10 − 4　4J36 典型的物理性能

| 温度 /℃ | 热导率 /(W/(m·K)) | 电阻率 /(μΩ·cm) | 弹性模量 /GPa | 线膨胀系数 /(10⁻⁶/K) | 屈服强度 /MPa | 拉伸强度 /MPa | 延伸率 /% |
|---|---|---|---|---|---|---|---|
| 20 | 12.8 | 76 | 143 | — | 270 | 490 | 40 |
| 100 | 85 | 14.0 | 142 | 0.8 − 1.4 | 180 | 435 | 45 |
| 200 | 15.1 | 92 | 141 | 1.6 − 2.5 | 115 | 430 | 45 |
| 300 | 16.1 | 100 | 140 | 4.4 − 5.5 | 95 | 410 | 50 |
| 400 | 17.0 | 105 | 138 | 7.4 − 8.4 | 90 | 350 | 55 |
| 500 | 18.1 | 109 | 130 | 8.10 − 2.7 | 90 | 290 | 60 |
| 600 | 19.6 | 113 | 120 | 10.0 − 10.7 | 75 | 210 | 70 |

注:密度:8.1 g/cm³;熔点:1430℃;居里温度:230℃;比热容:515J/kg

图 10 − 12 分别给出了 880℃/10min 规范下 $SiO_{2f}/SiO_2$ 与 Invar 合金接头的低倍和高倍显微组织照片,从低倍照片可以看出钎料将槽填满,形成了加强筋型结构,保证了接头的完整性。由图 10 − 12(b)可以看出,在靠近 $SiO_{2f}/SiO_2$ 母材的附近生成了一层薄的灰色扩散反应层,钎缝基体区出现了明显的共晶组织形貌,其中包含了很多大块状的白色组织、灰色相以及白色和灰色相间的组织组成。

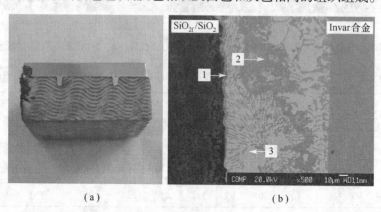

(a)　　　　　　　　　　　　　　　(b)

图 10 − 12　880℃/10min 规范下 $SiO_{2f}/SiO_2$ 与 4J36 接头的显微组织

(a) 低倍;(b) 高倍。

钎焊过程中,在液态钎料的作用下 4J36 母材中的 Fe 和 Ni 不断向钎料中扩散,与钎料中的 Ti 发生反应生成相应的 Ti − Ni(Fe)等相。另外一部分 Ti 与 $SiO_2$ 相互作用生成 Ti − O 相。结合图 10 − 13 中各元素的面分布和表 10 − 5 给出的接头特征区域成分可知,扩散反应层"1"中含有大量的 Ti,少量的 O、Si、Cu、Ni 和 Fe,

由于 Ti 未全部参与界面反应导致该层很薄,这对接头强度会产生一定影响。Ti、Cu、Ni 和 Fe 同时分布于灰色相"2"中,形成由 Cu 基固溶体和 Ti – Ni(Fe)相混合的组织结构。钎缝基体的白色组织中富含 Ag,同时含有少量的 O 和 Cu,主要以 Ag 基固溶体形式存在。

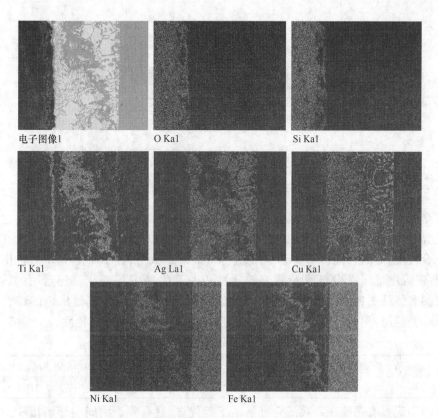

图 10 – 13　SiO$_{2f}$/SiO$_2$与 4J36 接头中元素 O、Si、Ti、Ag、Cu、Ni 和 Fe 的面分布

表 10 – 5　SiO$_{2f}$/SiO$_2$与 4J36 接头中特征区域的成分及推断的物相

| 微区 | 元素含量/%(原子分数) | | | | | | | | 推断物相 |
|---|---|---|---|---|---|---|---|---|---|
| | Si | O | Cu | Au | Ag | Ti | Ni | Fe | |
| 1 | 8.6464 | 15.1205 | 6.2486 | 0.2899 | 1.9081 | 46.6608 | 12.8390 | 8.2866 | Ti – O、Ti – Ni(Fe) |
| 2 | 0.0658 | 2.7814 | 32.8078 | 0.3723 | 0.3236 | 32.4431 | 26.8967 | 4.3092 | Cu 基固溶体、Ti – Ni |
| 3 | — | 9.6229 | 10.3737 | 0.6857 | 78.9215 | — | 0.0457 | 0.3506 | Ag 基固溶体 |

图 10 – 14 给出了 SiO$_{2f}$/SiO$_2$与 4J36 接头断口的 XRD 图谱,从检测结果中可以看出,在断口处检测到了 Ag、Cu 以及三元相 Ni$_3$Ti$_3$O。但是,Ni$_3$Ti$_3$O 并未体现出很强的峰值,因此具体物相还需通过透射电镜等方法进行进一步确定。

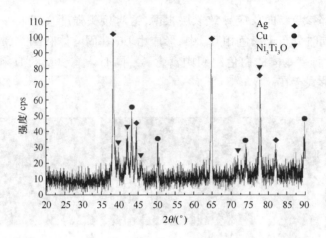

图 10 – 14　$SiO_{2f}/SiO_2$ 与 4J36 接头断口的 XRD 图谱

### 10.3.3　$SiO_{2f}/SiO_2$ 材料与金属 Nb、Mo 合金的钎焊连接

金属铌(Nb)属于难熔金属,具有熔点高、热强度高、弹性模量高以及抗腐蚀性能优异等特点在化工、电子等工业中得到了广泛的应用。铌在难熔金属中具有出色综合性能,熔点较高($2470℃$),密度较低($8.57g/cm^3$),在 1093 ~1427℃ 范围比强度高,温度低于 $-200℃$ 仍有良好的塑性和加工性,是航空航天优先选用的热防护材料和结构材料。此外,铌合金由于超导转变温度高,以及其他出色的综合性能,作为超导材料也被广泛应用。表 10 – 6 给出了铌的几种物理特性。

表 10 – 6　铌的几种物理特性

| 密度/(g/cm$^3$) | 晶体结构 | 熔点/℃ | 线膨胀系数/(1/K) | 传热系数/(W/(m·K)) | 电阻率/(μΩ·cm) |
|---|---|---|---|---|---|
| 8.57 | 体心立方 | 2468 | $7.31 \times 10^{-6}$ | 0.52(0℃) | 12.5(0℃) |

由于铌具有热膨胀系数低而且易加工等优点,适合作为中间层缓解接头中的热应力。

图 10 – 15 分别给出了 880℃/10min 规范下 $SiO_{2f}/SiO_2$ 与 Nb 接头的低倍和高倍显微组织照片,从图 10 – 15(a)对应的低倍组织可以看出,钎料将复合材料表面的槽填满,形成了锯齿加强筋型结构,保证了接头的致密结合。从图 10 – 15(b)中可见,在靠近复合材料母材的界面处生成了一层厚度约为 $10\mu m$ 的扩散反应层"1",靠近"1"区分布着灰黑色块状相"2"。钎缝基体区主要由大的白块相"3"以及灰色、白色相间的组织组成。

表 10 –7 和图 10 –16 分别给出了接头特征区域的元素含量和各元素的面分布情况,可见,Ti 主要分布在扩散反应层"1"中,与复合材料中的 O 相互作用生成 Ti – O 相,根据二者比例推断该 Ti – O 相为 $TiO_2$。"2"区中富含 Cu,主要由 Cu 基固溶体组成。"3"区中富含 Ag,以 Ag 基固溶体形式存在。Nb 主要分布在母材中,向钎缝区扩散不明显。

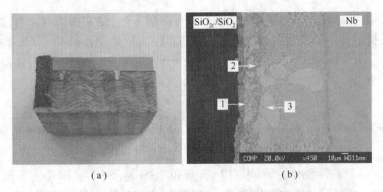

图 10 - 15　880℃/10min 规范下 $SiO_{2f}/SiO_2$ 与 Nb 接头的显微组织

(a) 低倍；(b) 高倍。

表 10 - 7　$SiO_{2f}/SiO_2$ 与 Nb 接头中特征区域的成分及推断的物相

| 微区 | 元素含量/%（原子分数） | | | | | | | 推断物相 |
|---|---|---|---|---|---|---|---|---|
| | Si | O | Cu | Au | Nb | Ag | Ti | |
| 1 | 0.3660 | 52.5595 | 4.7015 | 0.2622 | 0.0024 | 12.1813 | 29.9271 | $TiO_2$ |
| 2 | — | 0.0770 | 96.3862 | 0.3858 | — | 3.0637 | 0.0874 | Cu 基固溶体 |
| 3 | — | 8.1544 | 9.5037 | 0.6106 | 0.0410 | 81.6835 | 0.0066 | Ag 基固溶体 |

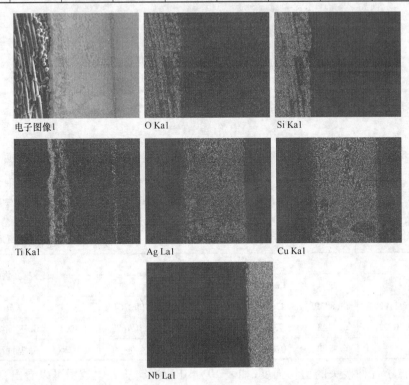

图 10 - 16　$SiO_{2f}/SiO_2$ 与 Nb 接头中元素 O、Si、Ti、Ag、Cu 和 Nb 的面分布

金属钼(Mo)较铌的热膨胀系数更低(见表10-8),是常用的陶瓷与金属接头的中间层材料。本节选用的钼合金牌号为TZM,其名义成分为Mo-(0.4~0.55)Ti-(0.07~0.12)Zr-(0.01~0.04)C,该合金具有一定的塑性,断后延伸率可达14.5%~20.0%。

表10-8 钼的几种物理特性

| 密度/(g/cm³) | 晶体结构 | 熔点/℃ | 线膨胀系数/(1/K) | 传热系数/(W/(m·K)) | 电阻率/(μΩ·cm) |
|---|---|---|---|---|---|
| 10.2 | 体心立方 | 2610 | $4.9 \times 10^{-6}$ | 1.54(20℃) | 5.2(0℃) |

图10-17分别给出了880℃/10min规范下$SiO_{2f}/SiO_2$与TZM接头的低倍和高倍显微组织照片,从图中可以看出,钎料将复合材料表面的槽填满,形成了加强筋型结构,保证了接头紧密结合。靠近$SiO_{2f}/SiO_2$母材的界面处生成了一层厚度为8~10μm的扩散反应层(见图10-17中"1"),钎缝基体区呈现典型的共晶组织形貌,由灰色块状组织和白色基体组织组成。

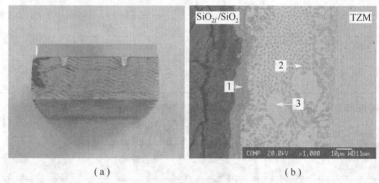

(a)                              (b)

图10-17 880℃/10min规范下$SiO_{2f}/SiO_2$与TZM接头的显微组织

(a)低倍;(b)高倍。

表10-9和图10-18分别给出了接头特征区域的元素含量和各元素面分布情况,可以看出,Ti主要富集于扩散反应层"1"中,与O发生反应生成$TiO_2$相。Cu和Ag分别分布在钎缝基体去的灰色组织和白色基体组织中,并分别以Cu基固溶体和Ag基固溶体形式存在。Mo主要分布在TZM母材中。

表10-9 $SiO_{2f}/SiO_2$与TZM接头中特征区域的成分及推断的物相

| 微区 | 元素含量/%(原子分数) | | | | | | | 推断物相 |
|---|---|---|---|---|---|---|---|---|
| | Si | O | Cu | Au | Ag | Ti | Mo | |
| 1 | 7.9294 | 53.8839 | 4.4205 | 0.2015 | 3.8005 | 29.7642 | — | $TiO_2$ |
| 2 | 0.0271 | 0.5143 | 95.7307 | 0.3498 | 2.1892 | 0.7622 | 0.4268 | Cu基固溶体 |
| 3 | — | 6.4980 | 7.0766 | 0.4213 | 86.0015 | — | 0.0026 | Ag基固溶体 |

测试了各种接头的剪切强度,如表10-10所列。从表中数据可以看出,就带槽的试样而言,以$SiO_{2f}/SiO_2$与TZM接头的强度最高,平均值达到29.9MPa,

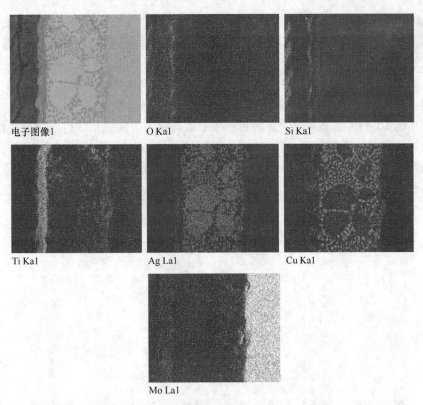

图 10 - 18    $SiO_{2f}/SiO_2$ 与 TZM 接头中元素 O、Si、Ti、Ag、Cu 和 Mo 的面分布

表 10 - 10    $SiO_{2f}/SiO_2/$与金属接头的室温剪切强度

| 接头组合 | 带槽试样剪切强度/MPa | 平均值/MPa |
|---|---|---|
| $SiO_{2f}/SiO_2/Cu$ | 10. 5 | 12. 4 |
| | 14. 2 | |
| $SiO_{2f}/SiO_2/1Cr18Ni9Ti$ | 14. 7 | 18. 4 |
| | 22. 0 | |
| $SiO_{2f}/SiO_2/Invar$ 合金 | 20. 4 | 21. 3 |
| | 22. 1 | |
| $SiO_{2f}/SiO_2/Nb$ | 22. 8 | 26. 4 |
| | 29. 9 | |
| $SiO_{2f}/SiO_2/TZM$ | 28. 7 | 29. 9 |
| | 31. 1 | |
| 注:连接界面上带有一条 0. 6mm×1mm 的槽 | | |

$SiO_{2f}/SiO_2$ 与 Cu 接头组合强度最低,平均值仅为 12.4MPa[13]。另外,还进行了几种不带槽的接头剪切强度的对比测试,结果表明接头强度很低,$SiO_{2f}/SiO_2$ 与 TZM 接头强度平均值为 4.3MPa,$SiO_{2f}/SiO_2$ 与 Nb 接头强度平均值为 3.4MPa,而 $SiO_{2f}/SiO_2$ 与 Invar 合金的接头在焊接过后直接裂开,重复两次试验结果均如此。上述接头强度证实,带槽的接头能够有效缓解接头中的残余应力。

从图 10 – 19 给出的被焊金属热膨胀系数与接头强度关系中可以明显看出,被焊金属的热膨胀系数越低,对应的接头强度就越高。因此可以说明,在金属与陶瓷或陶瓷复合材料连接的接头中,如果选取的被焊金属与陶瓷(陶瓷复合材料)热膨胀系数越相近,那么接头中的残余应力值就越小,对应接头强度就越高,但前提是要保证接头的冶金质量良好,接头中的缺陷少。

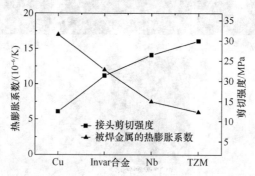

图 10 – 19　几种接头中被焊金属热膨胀系数与异种材料接头剪切强度的关系

## 10.3.4　$SiO_{2f}/SiO_2$ 材料与钛合金、$Ti_3Al$、TiAl 的钎焊连接

钛合金、$Ti_3Al$ 基合金和 TiAl 基合金具有密度低、高温强度高、耐蚀性好、比强度、比刚度高等优点,在航空航天领域得到了广泛的应用。将 $SiO_{2f}/SiO_2$ 复合陶瓷与这些材料进行连接,可为 $SiO_{2f}/SiO_2$ 在航空领域应用提供技术储备。

图 10 – 20 分别给出了 880℃/10min 规范下的 $SiO_{2f}/SiO_2$ 与 TC4 钛合金接头的低倍和高倍显微组织照片,从图中可以看出,接头结合致密,钎料将复合材料表面的槽填满。在靠近 $SiO_{2f}/SiO_2$ 母材界面附近生成了一层灰色扩散反应层组织(见图 10 – 20 中"1"),该层基本平行于接头界面,其厚度约为 3 ~ 4μm;邻近"1"层的区域出现了宽窄不均、呈网状分布的灰色组织"2",该相主要位于钎缝白色基体组织"3"中;靠近 TC4 母材的附近生成了厚度为 10 ~ 15μm 厚的灰色组织"4",并且该相有少部分以岛状分布于钎缝白色基体组织中。

结合图 10 – 21 中各元素面分布以及表 10 – 11 给出的接头特征区域元素含量可见,在扩散反应层"1"中,富集了含量超过 40% 的 Ti,另外还含有近 20% 的 O,两种元素相结合生成 Ti – O 相(见表 10 – 11 中"1")。"2"区和"3"区分别出现了 Cu 和 Ag 的富集,在这两个区域中分别形成了 Cu 基固溶体和 Ag 基固溶体。根据

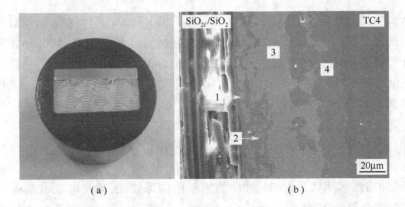

图 10 – 20　880℃/10min 规范下 $SiO_{2f}/SiO_2$ 与 TC4 接头的显微组织

(a) 低倍;(b) 高倍。

图 10 –21别给出的 Ti 和 Cu 的面分布图可知,灰色组织"4"中出现了 Ti 和 Cu 的富集,生成相应的 Ti – Cu 相。O 和 Si 主要分布在复合材料母材中。

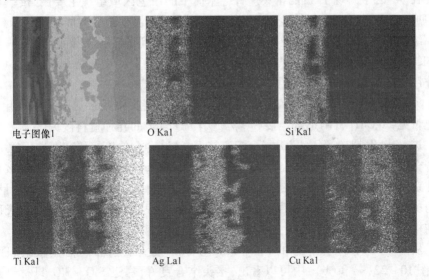

图 10 – 21　$SiO_{2f}/SiO_2$ 与 TC4 接头中元素 O、Si、Ti、Ag 和 Cu 的面分布

表 10 – 11　$SiO_{2f}/SiO_2$ 与 TC4 接头中特征区域的成分及推断的物相

| 微区 | 元素含量/%（原子分数） | | | | | | 推断物相 |
| --- | --- | --- | --- | --- | --- | --- | --- |
| | O | Al | Si | Ti | Cu | Ag | |
| 1 | 19.82 | 3.56 | 5.21 | 41.05 | 29.74 | 0.62 | $Ti_2O$ 和 Cu 基固溶体 |
| 2 | — | 1.12 | — | 2.25 | 94.49 | 2.15 | Cu 基固溶体 |
| 3 | — | — | — | — | 11.97 | 88.03 | 溶有少量 Cu 的 Ag 基固溶体 |
| 4 | — | — | — | 42.68 | 55.28 | 2.04 | Ti – Cu |

接头中扩散反应层"1"的存在说明了对于 $SiO_2$ 和 Cu 两种物质而言,Ti 更易于与前者结合。但是,Ti 除了在"1"区分布较多以外,在灰色组织"4"中也出现了富集。在钎料熔化过程中,钎料中的 Ti 会优先向 $SiO_{2f}/SiO_2$ 母材边缘扩散,同时,TC4 母材在液态钎料的作用下不断向钎缝中溶解,大量的 Ti 向钎缝中扩散,其中一部分 TC4 母材中的 Ti 也会向复合材料母材边缘扩散,与钎料中原始的 Ti 一起和 $SiO_2$ 发生如下反应:

$$Ti + SiO_2 \rightarrow Ti - O + Si \qquad (10-1)$$

$$Ti + Si \rightarrow Ti - Si \qquad (10-2)$$

根据扩散反应层"1"中 Ti 和 O 的原子比例可知,大致推断二者形成了 $Ti_2O$ 相。另外有少量的 Ti 与 Si 发生反应生成 Ti - Si 相,但是 Si 的原子半径大,扩散速度慢,外加生成的 $Ti_2O$ 相层阻挡,将使得接头中 Ti - Si 相的含量很低。从 TC4 母材扩散出的 Ti 除了向"1"层中扩散以外,剩余的 Ti 与钎料中的 Cu 发生反应生成 Ti - Cu 相,该相会沿着 TC4 母材边缘形核长大,直至消耗掉钎料中大部分的 Cu,因此在"4"区中出现了 Ti 的富集。钎缝基体中的白色区域组织主要由 Ag 基固溶体组成,相比其他相而言,其熔点最低,可推断它是钎缝中最后凝固的物相。

综上所述,Ti 在接头形成和组织优化过程中起到了至关重要的作用:一是它与 $SiO_2$ 反应生成扩散反应层"1"的活性作用;二是从 TC4 中扩散出的 Ti 与 Cu 相互作用生成了大量 Ti - Cu 相的组织过渡作用;三是 Ti 与 Cu 结合使得钎缝中心形成了大量的塑性优良的 Ag 基固溶体,起到了缓解接头中残余热应力的作用[14]。由此可见,AgCuTi 钎料适合连接 $SiO_{2f}/SiO_2$ 与 Ti 合金的异种材料接头。

进一步,开展了 $SiO_{2f}/SiO_2$ 复合陶瓷与 $Ti_3Al$ 基合金的连接研究。选用的 $Ti_3Al$ 基合金牌号为 TD3,名义成分为 Ti - 24Al - 15Nb - 1Mo(%(原子分数)),该合金是北京航空材料研究院研制的新一代 $Ti_3Al$ 基合金,具有高的比强度、比模量、良好的抗蠕变性和优良的高温强度等优点,被认为是很有发展前景的航空航天用高温结构材料。

从 880℃/10min 规范下的 $SiO_{2f}/SiO_2$ 与 TD3 接头低倍和高倍显微组织照片(见图 10 - 22(a)和(b))中可以看出,接头结合良好,靠近 $SiO_{2f}/SiO_2$ 母材界面处生成了灰色扩散反应层"1",结合表 10 - 12 和图 10 - 23 中元素面分布图,该层中出现了 Ti 和 O 的富集,根据这两种元素的原子百分比,推断生成了 $Ti_2O$ 相。另外,还有一部分 Si 和 Cu 以及少量的 Al 同时分布在"1"区中,Al 的存在说明在该区形成过程中已经有部分 TD3 母材溶解并向钎缝中扩散,根据 Al 在接头"3"区和"1"区中的含量,说明 Al 在浓度梯度作用下以液态钎料作为载体,由 TD3 母材向复合材料母材扩散,其含量呈现递减趋势。Al 向钎缝扩散的同时,Ti 也向钎缝中扩散,参照 Ti 和 Cu 的面分布情况,在钎缝基体区域两种元素的分布情况一致,均分布于灰色基体相"3"中,说明二者相结合生成了 Ti - Cu 相,且该 Ti - Cu 相最可能为 $TiCu_2$(见表 10 - 12 中"3")。与 $SiO_{2f}/SiO_2/TC4$ 接头组织形貌的主要差别之

一是 $SiO_{2f}/SiO_2/TD3$ 接头中的白色 Ag 基固溶体相"2"的分布情况有所不同,该相除了分布在灰色组织"3"的缝隙中以外,更多部分被排挤到了"1"区的附近,出现了与"1"区分布相类似的带状分布。

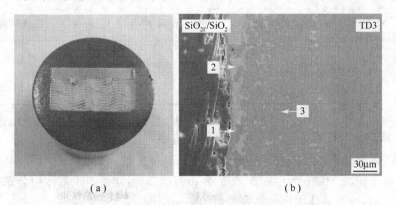

（a）　　　　　　　　　　　　（b）

图 10 - 22　880℃/10min 规范下 $SiO_{2f}/SiO_2$ 与 TD3 接头的显微组织

（a）低倍;（b）高倍。

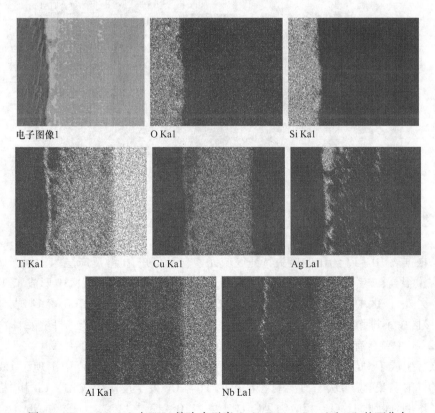

图 10 - 23　$SiO_{2f}/SiO_2$ 与 TC4 接头中元素 O、Si、Ti、Ag、Cu、Al 和 Nb 的面分布

表 10 – 12　$SiO_{2f}/SiO_2$ 与 TD3 接头中特征区域的成分及推断的物相

| 微区 | 元素含量/%（原子分数） | | | | | | | 推断物相 |
|---|---|---|---|---|---|---|---|---|
| | O | Al | Si | Ti | Cu | Nb | Ag | |
| 1 | 22.28 | 4.56 | 10.71 | 44.17 | 17.53 | 0.74 | — | $Ti_2O$ 和 Cu 基固溶体 |
| 2 | — | — | — | — | 12.03 | — | 87.97 | 含有少量 Cu 的 Ag 基固溶体 |
| 3 | — | 12.38 | — | 26.09 | 59.12 | — | 2.41 | 含有少量 Al 的 $TiCu_2$ |

　　另外，还采用 AgCuTi 钎料实现了 $SiO_{2f}/SiO_2$ 与 TiAl 基合金的连接，从图 10 – 24 给出的接头低倍形貌和高倍显微组织可以看出，接头结合良好，靠近复合材料的界面处形成了灰色扩散反应层"1"，其厚度约为 3～4μm。钎缝基体区主要由白色组织"2"和灰色组织"3"交叉分布而成，同时灰色组织基体中分布少量白色组织，白色组织基体中也分布有少量的灰色组织。

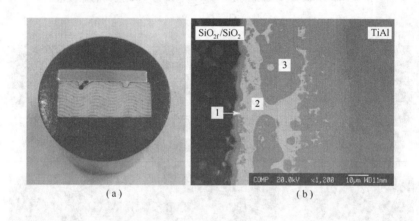

（a）　　　　　　　　　　（b）

图 10 – 24　880℃/10min 规范下 $SiO_{2f}/SiO_2$ 与 TiAl 接头的显微组织

（a）低倍；（b）高倍。

　　根据表 10 – 13 给出的接头特征区域元素含量可知，扩散反应层"1"中的 O 和 Ti 含量很高，二者的原子百分比接近 1:2，因此推断 O 和 Ti 在该区中形成了 $Ti_2O$ 相。另外，该区中还分布着较多含量的 Cu、少量的 Si 和 Al，由于元素多、成分复杂，该区中不排除生成了除 $Ti_2O$ 相以外的二元相或多元相的可能。钎缝基体白色区"2"中主要含有 Ag 和 Cu，且 Ag 的含量达到 90.28%（见表 10 – 13 中"2"），说明该区生成了 Cu 含量接近饱和的 Ag 基固溶体。在灰色组织"3"中出现了 Cu 和 Ti 的同时富集，说明从 TiAl 母材扩散出的 Ti 与 Cu 发生反应生成 Ti – Cu 相，根据二者比例判断此 Ti – Cu 相应为 $TiCu_2$ 相（见表 10 – 13 中"3"）。O、Si 和 Nb 主要分布在各自的母材中，Al 在"3"区中出现少量富集。

表 10 – 13  SiO$_{2f}$/SiO$_2$ 与 TiAl 接头中特征区域的成分及推断的物相

| 微区 | 元素含量/% （原子分数） | | | | | | | | 推断物相 |
|---|---|---|---|---|---|---|---|---|---|
| | O | Al | Si | Ti | Cr | Cu | Nb | Ag | |
| 1 | 19.41 | 7.56 | 10.69 | 40.97 | 0.44 | 20.33 | — | 0.59 | Ti$_2$O 和 Cu 基固溶体 |
| 2 | — | | | | | 9.72 | | 90.28 | Ag 基固溶体 |
| 3 | — | 16.63 | — | 26.61 | 0.39 | 52.74 | 1.76 | 1.86 | 含有少量 Al 的 TiCu$_2$ |

## 10.4  SiO$_{2f}$/SiO$_2$表层填入金属镶嵌块构造梯度结构缓解接头残余应力的新方法

为了更加有效缓解 SiO$_{2f}$/SiO$_2$ 与金属接头中的残余应力、满足较大尺寸结构的连接需求,本节在 10.2 节的基础上进一步优化接头结构,在降低加工难度的基础上起到了更好的缓解接头残余应力的效果。

如图 10 – 25 所示,采用机加工方法在 SiO$_{2f}$/SiO$_2$ 被焊面上均匀加工出不同形状的槽,槽开口处两侧内收,与被焊的 SiO$_{2f}$/SiO$_2$ 表面的夹角保持为 60°~80°,钎焊时槽中嵌入与槽形状匹配的金属块或非金属块,金属块材料可选择 Cu、Ni、Nb、Mo、Ti、Fe、W 等,非金属材料可选择高强石墨、C/C 复合材料、Al$_2$O$_3$ 陶瓷等。复合材料与被焊金属、镶嵌块与槽之间均可选用 AgCu 基活性钎料进行钎焊连接,为了便于装配,钎料形式最好为箔带[15 – 17]。

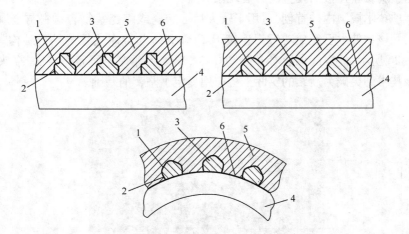

图 10 – 25  带有镶嵌块结构的 SiO$_{2f}$/SiO$_2$复合陶瓷与金属材料被焊表层连接的结构示意图

1—开口槽;2—开口槽开口处的两侧壁;3—镶嵌块;4—被焊的金属材料;

5—被焊的 SiO$_{2f}$/SiO$_2$复合陶瓷;6—AgCu 基活性钎料。

通过上述技术可使 $SiO_{2f}/SiO_2$ 被焊表层在宏观上形成由 AgCu 基活性金属钎料、金属镶块和被焊金属材料交替混合的复合材料层,该层的热膨胀系数介于 $SiO_{2f}/SiO_2$ 与被焊金属之间,使得从被焊的 $SiO_{2f}/SiO_2$ 复合陶瓷,到这个复合材料中间过渡层,再到被焊的金属材料这个连接区域内热膨胀系数从小到大逐渐过渡,避免了直接从被焊的 $SiO_{2f}/SiO_2$ 复合陶瓷与被焊的金属材料之间的巨大热膨胀系数差,从而大大减小了 $SiO_{2f}/SiO_2$ 复合陶瓷直接与金属材料钎焊连接后形成的接头焊后残余热应力。

另一方面,上述向陶瓷表层的宽槽中填入金属镶嵌块,之后通过钎料将镶嵌块连接到 $SiO_{2f}/SiO_2$ 复合陶瓷的表层中,实际上达到了让主体的陶瓷/金属钎缝弯折化的效果,而由于金属块以及 AgCu – Ti 钎料的韧性,使得由于存在一定的残余热应力原本容易在陶瓷/金属钎缝萌生和顺势扩展的裂纹,在弯折化的界面上将需要克服更大的阻力,或者需要消耗更多的断裂功,裂纹不能轻易扩展。从这个角度讲,也有利于抑制钎焊界面上裂纹的形成与扩展,有利于提高接头的界面强度,因此对于获得完整的陶瓷/金属接头也是十分有利的,这一点借鉴了层状陶瓷复合材料中的裂纹偏折作用与强韧化设计原理[18-20]。

另外,宽槽开口处两侧内收,与被焊的 $SiO_{2f}/SiO_2$ 复合陶瓷表面的夹角为 60° ~ 80°,这样的工艺设计能起到一种锁扣作用,可以有效防止镶嵌块在焊接过程中因为变形被挤出到被焊 $SiO_{2f}/SiO_2$ 复合材料表层以外[16]。

基于以上几方面的作用原理,所述向 $SiO_{2f}/SiO_2$ 表层填入金属镶嵌块构造梯度结构缓解接头残余应力的新方法,从根本上能够避免较大尺寸 $SiO_{2f}/SiO_2$ 复合陶瓷直接与金属材料连接后发生的开裂现象。

本项技术属国内外首创,适用于较大尺寸陶瓷或陶瓷基复合材料与金属的连接。利用该项技术已经成功钎焊连接了 $SiO_{2f}/SiO_2$ 与金属连接的环形结构[17],如图 10 – 26 所示,钎焊缝的直径接近 200mm,连接后钎焊界面完好,钎焊接头无裂纹。该技术的突破为后续的实际工程应用奠定了坚实的基础。

图 10 – 26　完整的 $SiO_{2f}/SiO_2$ 复合陶瓷与金属环形结构的连接

# 参 考 文 献

[1] 韩桂芳,陈照峰,张立同,等. 高温透波材料研究进展[J]. 航空材料学报:2003,23(1):57－62.

[2] 高冬云,王树海,潘伟,等. 高速导弹天线罩用无机透波材料[J]. 2005,26(4):33－36.

[3] 张漠杰. 导弹天线罩连接方式的设计[J]. 上海航天,1999,(3):33－35,44.

[4] 刘建杰,戴振东,朱强. 雷达型导弹天线罩静热强度有限元计算与分析[J]. 航空兵器,2004,(1):30－33.

[5] 刘谊,马妙技. 天线罩静热试验位移仿真与分析[J],2009,(1):12－14.

[6] Rabin B H,Wolliamson R L,Suresh S. Fundamentals of residual stresses in joints between dissimilar materials [J]. MRS Bulletin,1995,(1):37－39.

[7] 张丽霞,吴林志,田晓羽,等. SiO$_2$陶瓷与TC4钛合金的钎焊研究[J]. 材料工程,2008,(9):13－16.

[8] Liu H B,Zhang L X,Wu L Z,et al. Vacuum brazing of SiO$_2$ glass ceramic and Ti－6Al－4V alloy using AgCuTi filler foil. Materials Science and Engineering A,2008,498:321－326.

[9] 陈波,熊华平,毛唯,等. SiO$_{2f}$/SiO$_2$复合材料自身及其与铜、不锈钢的钎焊[J]. 航空材料学报,2012,32 (1):35－39.

[10] 熊华平,吴世彪,陈波,等. 缓解陶瓷与金属连接接头残余热应力的方法研究进展[J]. 焊接学报,2013 年,34(9):107－112.

[11] 熊华平,陈波,程耀永,等. 一种用于SiO$_{2f}$/SiO$_2$复合陶瓷与金属材料钎焊的工艺方法:中国,201010266686.0 [P]. 2012－09－26.

[12] Zhang L X,Wu L Z,Liu D,et al. Interface microstructure and mechanical properties of the brazed SiO$_2$ glassceramic and 30Cr3 high－tensile steel joint[J]. Materials Science and Engineering A,2008,496:393－398.

[13] Chen B,Xiong H P,Mao W,et al. Joining of SiO$_{2f}$/SiO$_2$ composite to metals using AgCuTi brazing filler,the joint strengths and microstructures. Proceedings from the 5$^{th}$ International Brazing and Soldering Conference,April 22－25,2012 Las Vegas,Nevada,USA,109－113.

[14] 陈波,熊华平,毛唯,等. SiO$_{2f}$/SiO$_2$复合材料与TC4,Ti$_3$Al和TiAl的钎焊[J]. 材料工程,2012,(2):41－44,90.

[15] 熊华平. 国家自然科学基金项目申请书:陶瓷表层结构梯度化缓解SiO$_{2f}$/SiO$_2$复合陶瓷/金属钎焊接头残余热应力的方法研究. 2012年3月(项目编号:51275497).

[16] 熊华平,陈波,郭绍庆,等. SiO$_{2f}$/SiO$_2$复合陶瓷与金属材料钎焊的方法:中国,201210409275.1[P]. 2014－1－8.

[17] 熊华平,陈波,淮军锋,等. 一种SiO$_{2f}$/SiO$_2$复合陶瓷外环与金属内环钎焊的方法:中国,201218004848.3 [P]. 2012－10－24.

[18] Clegg W J,Kendall K,Alford N M. A simple way to make tough ceramics. Nature,1990,347(10):445－447.

[19] Culter W A,Zok F W,Lange F F. Mechanical behavior of several hybrid cermic－matrix－composite laminates. J. Am. Ceram. Soc. ,1996,79(7):1825－33.

[20] 益小苏. 先进复合材料技术研究与发展[M]. 北京:国防工业出版社,2006:385－394.

# 内 容 简 介

本书总结了作者科研团队 18 年以来关于陶瓷焊接基础研究的创新性成果。主要内容包括：系列高温合金钎料分别对 $Si_3N_4$ 陶瓷、SiC 陶瓷、AlN 陶瓷、C/C 复合材料、$C_f$/SiC 陶瓷基复合材料的润湿性与界面反应机理；$Si_3N_4$ 和 SiC 陶瓷自身及其与金属的钎焊技术及界面反应控制方法；含 V 的高温活性钎料的研制进展，对 $Si_3N_4$ 陶瓷、C/C 和 $C_f$/SiC 复合材料自身及其与金属的高温钎焊技术和理论；本书还介绍了作者所在科研团队提出的用于缓解 $SiO_{2f}$/$SiO_2$ 复合陶瓷与金属连接接头残余热应力的新方法，描述了其效果和界面冶金控制规律；此外，还给出了陶瓷基复合材料与金属高温钎焊连接的部分应用研究的实例。

本书内容新颖，可供从事陶瓷、陶瓷基复合材料焊接领域的科研人员和工程技术人员参考，也适合大学相关专业的师生阅读。

18 years ago we began to concentrate our research interests on ceramic joining. This book summarizes the study achievements of our research team. The contents include: Wettability of a series of high – temperature brazing alloys on $Si_3N_4$, SiC, AlN ceramics, C/C composite, $C_f$/SiC ceramic matrix composite, and the mechanisms of interfacial reactions, the high – temperature brazing technologies of ceramic to ceramic and ceramic to metal, and interfacial metallurgy. In particular, the progress in the development of high – temperature V – active brazing fillers is described systematically. Furthermore, the novel approach to release the residual thermal stresses within the joint of $SiO_{2f}$/$SiO_2$ composite with metal is proposed, and its effect on the interfacial structural control is demonstrated. Additionally, some examples are also shown for the application of the high – temperature brazing technologies.

The book is suitable to the researchers and engineers as well as the teachers or students who have interests in ceramic joining.